THE YEARS OF

HUBBLE

哈 伯 歲 月

哈伯太空望遠鏡 365 影像精選日曆

Boulder Media 大石文化

的 *31* 件事

1 哈伯太空望遠鏡的名稱是紀念美國天文學家、星系天文學之父艾德溫·哈伯（Edwin Hubble，1889-1953）。

2 哈伯太空望遠鏡是美國航太總署（NASA）和歐洲太空總署（ESA）的合作計畫。

3 哈伯太空望遠鏡在 1990 年 4 月 24 日，連同五名太空人搭乘發現號太空梭 STS-31 任務，從甘迺迪太空中心發射升空進入繞地軌道，隔日 4 月 25 日正式上線。

4 哈伯的主要觀測波段是近紅外光、可見光和紫外光。

5 哈伯沒有透鏡，而是只有用來聚集星光的曲面鏡。

6 哈伯的主鏡直徑有 2.4 公尺，研磨得極為平整，如果把這片主鏡放大成地球的直徑，相當於任何一處地面都不會有超過 15 公分的高低差。

1990 年 4 月 29 日，發現號太空梭已完成
STS-31 任務，將哈伯太空望遠鏡送上繞地軌道，
正準備降落在美國加州愛德華空軍基地。　NASA

7 哈伯上線之初拍下的第一張照片模糊不清，因為主鏡研磨弧度不
足，淺了 2 微米，因此出現球面像差。

8 1993 年的第一次維護任務，為哈伯裝上光軸補償校正的儀器
COSTAR，解決了這個問題－－主鏡的弧度瑕疵依然存在。

9 哈伯能夠精確且穩定地鎖定拍攝目標，偏移量不超過 0.007 弧秒，
相當於在 1 英里外不超過一根頭髮的粗細。

10 哈伯在太空中的影像解析度為 0.05 弧秒，相當於在東京的一對
螢火蟲只要相距 3 公尺以上，從華盛頓就能分辨得出來。

⑪ 哈伯在離地表約 550 公里的軌道上運行，在這個高度可避開星光受到的大氣折射，又能觀測到被大氣層吸收殆盡的紅外光和紫外光。

⑫ 由於哈伯的精準的光學機構與靈敏的感光能力，加上處在不受大氣干擾的位置，哈伯能拍出月球表面的一盞夜燈。

⑬ 哈伯太空望遠鏡的軌道高度會受太陽活動極大期的影響，太陽活動增加會提高地球增溫層的密度，使哈伯因阻力增加而加速軌道衰減，因此 NASA 分別在第二和第四次維護任務中，推升哈伯的軌道高度。

⑭ 哈伯的飛行速度約每小時 2 萬 7300 公里，約 95 分鐘繞地球一周，至今已繞行地球超過 18 萬次。

⑮ 因此哈伯無法用來拍攝地球，因為有大氣層阻擋，而且繞行速度太快，無法拍出清晰的影像。

⑯ 哈伯太空望遠鏡全長 13.2 公尺，升空時重量 1 萬 886 公斤，不論大小和重量都大約相當於一輛校車。

⑰ 哈伯靠太陽能發電運作，配備的兩塊太陽能板總發電功率約 5500 瓦，哈伯平均耗電 2100 瓦，儲存下來的電力可供運行到地球陰影中時使用。

⑱ 哈伯每週約傳輸 150Gb 的數據回地面。

⑲ 哈伯總計經歷過五次升級維護，最後一次是 2009 年 5 月由亞特蘭提斯號太空梭執行的 STS-125 任務。

⑳ 哈伯迄今觀測過最遙遠的星系是 GN-z11，距離地球約 134 億光年。

㉑ 哈伯迄今觀測過最遙遠的恆星是伊卡洛斯（Icarus）星，距離地球約 90 億光年。

㉒ 哈伯觀測過最鄰近的天體是月球。

㉓ 根據哈伯太空望遠鏡提供的觀測資料，天文學家得以計算出宇宙的年齡大約是 138 億年。

㉔ 哈伯拍攝的是灰階影像，其中嵌入人眼無法看見的色彩資料。

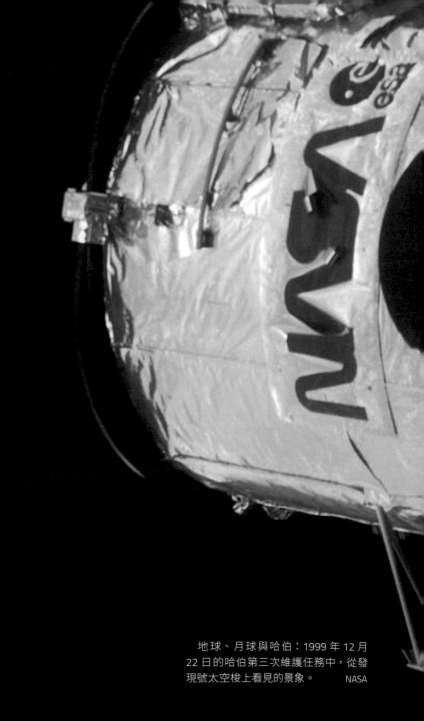

地球、月球與哈伯：1999 年 12 月
22 日的哈伯第三次維護任務中，從發
現號太空梭上看見的景象。　NASA

關於 31 歲哈伯
的 31 件事

25 哈伯太空望遠鏡 2006 年測出了鬩神星的大小之後，引發了太陽系行星的重新歸類。

26 哈伯 1990 年升空至今已完成超過 150 萬次觀測；使用哈伯觀測資料產出的科學論文超過 1 萬 5000 篇，這些論文的被引用次數總計超過 73 萬 8000 次。

27 哈伯沒有推進器，因此要改變角度時是利用牛頓第三運動定律，轉動反作用輪，大約 15 分鐘可轉動 90 度。

28 哈伯換下來的太陽能板可見一些受到微小顆粒撞擊的裂痕和缺口，高增益碟型天線上也出現一個直徑約 1 公分的小洞。

29 哈伯沒有排定的退役日期，在 2009 年的最後一次維護之後至今運作良好，但未來將不再有太空人為它進行實體維護，發生問題僅會由地面中心遠端調整。

30 在 2009 年最後一次維護任務中，NASA 已在哈伯望遠鏡基部裝上對接裝置，一旦哈伯失去功能，可發射火箭接上哈伯，將它帶離軌道，在控制之下重返大氣層。

31 預計 2021 年 12 月升空、由美國、歐洲、加拿大太空總署合作的詹姆斯・韋伯太空望遠鏡，無疑將比哈伯看得更遠－－但也會遠得很有限，因為哈伯已經觀測到 134 億光年的星系，距離大霹靂只剩 4 億年。

2002 年 3 月 9 日，甫完成第四次修護任務的哈伯太空望遠鏡從哥倫比亞號太空梭酬載艙釋出。　　　NASA

哈伯升空

　　1990 年 4 月 24 日發現號太空梭載著哈伯太空望遠鏡前往太空。哈伯太空望遠鏡計畫經過四十多年的醞釀。1946 年天文學家萊曼‧史匹哲即提出設置太空望遠鏡的優勢。1969 美國國家科學院向 NASA 提出設置太空望遠鏡的構想，並在 1971 獲得 NASA 同意，向國會爭取經費。1977 年美國國會通過打造太空望遠鏡的預算，1978 年即開始針對太空望遠鏡的太空人訓練，並在 1979 年開始打造後來哈伯太空望遠鏡的主鏡。1986 年挑戰者號太空梭爆炸事故，造成所有太空梭停飛檢修，延遲了哈伯太空望遠鏡的升空計畫，直到 1990 年。

NASA/ESA

天鵝與蝴蝶

　　這是一幅哈伯太空望遠鏡拍攝的 NGC 7026 影像，它是一個行星狀星雲。NGC 7026 位在天鵝座尾巴後方，這個蝴蝶外形的發光雲氣，是太陽般恆星拋出的氣體和塵埃的殘骸。影像中的星光用綠色代表，發光的氮氣用紅色，發亮的氧氣則以藍色表示（實際上，氧應該發出是綠光，不過影像上做了調整，這是為了增加影像對比）。

ESA/Hubble & NASA; Acknowledgement: Linda Morgan-O'Connor

名稱：NGC 7026
距離：6000 光年
星座：天鵝座
分類：行星狀星雲

01
01

2022 六 ● 廿九 火星合月
2023 日 ◑ 初十 冥王星合金星
2024 一 ◐ 二十 月球抵達遠地點

1801 義大利天文學家朱塞佩・皮亞齊（Giuseppe Piazzi）在西西里島天文臺發現
穀神星（1 Ceres），這是人類發現的第一顆小行星
2019 新視野號（New Horizons）飛掠古柏帶小行星 2014 MU69，是人類迄今探索過的最遙遠天體

脈絡分明

　　蟹狀星雲（Crab Nebula）位在金牛座，可以用小望遠鏡看見，最適合觀看的時間是 1 月，它的視星等是 8.4，距離地球約 6500 光年。這個星雲是由英國天文學家約翰・貝維斯（John Bevis）於 1731 年發現，之後查爾斯・梅西耶（Charles Messier）誤認它是哈雷彗星。梅西耶對這個星雲的觀測，激發他建立一個天體目錄，目錄中包含許多可能會被誤認為是彗星的天體。

NASA, ESA and Allison Loll/Jeff Hester (Arizona State University).
Acknowledgement: Davide De Martin (ESA/Hubble)

名稱：蟹狀星雲、M1
距離：6500 光年
星座：金牛座
分類：超新星殘骸

2022 日 ● 三十　月球抵達近地點
　　　　　　　　疏散星團 M41 達最佳觀測位置
2023 一 ◑ 十一　天王星合月
　　　　　　　　疏散星團 M41 達最佳觀測位置
2024 二 ◐ 廿一　疏散星團 M41 達最佳觀測位置

1900 美國業餘天文學家萊斯利・佩爾提爾（Leslie Peltier）出生
1920 美國科幻與科普作家艾西莫夫（Isaac Asimov）出生
1921 世界上第一個商業廣播電臺 KDKA AM 在美國賓州匹茲堡市開播
1959 蘇聯無人太空探測器月球 1 號（Luna 1）升空，這是人類第一艘離開地球重力場的太空船
2004 NASA 星塵號（Stardust）成功飛掠威德 2 號彗星（81P/Wild）並蒐集到它的塵埃樣本

星系狂歡

　　星系、星系，哈伯太空望遠鏡放眼看到的都是星系。這幅影像中有將近 1 萬個星系，是影像發布時最深遠的可見光宇宙影像。它稱為哈伯超深空（Hubble Ultra Deep Field），深度達數十億光年，眾多星系展示宇宙裡各種星系樣本。這幅影像中包含不同年齡、大小、形狀和顏色的星系。其中最小、最紅的星系約 100 個，它們是已知最遠的星系，宇宙誕生後約 8 億年就存在。那些看起來較大、較亮、明顯螺旋和橢圓形狀的，都是距離我們最近的星系，它們大約 10 億年前開始興盛，當時宇宙的年齡是 130 億年。

NASA, ESA, and S. Beckwith (STScI) and the HUDF Team

名稱：哈伯深領域
距離：N/A
星座：天爐座
分類：星系

2022 一 ●初一 　月球抵達近日點
　　　　　　　　　象限儀座流星雨（Quadrantids）
2023 二 ◐十二 　水星抵達近日點
2024 三 ◑廿二 　地球抵達近日點

1851 法國物理學家傅科（Jean Bernard Leon Foucault）以傅科擺驗證了地球自轉的現象
1888 美國利克（Lick）天文臺 91 公分主鏡的折射式望遠鏡啟用，是當時世界上
　　　最大的光學望遠鏡
1962 NASA 公布第二個載人太空計畫：雙子星計畫
2019 中國嫦娥 4 號探測器與玉兔 2 號月球車成功達成人類首次在月球背面軟著陸

七彩礁湖

礁湖星雲（Lagoon Nebula）距離我們約 4100 光年，它的大小相當巨大，寬度是 55 光年，高度是 20 光年。這幅影像顯示整個恆星形成區的一小部分，只有 4 光年寬左右。這個迷人的星雲最早在 1654 年由義大利天文學家喬瓦尼・巴蒂斯塔・霍迪埃納（Giovanni Battista Hodierna）記錄，他尋找並記錄夜空中的星雲，避免把它們誤認為彗星。自從霍迪埃納發現它後，無數來自世界各地的天文學家用望遠鏡觀測、拍攝和分析這個美麗的星雲。

NASA, ESA, STScI

名稱：礁湖星雲、M8
距離：4100 光年
星座：人馬座
分類：星雲

2022	二 ● 初二	水星合月 地球抵達近日點
2023	三 ◑ 十三	水星合月 地球抵達近日點
2024	四 ◐ 廿三	水星合月 地球抵達近日點

1797 德國銀行家兼天文學家威廉・比爾（Wilhelm Beer）出生
1959 蘇聯月球 1 號成為第一艘接近月球的人造太空飛行器
1970 NASA 宣布取消阿波羅 20 號任務
2004 NASA 火星探測車精神號（Spirit）登陸火星

美麗的偶然

　　有些天文學家相信 NGC 5195 因為非常靠近渦狀星系，造成渦狀星系的旋臂特別明顯，NGC 5195 是個黃顏色的小星系，它位在渦狀星系一條旋臂最外側。不仔細看會覺得這個小星系似乎拉扯著旋臂。不過透過哈伯太空望遠鏡的清晰影像，可以發現 NGC 5195 只是從背後通過渦狀星系。這個小星系已經用了幾億年的時間緩緩滑過渦狀星系。

NASA, ESA, S. Beckwith (STScI), and The Hubble Heritage Team (STScI/AURA)

名稱：M51、渦狀星系
距離：3100 萬光年
星座：獵犬座
分類：星系

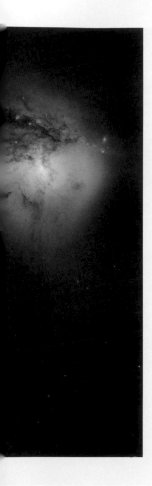

2022 三 ● 小寒　土星合月
2023 四 ○ 小寒　地球抵達近日點
2024 五 ◐ 廿四

1892 史上第一張成功的極光照片誕生
1969 蘇聯金星 5 號（Venera 5）升空
1972 美國總統尼克森宣布批准太空梭計畫
2005 太陽系已知最大的矮行星 UB313 鬩神星宣布確認，也引發冥王星的行星資格爭論
2015 哈伯太空望遠鏡以更高解析度重新拍攝的「創生之柱」（Pillars of Creation）影像公布
2015 哈伯太空望遠鏡公布當時哈伯拍攝的最大幅影像：仙女座星系全景，由 7398 個畫面組成

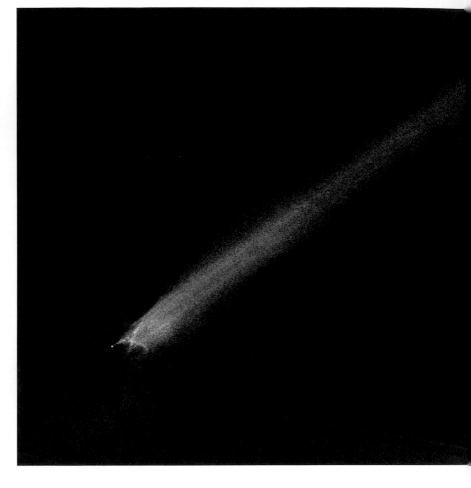

彗星狀小行星

　　這是哈伯太空望遠鏡拍攝的影像，它是一個彗星狀的天體，名稱為 P/2010 A2，最早由 LINEAR（Lincoln Near-Earth Asteroid Research program）計畫在 2010 年 1 月 6 日發現。這天體的地面望遠鏡影像很特別，哈伯特地拍攝它的特寫。這是 2010 年 1 月 29 日拍攝的影像，影像顯示靠近點狀核心有怪異的 X 形狀和細絲結構，以及拖著細長的塵埃流。科學家發現這個小行星曾在觀測到的一年前與其他天體發生過碰撞。

NASA, ESA and D. Jewitt (UCLA)

名稱：P/2010 A2 (LINEAR)
距離：N/A
星座：N/A
分類：太陽系

01
06

2022 四 ● 初四　木星合月
2023 五 ○ 十五
2024 六 ◐ 小寒

1980 人類進入全球衛星定位系統（GPS）時代
1999 哈伯太空望遠鏡公布環狀星雲（M57）的清晰影像
2010 NASA 紅外光太空望遠鏡「廣域紅外線巡天探測衛星」（WISE）拍下首張照片傳回地面

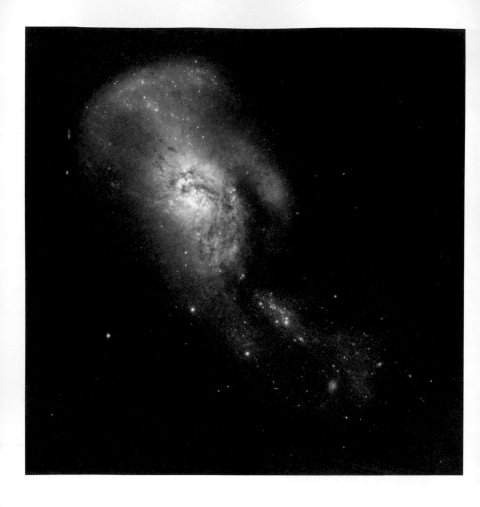

蛇髮怒張

　　這幅哈伯的星系影像有個特別的名字：梅杜莎合併。NGC 4194 並不是一個，而是兩個，一個星系早期吞沒另一個氣體豐富的較小星系，過程中把許多恆星與塵埃拋入太空。這些恆星與塵埃位在合併星系的上方，就像梅杜莎頭上扭曲的蛇，梅杜莎是古希臘神話中的怪物，她的頭髮是蛇組成，讓這個天體有這個特別的名字。

ESA/Hubble & NASA, A. Adamo

名稱：NGC 4194
距離：1 億 3000 萬光年
星座：大熊座
分類：星系

2022 五 ● 初五　水星東大距
2023 六 ○ 尾牙　月球抵達遠日點
水星下合日
2024 日 ◑ 廿六　水星半相

1610 義大利天文學家伽利略首次發現木星的四顆大衛星，後人稱這四顆衛星為伽利略衛星
1968 NASA 無人月球探射器測量員 7 號（Surveyor 7）升空
1998 NASA 月球探勘者號（Lunar Prospector）升空
2014 哈伯太空望遠鏡的邊疆場（Frontier Fields）計畫第一批影像公布，其中包括目前拍到
　　 距離最遠的星系團：潘朵拉星系團（Abell 2744）

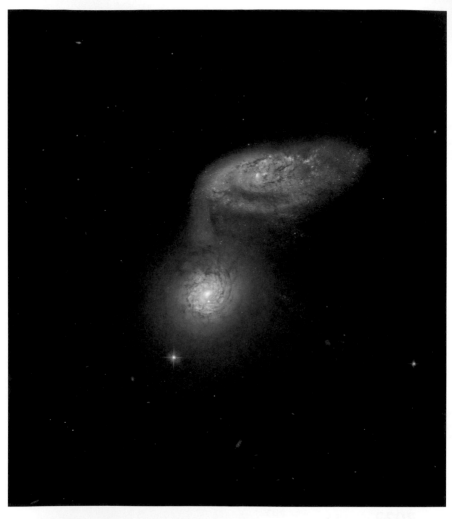

你拉我扯

　　這對交互作用星系相互糾纏在一起，它們合稱為 Arp 91。這支美妙的星系之舞發生在 1 億光年遠的地方。Arp 91 是星系作用的生動範例，NGC 5954 正被 NGC 5953 拉扯過去，NGC 5953 的一條旋臂往下延伸。兩個星系間的巨大重力引發相互作用，星系間的重力作用相當普遍，這也是星系演化的重要部分。

ESA/Hubble & NASA, J. Dalcanton; Acknowledgement: Judy Schmidt

名稱：Arp 91、NGC 5953
距離：1 億光年
星座：巨蛇座頭
分類：星系

01
08

2022 六 ◐ 初六
2023 日 ○ 十七 月球抵達遠地點
2024 一 ◐ 廿七

1587 德國天文學家約翰・法布里奇烏斯（Johann Fabricius）出生，他和父親大衛
　　 一同發現太陽黑子
1642 義大利天文學家伽利略逝世
1942 英國理論天文物理學家史蒂芬・霍金（Stephen Hawking）出生
1973 蘇聯無人探測器月球 21 號（Luna 21）和探測車 Lunokhod 2 升空

大紅燈籠高高掛

　　M83 有稱為南風車星系，M83 裡的恆星形成速率比我們的銀河系快，尤其是它核心的地方。第三代廣域相機的高解析度影像，可以看見數百個年輕星團、大批的古老球狀星團及數十萬顆恆星，這些恆星大部分是藍超巨星和紅超巨星。這幅是 2009 年 8 月拍的影像，是星系核心的特寫，M83 的核心位在右邊白色的區域。這部相機涵蓋的波段相當廣，從紫外光到近紅外光，這能夠顯示不同演化階段的恆星，讓天文學家解密星系的恆星形成史。

NASA, ESA and the Hubble Heritage Team (STScI/AURA)

名稱：M83
距離：1500 萬光年
星座：長蛇座
分類：星系

2022 日 ◗ 初七　金星下合日
水星半相

2023 一 ○ 十八

2024 二 ● 廿八　金星合月
串田彗星（144P/Kushida）達最大亮度

1839 蘇格蘭天文學家湯瑪斯・韓德森（Thomas Henderson）發表了
南門二（Alpha Centauri）距離的計算結果
1839 法國科學院公布了達蓋爾（Louis-Jacques-Mandé Daguerre）發明的銀版攝影技術
1990 哥倫比亞號太空梭 STS-32 任務升空

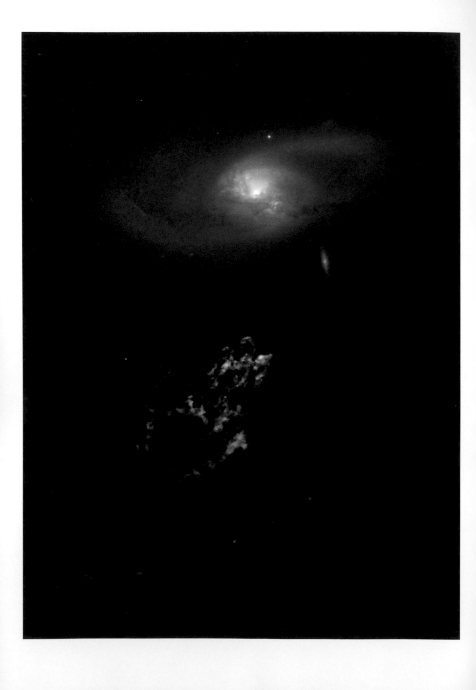

坐井觀天？

　　這個看似綠色青蛙的怪異天體暱稱為哈尼天體（Hanny's Voorwerp），這是 IC 2497 星系外圍唯一可見的氣體，這團氣體在星系外側約 30 萬光年的地方。我們能看見綠色的部分，源自星系核心發出探照燈般的光束照亮這團氣體。這道光束來自類星體，類星體是一個明亮、能量充沛的天體，它們的能量來自黑洞。這個類星體可能在 20 萬年前就熄滅了。

NASA, ESA, William Keel (University of Alabama, Tuscaloosa), and the Galaxy Zoo team

名稱：哈尼天體、IC 2497
距離：6 億 5000 萬光年
星座：小獅座
分類：星雲

2022 一 ◗ 臘八節　阿特拉斯彗星（C/2019 L3 ATLAS）來到近日點
2023 二 ◖ 十九
2024 三 ● 廿九　水星合月

1946 美軍利用月球作為雷達訊號反射體
1962 NASA 宣布開發農神 5 號（Saturn-V）推進火箭用於阿波羅計畫
1968 NASA 無人月球探測器測量員 7 號（Surveyor 7）登陸月球
1969 蘇聯金星探測器金星 6 號（Venera 6）升空
2001 中國無人太空船神舟 2 號升空

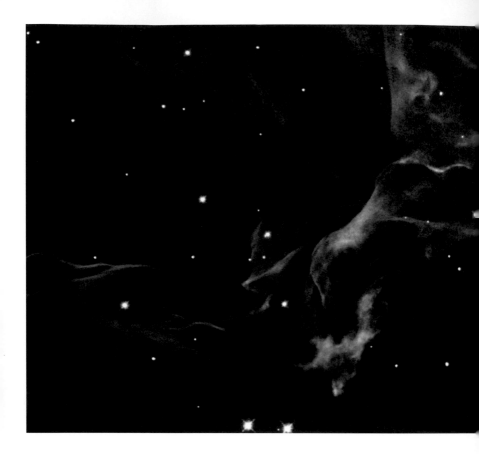

餘波盪漾

　　這幅美麗的影像只是面紗星雲的一小部分，這是一顆 5000-1 萬年前超新星爆炸的殘骸。影像中顯示兩種不同樣式的雲氣：細絲狀和彌漫狀。其實這跟觀看的角度有關，細絲狀雲氣是看到震波的側面，彌漫狀雲是則是正對著我們的震波。

NASA, ESA, and the Hubble Heritage (STScI/AURA)-ESA/Hubble Collaboration. Acknowledgment: J. Hester (Arizona State University)

名稱：天鵝座環、NGC 6960、
　　　面紗星雲
距離：2400 光年
星座：天鵝座
分類：超新星殘骸

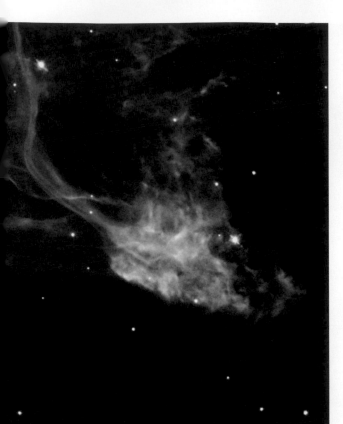

2022 二 ◐ 初九
2023 三 ◑ 二十
2024 四 ● 初一　月球抵達近日點

1787 英國天文學家威廉・赫歇爾（William Herschel）發現天衛三和天衛四
1978 聯合 26 號、聯合 27 號和禮炮 6 號三艘載具完成同時對接
1996 奮進號太空梭 STS-72 任務升空
1998 NASA 月球探勘者號（Lunar Prospector）進入繞月軌道

漩渦核心

　　渦狀星系 M51 是業餘與專業天文學家最愛的天體之一。它拍攝容易，而且小望遠鏡就可以看見，地面上的巨大望遠鏡和太空望遠鏡用各種波段研究這個美麗天體。哈伯的影像除了星光，也可看見游離氫的發射星雲，它們跟旋臂上明亮的年輕星球相伴。

NASA/ESA and The Hubble Heritage Team STScI/AURA

01
12

名稱：IRAS 13277+4727、M 51、
　　　NGC 5194、渦狀星系
距離：3100 萬光年
星座：獵犬座
分類：星系

2022 三 ◑ 初十　柯瓦 2 號（104P/Kowal）彗星來到近日點
2023 四 ◐ 廿一
2024 五 ● 初二

1907 蘇聯太空工程師科羅列夫（Sergei Korolev）出生
1986 哥倫比亞號太空梭 STS-61C 任務升空
1997 亞特蘭提斯號 STS-81 任務升空
2005 NASA 深度撞擊號（Deep Impact）升空，準備探測坦普彗星（9P/Tempel）內部結構

紅外線下的渦狀星系

這是哈伯太空望遠鏡拍攝的正向螺旋星系 M51，它又稱為渦狀星系。這幅紅外線影像顯現渦狀星系的塵埃結構。這是 M51 最清晰的緻密塵埃影像。細細的塵埃帶反映星系的名稱：渦狀星系，塵埃帶看起來像漩渦流向星系核心。

NASA, ESA, M. Regan and B. Whitmore (STScI) and R. Chandar
(University of Toledo, USA)

名稱：M51、渦狀星系
距離：3100 萬光年
星座：獵犬座
分類：星系

2022 四 ◐ 十一
2023 五 ◑ 廿二　火星結束逆行
2024 六 ● 初三　水星西大距
　　　　　　　　　月球抵達近地點

1610 義大利天文學家伽利略發現木衛四
1978 NASA 選出第一批女性太空人
1992 天文學家首度利用哈伯太空望遠鏡發現早期宇宙存在的元素硼
1993 奮進號太空梭 STS-54 任務升空，將 NASA 追蹤與數據中繼
　　　衛星 TDRS-6 送達運行軌道
1994 NASA 宣布哈伯太空望遠鏡第一次維護任務成功矯正了主鏡的球面像差
2003 NASA 宇宙熱星際電漿光度計號（CHIPS）學術衛星升空
2003 NASA 地球觀測衛星 ICESat 升空

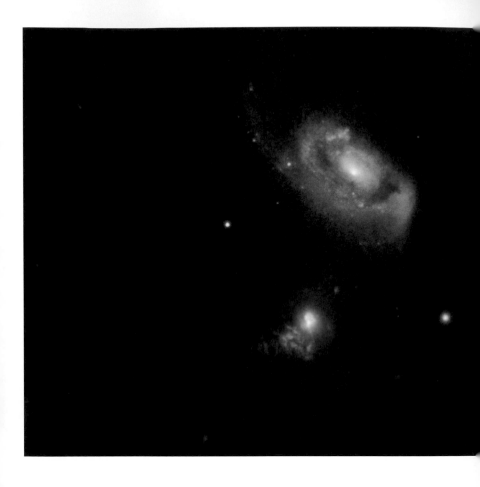

目睹超大質量黑洞的飽嗝

　　研究人員使用包括哈伯太空遠鏡在內的幾部望遠鏡研究超大質量黑洞，他們發現超大質量黑洞爆出炙熱、明亮的氣體，目前有一個泡泡從黑洞往外膨脹，另一個更早的泡泡漸漸變暗，有如吞噬了大量天體的黑洞打的飽嗝。這個宇宙巨獸位在影像下方的星系，距離地球約9 億光年，稱為 SDSS J1354+1327 的星系。另一個位在上方、較大的星系稱為 SDSS J1354+1328。

NASA, ESA, and J. Comerford (University of Colorado-Boulder)

名稱：SDSS J1354+1327、
　　　SDSS J1354+1328
距離：9 億光年
星座：牧夫座
分類：星系

01
14

2022 五 ◐ 十二　　虹神星（7 Iris）衝
　　　　　　　　月球抵達遠地點
2023 六 ◐ 廿三
2024 日 ● 初四　土星合月

1916 英國皇家天文學會選出第一批女性會員
1975 NASA 地球資源技術衛星更名為大地衛星（Landsat）
1994 NASA 公布哈伯太空望遠鏡利用第二代廣域和行星相機
　　　（Wide Field and Planetary Camera 2）拍攝的不穩定恆星系統海山二（Eta Carinae）
2005 惠更斯號（Huygens）探測器成功登陸土衛六（Titan）
2008 信使號（Messenger）太空船首度飛掠水星

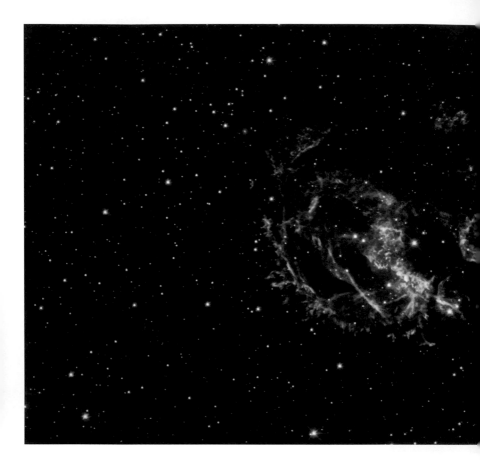

虎死留皮

　　這幅影像展現一團正在膨脹的氣體：超新星殘骸，它的名字為 1E 0102.2-7219。這是小麥哲倫星雲裡的一顆恆星爆炸後留下的遺骸。超新星殘骸各部分的氣體速度不同，方向也不一樣，影像中朝向我們移動的以藍色表示，遠離我們的則用紅色。這幅哈伯的影像顯示絲狀氣體的平均膨脹速度約每小時 320 萬公里，這樣快的速度來回月球只需要 15 分鐘。

NASA, ESA, and J. Banovetz and D. Milisavljevic (Purdue University)

名稱：1E 0102.2-7219
距離：20 萬光年
星座：杜鵑座
分類：超新星殘骸

01
15

2022 六 ◗十三 　疏散星團 M47 達最佳觀測位置
　　　　　　　　螺旋星系 NGC 2403 達最佳觀測位置
2023 日 ◖ 送神　疏散星團 M47 達最佳觀測位置
　　　　　　　　螺旋星系 NGC 2403 達最佳觀測位置
2024 一 ● 初五　疏散星團 M47 達最佳觀測位置
　　　　　　　　螺旋星系 NGC 2403 達最佳觀測位置

1908 美國理論物理學家、氫彈之父艾德華・泰勒（Edward Teller）出生
1973 蘇聯無人探測器月球 21 號（Luna 21）和 Lunokhod 2 探測車登陸月球
1976 NASA 和德國合作的太陽探測器太陽神 2 號（Helios 2）升空
1996 NASA 釋出 1995 年 12 月連續十天拍攝的「哈伯深空」（Hubble Deep Field）影像，
　　　包含了至少 1500 個星系，是當時最深遠的宇宙照片
2006 NASA 星塵號（Stardust）送回彗星星埃樣本

紅外線下的土星

　　這幅是紀念哈伯太空望遠鏡八週年拍攝的土星影像，我們讓禮物包裹鮮豔的顏色。影像是近紅外線相機和多目標分光儀（Near Infrared Camera and Multi-Object Spectrometer）拍攝的，是它首次拍攝的土星影像。這幅假色影像是 1998 年 1 月 4 日拍攝，顯現土星反射的紅外光。影像提供土星大氣詳細的雲霧訊息。

Erich Karkoschka (University of Arizona), and NASA/ESA

名稱：土星
距離：N/A
星座：N/A
分類：太陽系

2022 日 ◖ 十四
2023 一 ◖ 廿五　智神星（2 Pallas）衝
2024 二 ◖ 初六

1969 蘇聯聯合 5 號（Soyuz 5）和聯合 4 號（Soyuz 4）成功完成史上首次太空船對接
1991 由哈伯太空望遠鏡拍攝的超新星 1987A 殘骸精確推算出大麥哲倫星雲
　　　距離銀河系 16 萬 9000 光年
2003 哥倫比亞號太空梭 STS-107 太空補給任務升空，16 天後在回程中爆炸解體
2004 哈伯太空望遠鏡第五次、也是最後一次維護任務（Servicing Mission 4）宣布取消

璀璨星團

　　這星羅棋布的影像由哈伯太空望遠鏡拍攝，拍攝的目標是 NGC 6717，它位在人馬座，距離地球超過 2 萬光年。NGC 6717 是一個球狀星團，這個星團裡的恆星受到彼此重力吸引而聚集成球狀。球狀星團中心附近的恆星比星團邊緣密集，就像影像中顯示，NGC 6717 邊緣的恆星比核心附近稀疏。

ESA/Hubble and NASA, A. Sarajedini

名稱：NGC 6717
距離：2 萬光年
星座：人馬座
分類：星團

2022	一	○	十五	冥王星合日 疏散星團 NGC 2451 達最佳觀測位置
2023	二	◐	廿六	疏散星團 NGC 2451 達最佳觀測位置
2024	三	◐	初七	球殼神星合金星 疏散星團 NGC 2451 達最佳觀測位置

1647 最早的女性天文學家之一伊莉莎白·赫維留斯（Elisabeth Catherina Koopman Hevelius）出生
1706 美國科學家、政治家班傑明·富蘭克林（Benjamin Franklin）出生
1985 美國空蜂火箭（Aerobee）第 1037 次、也是最後一次發射升空
1996 哈伯太空望遠鏡觀測結果顯示，距離太陽系約 63 光年的繪架座 β 星系統很可能有一顆大行星

壓力測試

　　NGC 4402 的影像顯示衝壓剝離的現象，盤面上的氣
體和塵埃的分佈呈現圓弧或凸透鏡狀，這是炙熱氣體的
壓力作用結果。盤面上的光照亮塵埃，塵埃受到熱氣推
離原來位置。研究衝壓剝離的現象讓天文學家更了解這
個機制如何影響星系演化，以及星系團密度高的區域恆
星形成率為何被壓制。

NASA & ESA

名稱：NGC 4402
距離：5500 萬光年
星座：室女座
分類：星系

2022	二 ○	尾牙	月球抵達遠日點 天王星結束逆行
2023	三 ●	廿七	
2024	四 ◑	臘八節	

1952 台北市立圓山天文臺臺長蔡章獻發現麒麟座不規則新變星
2000 塔吉什湖隕石墜落在加拿大不列顛哥倫比亞西北部的塔吉什湖（Tagish Lake）地區
2002 南雙子星天文臺（Gemini South Observatory）落成

暗物質的證據

　　即使我們看不到暗物質，我們還是知道它的存在。一項暗物質存在的重要證據來自著名的「星系轉動問題」。星系轉動的速率太快，如果只有一般我們眼睛看見的物質存在，是不足以拉住整個星系。那些「行蹤不明」看不見的稱為暗物質，整個宇宙中，暗物質占 27％，剩下的部分則由暗能量和一般物質組成。科學家研究 PGC 55493 星系跟宇宙推移效應的關聯，這是弱重力透鏡的現象，它會造成影像中遙遠星系微小的變形。

Image credit: ESA/Hubble and NASA; Acknowledgement: Judy Schmidt

名稱：PGC 54493
距離：5 億 2000 萬光年
星座：巨蛇座頭
分類：星系

2022 三 ○ 十七　小熊座 γ 流星雨（gamma Ursae Minorids）
柯瓦 2 號（104P/Kowal）彗星達最大亮度
2023 四 ● 廿八　冥王星合日
小熊座 γ 流星雨（gamma Ursae Minorids）
2024 五 ◗ 初九　木星合月
小熊座 γ 流星雨（gamma Ursae Minorids）

1736 英國發明家詹姆斯・瓦特（James Watt）出生
1747 德國天文學家約翰・波德（Johann Bode）出生
1851 荷蘭天文學家卡普坦（Jacobus Cornelius Kapteyn）出生
1965 NASA 雙子星 2 號（Gemini II）任務升空
2006 NASA 新視野號（New Horizons）探測器升空，這是人類首度專程探索冥王星

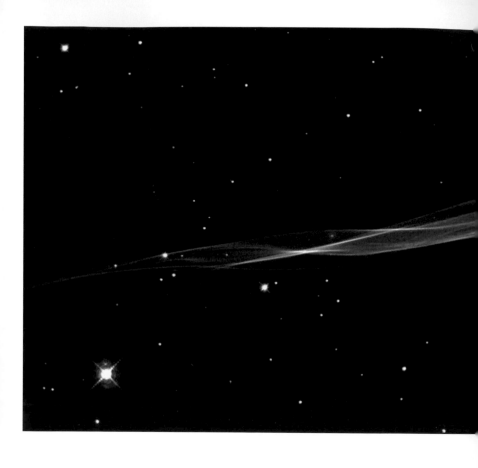

絲縷成紗

　　哈伯太空望遠鏡的纖細影像展現天鵝座環（Cygnus loop）的一小部分，它是位在天鵝座的一個超新星殘骸。量測這幅宇宙面紗的高解析影像，顯示這顆超新星大約是 5000 年前爆發的。

ESA & Digitized Sky Survey (Caltech)

名稱：天鵝座環、面紗星雲、
　　　NGC6960
距離：2400 光年
星座：天鵝座
分類：超新星殘骸

2022 四 ◐ 大寒　布洛利彗星（19P/Borrelly）達最大亮度
　　　　　　　　　　有鑽石星團之稱的疏散星團 NGC 2516 達最佳觀測位置
2023 五 ● 大寒　水星合月
　　　　　　　　　　有鑽石星團之稱的疏散星團 NGC 2516 達最佳觀測位置
2024 六 ◑ 大寒　昂宿星團（M45）接近月球
　　　　　　　　　　有鑽石星團之稱的疏散星團 NGC 2516 達最佳觀測位置

1573 德國天文學家西蒙・馬留（Simon Marius）出生
1775 法國物理學家安培（Andre-Marie Ampere）出生
1930 美國阿波羅 11 號太空人巴茲・艾德林（Buzz Aldrin）出生
1966 阿波羅 A-004 任務升空，首度對指揮／服務艙（CSM）硬體進行飛行測試
2003 美國地球同步氣象衛星（GOES）發現了足以影響地球大氣離子層分布的大太陽閃焰

木星極光

　　1998 年 11 月 26 日哈伯太空望遠鏡的影像攝譜儀拍攝的木星紫外線影像，觀測結果令人影像深刻。暗藍色背景上發亮的區域是木星極光，這跟地球兩極上空的極光類似。極光像光的簾幕，高能電子沿著行星磁場進入大氣，與上層大氣原子和分子碰撞後發出的光。

NASA, ESA & John T. Clarke (Univ. of Michigan)

名稱：木星
距離：N/A
星座：N/A
分類：太陽系

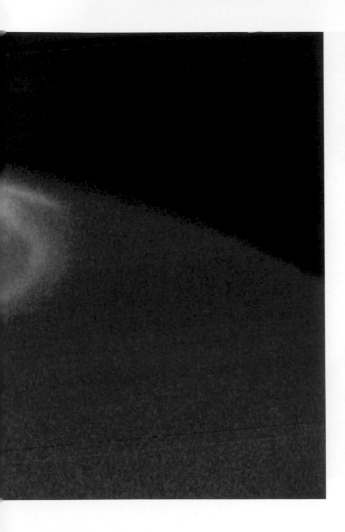

01
21

2022 五 ◐ 十九
2023 六 ● 除夕　月球抵達近日點
2024 日 ◑ 十一　冥王星合日

1960 NASA 水星計畫 LJ-1B 無人太空船升空，把一隻名叫山姆小姐（Miss Sam）
　　的獼猴送上 15 公里高空

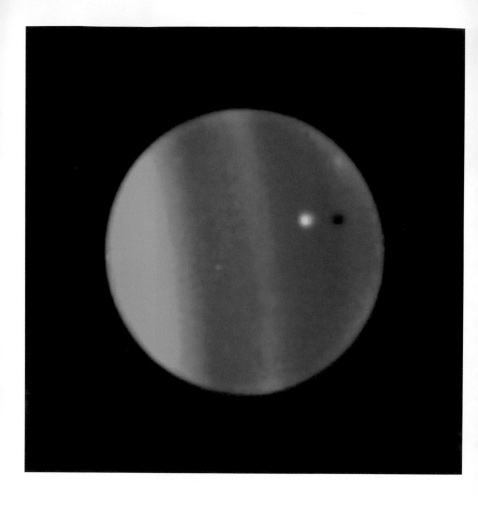

天衛一凌

　　這是哈伯太空望遠鏡的影像，顯現天文上前所未見的重合。影像中靠近天王星中央藍綠色盤面的白點是它的衛星天衛一（又稱艾瑞爾，Ariel），它正通過天王星前方，在天王星的表面留下影子。這種現象稱為「凌」。

NASA, ESA, L. Sromovsky (University of Wisconsin, Madison),
H. Hammel (Space Science Institute), and K. Rages (SETI)

名稱：天衛一、艾瑞爾、
　　　天王星
距離：N/A
星座：N/A
分類：太陽系

2022 六 ◗ 二十
2023 日 ● 春節　　月球抵達近地點
2024 一 ◗ 十二　　土星抵達近日點
　　　　　　　　　　小行星 354 Eleonora 衝

1592 法國天文學家皮耶·加森迪（Pierre Gassendi）出生，史上第一位依照
　　　克卜勒的預測觀察到水星凌日現象的人
1968 阿波羅 5 號任務升空，這是登月艙首度升空
1975 NASA 第二顆地球資源技術衛星大地衛星 2 號（Landsat 2）升空
1992 發現號太空梭 STS-42 任務升空
1998 奮進號太空梭 STS-89 任務升空
2003 探索地外生命的先鋒 10 號（Pioneer 10）探測器最後一次回傳訊號

玉夫手筆

這裡展示的是哈伯太空望遠鏡拍攝的 NGC 613 影像，它是一個位於玉夫座的迷人棒旋星系。這類的星系很容易分辨，它們有明顯的中央棒狀結構和細長的旋臂，旋臂鬆散地繞著核心。根據研究，大約三分之二的螺旋星系具有棒狀結構。最新研究指出，目前宇宙中星系裡的棒狀結構比過去還普遍，這提供我們星系形成與演化的重要線索。

ESA/Hubble & NASA, G. Folatelli

名稱：NGC 613
距離：6500 萬光年
星座：玉夫座
分類：星系

2022 日 ◑ 廿一 　金星抵達近日點
　　　　　　　　 水星下合日
2023 一 ● 初二 　金星合土星
　　　　　　　　 天王星結束逆行
　　　　　　　　 土星合月
　　　　　　　　 金星合月
2024 二 ◐ 十三

1907 日本物理學家湯川秀樹出生

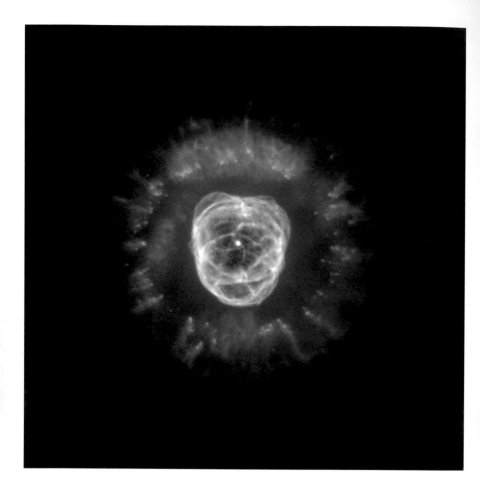

大開眼界

　　這乍看有如眼睛瞳孔的天體是一個宏偉的行星狀星雲影像，這是質量接近太陽的恆星死亡前發出的光。這也是哈伯太空望遠鏡經過 1999 年 12 月成功維修後拍攝的第一幅影像。NGC 2392 也被暱稱為艾斯基摩星雲或小丑臉星雲。

NASA, ESA, Andrew Fruchter (STScI), and the ERO team (STScI + ST-ECF)

名稱：NGC 2392
距離：6500 光年
星座：雙子座
分類：行星狀星雲

2022 一 ◗ 廿二
2023 二 ● 初三
2024 三 ◯ 十四

1978 蘇聯核能衛星宇宙 954 號（Cosmos 954）因故障墜落加拿大
1985 發現號太空梭 STS-51C 任務升空
1986 航海家 2 號（Voyager 2）探測器飛掠天王星

生機不再

　　這是哈伯太空望遠鏡拍攝的螺旋星系 NGC 2775 影像，它看起來相當特別，因為它顯得嬌弱輕柔，這類的絮狀螺旋星系的恆星形成並不活躍。星系中央的部分幾乎沒有恆星誕生，由巨大、空洞的核球組成，那裡的氣體很久以前就全部轉換形成恆星。

ESA/Hubble & NASA, J. Lee and the PHANGS-HST Team; Judy Schmidt (Geckzilla)

名稱：NGC 2775
距離：6500 萬光年
星座：巨蟹座
分類：星系

2022 二 ◑ 廿三
2023 三 ● 初四
2024 四 ○ 十五

1736 義裔法國數學家、天文學家拉格朗日（Joseph Lagrange）出生
1962 NASA 授權建造農神 5 號（Saturn V）火箭
1983 紅外線天文衛星（IRAS）升空
1994 NASA 克萊門汀號（Clementine）深太空計畫科學實驗（DSPSE）升空
2003 NASA 太陽輻射與氣候實驗室（SORCE）升空
2004 NASA 火星探測車機會號（Opportunity）登陸火星

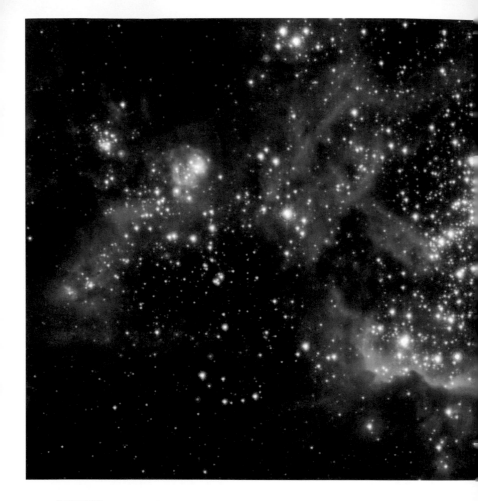

恆星反噬

　　三角座星系（M33）裡的發亮氫氣雲的能量來子數百顆年輕、明亮的恆星。哈伯提供目前為止解析度最高的 NGC 604 影像。NGC 604 裡的氣體十分之九是氫，氣體受到本身的重力，緩慢的收縮形成恆星。一旦這些恆星誕生後，它們發出的強烈紫外線會激發剩下的氣體，讓氣體發出紅光。這個顏色相當普遍，不是 NGC 604 特有的，其他的氫離子區也發出紅光。雖然它是 M33 的一部分，不過 NGC 604 相當的亮而且明顯，所以它有自己的 NGC 編號。

ESA/Hubble and NASA

名稱：M33、
　　　NGC 604
距離：300 萬光年
星座：三角座
分類：星雲

2022 三 ◑ 送神　疏散星團 NGC 6530 接近火星
2023 四 ● 初五　木星合月
2024 五 ○ 尾牙　串田彗星（144P/Kushida）來到近日點

1962 NASA 遊騎兵 3 號（Ranger 3）升空，執行月面探測任務
1978 NASA 與 ESA 合作的國際紫外線探索者號（IUE）觀測衛星升空

生產先鋒

　　大部分的星系以緩慢的速度形成新恆星，不過有一種罕見的「星劇增星系」爆發出大量的新恆星。NGC 3310 星系就是這類星劇增星系，它以驚人的速度形成大量的恆星。科學家使用哈伯太空望遠鏡量測 NGC 3310 上星團的顏色，藉此研究恆星形成的歷史。

NASA/ESA and The Hubble Heritage Team (STScI/AURA)

名稱：IRAS 10356+5345、
　　　NGC 3310
距離：3500 萬光年
星座：大熊座
分類：星系

2022 四 ◗ 廿五

2023 五 ◗ 初六　韶神星（6 Hebe）衝

2024 六 ○ 十七　月球抵達遠日點
　　　　　　　　　　天王星結束逆行

1829 英國業餘天文學家、天體攝影先驅艾薩克・羅伯茲（Isaac Roberts）出生
1936 華裔美籍物理學家丁肇中出生
1951 奠定星系形成演化理論基礎的紐西蘭裔天文學家碧翠絲・廷斯利（Beatrice Tinsley）出生
1967 阿波羅 1 號登月太空船進行模擬演練時失火，導致三位太空人喪生以及阿波羅登月計畫延期
1967 全球超過 60 個國家簽定《外太空條約》（Outer Space Treaty），禁止太空核武

結束的開始

　　每個行星狀星雲都很複雜，而且獨一無二。Hen 3-1475 是一個行星狀星雲正在形成的例子，天文學家稱它們為原行星狀或前行星狀星雲。中央的恆星還沒把外層氣體完全吹開，而且恆星還不夠熱，不能游離星雲裡的氣體，星雲還無法發光。我們目前看見的是星雲反射恆星的光。當恆星的外層完全拋出，星雲就會發亮成為一個行星狀星雲。

ESA/Hubble & NASA

名稱：Hen 3-1475
距離：1 萬 8000 光年
星座：人馬座
分類：星雲

01
28

2022 五 ◐ 廿六
2023 六 ◑ 初七
2024 日 ○ 十八　水星合火星

1611 波蘭天文學家約翰・赫維留斯（Johannes Hevelius）出生
1884 瑞士物理學家、探險家奧古斯特・皮卡德（Auguste Piccard）出生
1986 NASA 挑戰者號太空梭在發射後 73 秒爆炸，導致七名太空人喪生

似是而非

　　NGC 7331 和我們的銀河系在大小、形狀和質量都很相近，它的恆星形成率、恆星的數量及旋臂也和銀河系類似，而且核心的地方都有一個超大質量黑洞。NGC 7331 和我們的銀河系最大的不同在它是個沒有棒旋的螺旋星系，我們的銀河系有一個橫過中心的棒狀結構，它是由恆星、氣體和塵埃組成。另外，NGC 7331 中央核球的轉動方式相當怪異不尋常，它轉動的方向與星系盤面相反。

ESA/Hubble & NASA/D. Milisavljevic (Purdue University)

名稱：NGC 7331
距離：4500 萬光年
星座：飛馬座
分類：星系

2022 六 ● 廿七　火星合月
2023 日 ◐ 初八　天王星合月
2024 一 ○ 十九　月球抵達遠地點

1964 NASA 阿波羅計畫 SA-5 任務升空，這是第一次由農神 1 號（Saturn 1）
　　　火箭運載的第二批登月載具
1987 華裔美籍科學家朱經武等人宣布發現突破液氮溫區（77K）的超導體
1989 蘇聯火星探測器佛勃斯 2 號（Phobos 2）進入繞行火星的軌道

揭開黑幕

　　半人馬座 A（Centaurus A）也稱為 NGC 5128，它以顯著的黑色塵埃帶著名。哈伯太空望遠鏡的第三代廣域相機顯現星系從未見過的細節。多波段的影像讓星系的塵埃帶一覽無遺。這幅影像除了可見光，還結合年輕恆星發出的紫外線以及能夠穿透塵埃的紅外線。

NASA, ESA, and the Hubble Heritage (STScI/AURA)-
ESA/Hubble Collaboration. Acknowledgment: R. O'Connell
(University of Virginia) and the WFC3 Scientific Oversight Committee

名稱：半人馬座 A、NGC 5128
距離：1100 萬光年
星座：半人馬座
分類：星系

2022 日 ● 廿八　月球抵達近地點
2023 一 ◗ 天公生　水星西大距
2024 二 ◖ 二十

1964 NASA 遊騎兵 6 號（Ranger 6）升空
1996 日本業餘天文學家百武裕司發現百武彗星（Comet Hyakutake）

斑斑可考

　　2009 年 7 月 23 日哈伯太空望遠鏡拍攝的木星照片，這是哈伯的第三代廣域相機拍攝的第一張木星全福、彩色的影像。這是 2007 年新視野號太空船飛越木星後，拍攝到解析度最高的可見光影像。每個畫素相當於木星大氣的 119 公里。這幅影像拍攝時，木星距離地球約 6 億公里。右下方的黑色區域是一顆彗星或小行星撞擊木星後留下的痕跡。

NASA, ESA, Michael Wong (Space Telescope Science Institute, Baltimore, MD),
H. B. Hammel (Science Institute, Boulder, CO) and the Jupiter Impact Team

名稱：木星
距離：N/A
星座：N/A
分類：太陽系

2022 一 ● 廿九　水星合月
　　　　　　　　月球抵達近日點
　　　　　　　　蜂巢星團 M44 達最佳觀測位置
2023 二 ◐ 初十　火星合月
　　　　　　　　梅克賀茲 1 號彗星（96P/Machholz）抵達近日點與近地點
　　　　　　　　蜂巢星團 M44 達最佳觀測位置
2024 三 ◑ 廿一　蜂巢星團 M44 達最佳觀測位置
　　　　　　　　紫金山彗星 62P/Tsuchinshan 來到近地點

1958 美國第一顆繞行地球的人造衛星探索者 1 號（Explorer 1）升空
1961 NASA 水星—紅石 2 號（Mercury-Redstone 2）太空船升空，
　　　載送一隻名叫漢姆（Ham）的黑猩猩進行繞地飛行測試
1966 蘇聯月球 9 號（Luna 9）升空
1971 NASA 阿波羅 14 號任務升空
1985 歐洲太空總署通過為國際太空站建造哥倫布實驗艙的計畫

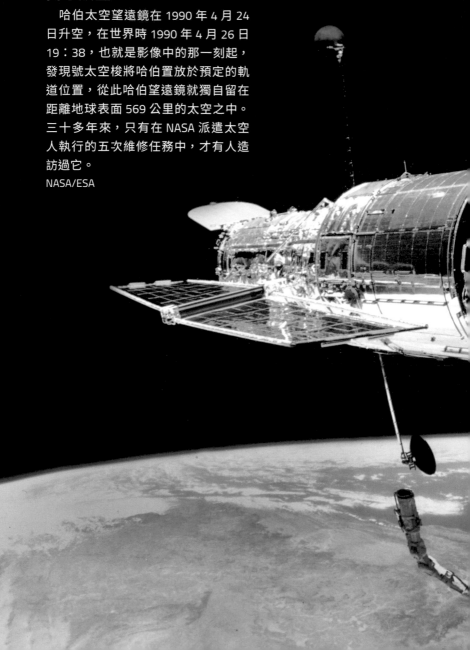

獨守太空

　　哈伯太空望遠鏡在 1990 年 4 月 24
日升空，在世界時 1990 年 4 月 26 日
19：38，也就是影像中的那一刻起，
發現號太空梭將哈伯置放於預定的軌
道位置，從此哈伯望遠鏡就獨自留在
距離地球表面 569 公里的太空之中。
三十多年來，只有在 NASA 派遣太空
人執行的五次維修任務中，才有人造
訪過它。

NASA/ESA

歷史里程碑

February

2月

紅塵百戲多

　　年輕炙熱恆星（位在影像的上方外側）發出的輻射，經歷數百萬年時間緩慢侵蝕這個星雲。紫外線加熱暗雲的邊緣，造成暗雲的氣體釋放到附近密度較低的區域。其他的紫外線讓氫原子發出紅光，這就是雲柱周圍發出紅色的原因。類似的過程也發生在較小的尺度，一顆恆星附近雲氣形成圓弧狀，它位在雲柱的左上方，這個圓弧狀的結構大約是太陽系直徑的 65 倍。影像中的藍白光是塵埃反射恆星光的結果。背景的恆星穿越炙熱氣體後被我們看見，它們看起來比原來紅，那是塵埃造成的影響。

NASA, Holland Ford (JHU), the ACS Science Team and ESA

名稱：錐狀星雲、
　　　NGC 2264
距離：3000 光年
星座：麒麟座
分類：星雲

2022 二 ● 春節
2023 三 ◑ 十一
2024 四 ◐ 廿二　疏散星團 IC2395 達最佳觀測位置

1905 義裔美籍物理學家賽格瑞（Emilio Gino Segrè）出生
1956 美國陸軍彈道飛彈署（ABMA）成立
2003 NASA 哥倫比亞號太空梭重返地球時在德州上空解體墜毀，
　　　七名太空人喪生；原訂執行的哈伯太空望遠鏡第五次維護任務因此延後

擎天之柱

　　這看起來就像神話故事中長著翅膀的生物展示在台座上，不過實際上卻是從冰冷氣體與塵埃中翻騰而起的雲柱，這個雲柱位在老鷹星雲中的恆星形成區。高高的雲柱長達 9.5 光年或 90 兆公里高，這樣的長度大約是距離我們最近恆星的兩倍。老鷹星雲中的恆星是誕生在冰冷的氫氣雲裡，這些氫氣雲則位在高溫的環境中，高溫環境的能量則來自於年輕星球。這雲柱像是新誕生恆星的巨大保溫箱。年輕的大質量恆星（位在影像的上方）發出的強烈的紫外線塑造這個長長的雲柱。

NASA, ESA, and The Hubble Heritage Team (STScI/AURA)

名稱：老鷹星雲、M16
距離：5700 光年
星座：巨蛇座尾
分類：星雲

2022 三 ● 初二　布洛利彗星（19P/Borrelly）來到近日點
2023 四 ◐ 十二
2024 五 ◖ 廿三

───────

1937 美國粒子物理學家卡爾・哈根（Carl Richard Hagen）出生

星空草帽

　　哈伯太空望遠鏡用它的銳利的眼睛朝向宇宙中最宏
偉、注目的星系：草帽星系（Messier 104 ，M104）。
這個星系的特徵是亮白色的球狀核心，圍繞著濃厚的塵
埃帶，那是星系的旋臂結構。從地球的方向，我們看到
的差不多是星系的側面，我們大約是從它的北緯 6 度方
向看這個星系。這個明亮星系稱為草帽星系，因為它就
像一頂寬邊的草帽。

NASA/ESA and The Hubble Heritage Team (STScI/AURA)

名稱：M 104、草帽星系
距離：3000 萬光年
星座：室女座
分類：星系

2022 四 ● 初三　木星合月
2023 五 ◐ 十三
2024 六 ◑ 廿四

1966 蘇聯無人探測器月球 9 號（Luna 9）登陸月球，成為人類第一艘安全降落
　　在其他天體上的太空船
1984 挑戰者號太空梭 STS-41B 任務升空，太空人進行首次無繩太空漫步
1994 發現號太空梭 STS-60 任務升空，首次搭載俄羅斯太空人到和平號（Mir）太空站
1995 發現號太空梭 STS-63 任務升空，艾琳‧柯林斯（Eileen Collins）是
　　第一位女性太空梭駕駛員
2006 太空人從國際太空站上「發射」太空衣衛星（SuitSat）

恆星搖籃

　　哈伯望遠鏡拍攝恆星形成區 NGC 3603 的影像，其中包含銀河系中非常受注目的大質量星團。這個誕生於 1 百多萬年前的星團形成於擁擠的恆星形成區，那裡充滿氣體和塵埃。位在 NGC 3603 中央的星團，核心附近的炙熱藍色恆星把右側的氣體鑿開一個巨大的空穴。

NASA, ESA and the Hubble Heritage (STScI/AURA)-ESA/Hubble Collaboration

名稱：NGC 3603
距離：2 萬 光年
星座：船底座
分類：星雲、星團

2022 五 ● 立春
2023 六 ○ 十四 月球抵達遠地點
2024 日 ◐ 廿五

1902 第一位單人駕駛飛機飛越大西洋的飛行探險家查爾斯‧林白
　　（Charles Augustus Lindbergh）出生
1906 冥王星的發現者美國天文學家克萊德‧湯博（Clyde William Tombaugh）出生
1999 俄羅斯進步號（Progress）無人貨運太空船升空，進行旗幟 2.5（Znamya 2.5）任務，
　　即人造月球計畫

M106 的秘密

　　這幅 M 106 影像是結合哈伯與業餘天文學家羅伯特·詹德勒（Robert Gendler）和傑伊·加班尼（Jay GaBany）的影像而成，詹德勒把哈伯的資料與自己的觀測合成這令人驚嘆的彩色影像。

NASA, ESA, the Hubble Heritage Team (STScI/AURA), and R. Gendler (for the Hubble Heritage Team).
Acknowledgment: J. GaBany

名稱：M 106, Messier 106, NGC 4258
距離：2000 萬光年
星座：獵犬座
分類：星系

2022 六 ● 初五　　土星合日
　　　　　　　　　　　球狀星團 M22 接近火星
　　　　　　　　　　　王后星（20 Massalia）衝

2023 日 ○ 十五

2024 一 ● 廿六　　月掩心宿二

1924 英國格林威治天文臺首次向全球發送每小時一次的格林威治標準時間調時信號
1958 美國空軍 B-47 轟炸機在空中相撞事故中為了迫降投下馬克 15 核彈，
　　　落入喬治亞州泰比島（Tybee Island）水域，核彈未爆但至今落不明
1965 阿波羅指揮艙的服務推進系統（Service Propulsion System）進行首次測試
1967 NASA 月球軌道器 3 號（Lunar Orbiter III）升空
1971 阿波羅 14 號太空船成功登陸月球
1974 水手 10 號（Mariner 10）利用金星重力調整飛行軌道前往水星

金織玉繡

　　哈伯拍攝的船底座星雲，這個恆星形成區中的許多細節都被揭露出來。這夢幻般的星雲景象跟位於這個區域的巨大恆星有關，它們發出的恆星風和強烈紫外線雕塑了星雲的外貌。過程中，這些恆星撕裂殘存的巨大雲氣，那裡是恆星誕生的地方。

NASA, ESA, N. Smith (University of California, Berkeley),
and The Hubble Heritage Team (STScI/AURA)

名稱：船底座星雲、NGC 3372
距離：7500 光年
星座：船底座
分類：星雲

**02
06**

2022 日 ◗ 初六
2023 一 ○ 十六
2024 二 ◗ 廿七

1959 NASA 首次成功試射泰坦火箭
1971 美國太空人艾倫・薛帕德（Alan Shepard） 成為史上第一位在月球上打高爾夫球的人
2009 NASA 氣象衛星 NOAA-19 升空
2018 SpaceX 的獵鷹重型火箭（Falcon Heavy）首次升空

夜海相逢

　　IC 2163 和 NGC 2207 這兩個螺旋星系擦肩而過，就像夜晚兩艘巨大的船，它們位在大犬座。哈伯太空望遠鏡上的第二代廣域和行星相機拍攝這兩個星系差點相撞的影像。

NASA/ESA and The Hubble Heritage Team (STScI)

名稱：IC 2163、NGC 2207
距離：8100 萬光年
星座：大犬座
分類：星系

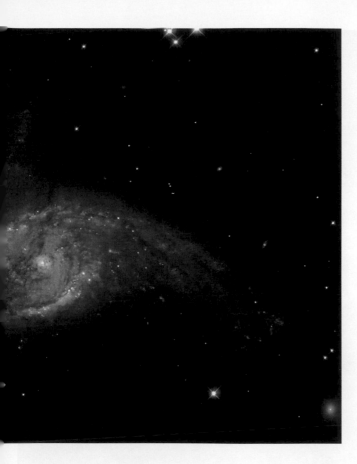

02
07

2022 一 🌓 初七
2023 二 ⚪ 十七　月球抵達遠日點
2024 三 ⚫ 廿八

1834 發表元素周期表的俄國化學家門得列夫（Dmitri Ivanovich Mendeleev）出生
1979 首次發現冥王星軌道進入海王星軌道內側
1984 挑戰者號太空梭 STS-41B 任務的兩位太空人進行人類首次不繫繩太空漫步
1999 NASA 彗星探測器星塵號（Stardust）升空
2001 亞特蘭提斯號太空梭 STS-98 任務升空
2008 亞特蘭提斯號太空梭 STS-122 任務升空

芸芸眾星

　　這是哈伯太空望遠鏡拍攝的球狀星團 NGC 1805 的影像，許多顏色的恆星聚集在一起。這數千顆恆星緊密聚集的星團位在大麥哲倫星系的邊緣，大麥哲倫星系是我們銀河系的衛星星系。星團裡的恆星運行得很靠近，就像蜜蜂聚集在蜂巢附近一樣。星團中心附近的恆星，彼此之間只有太陽到最近恆星的百分之一到千分之一的距離，這讓星團裡的恆星不太可能有行星系統存在。

ESA/Hubble & NASA, J. Kalirai

名稱：NGC 1805
距離：16 萬 3000 光年
星座：劍魚座
分類：星團

2022 二 ◗ 初八　天王星接近月球
半人馬座 α 流星雨（Alpha Centaurids）
2023 三 ○ 十八　半人馬座 α 流星雨（Alpha Centaurids）
2024 四 ● 廿九　金星合月
火星合月
月球抵達近日點
半人馬座 α 流星雨（Alpha Centaurids）

1828 法國科幻小說家朱爾．凡爾納（Jules Verne）出生
1974 NASA 首座太空站天空實驗室（Skylab）完成 84 天的任務，三位太空人安全返回地球
2010 奮進號太空梭 STS-130 任務升空

搖曳生姿

　　哈伯太空望遠鏡拍攝這張特別的側向星系影像，影像顯示扭曲的塵埃盤，以及星系碰撞引發大量新一代的恆星誕生。從側面看一般螺旋星系的塵埃與旋臂應該是平坦的，這幅哈伯影像顯示 ESO 510-G13 星系跟一般星系不同，它呈現扭曲的盤面結構，這個現象最早是從地面望遠鏡拍攝的影像中發現的。

NASA/ESA and The Hubble Heritage Team (STScI/AURA)

名稱：ESO 510-G13、
　　　IRAS 13522-2632
距離：1 億 5000 萬光年
星座：長蛇座
分類：星系

02
09

2022 三 🌗 初九　金星達最大亮度
2023 四 🌓 十九
2024 五 ● 除夕

1700 荷蘭流體物理學家丹尼爾·白努利（Daniel Bernoulli）出生
1827 英國《皇家天文學會月報》（Monthly Notices of the Royal Astronomical Society）創刊
1971 阿波羅 14 號完成登月任務安全返回地球
1975 蘇聯載人太空船聯合 17 號（Soyuz 17）前往禮炮 4 號太空站完成太陽望遠鏡架設
　　　任務後安全返回地球

三管齊下

　　這是螺旋星系 M101 的影像，它是結合史匹哲太空望遠鏡、哈伯太空望遠鏡和錢卓 X 光望遠鏡的資料。不同波段顯示天體不同特性，還常可發現其他波段看不見的新天體。紅色來自史匹哲的紅外影像，它凸顯塵埃帶上新生恆星發出的熱。黃色來自哈伯的可見光，大部分的光來自恆星，它們跟塵埃帶一樣沿著旋臂分佈。藍色是錢卓 X 光望遠鏡的資料，X 射線的來源包括溫度達百萬度的氣體、爆炸恆星及物質在黑洞周圍碰撞。這樣的結合影像讓天文學家可以研究各個波段間的關聯。這就像透過相機、夜視鏡和 X 光同時觀看一個天體。

NASA, ESA, CXC, SSC and STScI

名稱：M101、NGC 4547、
　　　風車星系
距離：2300 萬光年
星座：大熊座
分類：星系

02
10

2022 四 ◗ 初十
2023 五 ◖ 二十
2024 六 ● 春節

1990 NASA 探測木星系統的伽利略號（Galileo）通過金星
1992 美國擎天神 2 號（Atlas II）運載火箭升空

鬼影幢幢

　　IC 63 又稱為幽靈星雲，距離地球約 550 光年。這個星雲同時分類為反射星雲（反射附近亮星的光）和發射星雲（發出氫離子發射線）。這兩種效應都是仙后座 γ 星造成的，這顆星發出的輻射慢慢的消蝕這個星雲。

ESA/Hubble, NASA

名稱：IC 63
距離：550 光年
星座：仙后座
分類：星雲

02
11

2022 五 ◗ 十一　月球抵達遠地點
2023 六 ◐ 廿一　冥王星合水星
2024 日 ● 初二　月球抵達近地點
　　　　　　　　土星合月

1847 美國發明家湯瑪斯・愛迪生（Thomas Alva Edison）出生
1970 日本首次成功發射人造衛星
1984 挑戰者號太空梭 STS-41B 任務在甘迺迪太空中心完成首次太空梭降落
1997 發現號太空梭 STS-82 任務升空，準備為哈伯太空望遠鏡展開第二次維護任務
2000 奮進號太空梭 STS-99 任務升空
2010 NASA 太陽動力學天文臺（Solar Dynamics Observatory）升空

纖毫畢露

　　錯綜複雜、外形近乎對稱的 NGC 2985 星系，它的數條緊密旋臂從星系的明亮核心往外延伸，這些巨大結構漸漸消失在虛無的星系際空間，恆星的光輝在此畫下句點。

ESA/Hubble & NASA, L. Ho

名稱：NGC 2985
距離：7000 萬光年
星座：大熊座
分類：星系

02
12

2022 六 ◗ 十二　水星半相
2023 日 ◖ 廿二
2024 一 ● 初三

1804 德國物理學家海因里希・冷次（Heinrich Friedrich Emil Lenz）出生
1809 英國博物學家查爾斯・達爾文（Charles Robert Darwin）出生
1912 中華民國開始採用格里曆紀元
1961 蘇聯金星 1 號（Venera 1）無人探測器升空
1974 蘇聯火星 5 號（Mars 5）無人太空船進入繞行火星軌道
2001 NASA 探測器「近地小行星會合－舒梅克號」（NEAR Shoemaker）
　　　登陸愛神星（Eros），成為第一個登陸小行星的太空探測器

天王亮相

　　這幅天王星的廣角影像顯現出它黯淡的行星環與衛星。影像中，影像處理者將天王星以外的區域提高亮度，讓行星環和衛星更清楚。最外側的環比較亮，它位在影像下方，環的這個區域比較寬。天王星環是由塵埃和小石塊組成，它們在自然色的影像中看起來比較清楚。

NASA/ESA and Erich Karkoschka, University of Arizona

名稱：天王星
距離：N/A
星座：N/A
分類：太陽系

2022 日 🌓 十三 　金星合火星
　　　　　　　　冥王星合水星
2023 一 🌓 廿三
2024 二 🌑 初四

1852 完成新總表（NGC）天體目錄建置的丹麥天文學家得雷耳（John Louis Emil Dreyer）出生
1937 第一位上太空的德國人西格蒙德・雅恩（Sigmund Jähn）出生
2004 美國哈佛大學天文學家發現位於半人馬座的白矮星 BPM 37903，核心是一顆
　　 直徑 4000 公里的鑽石

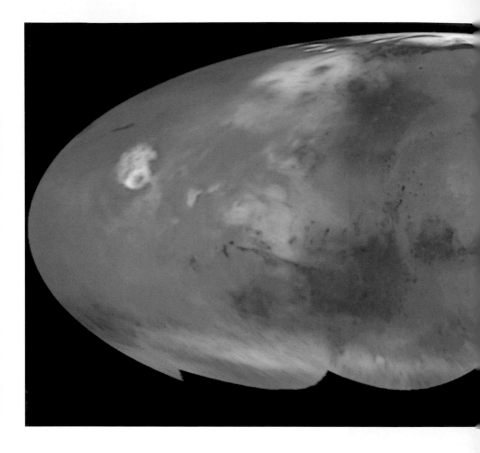

火星全球圖

　　四幅火星半球的影像併接成這幅彩色的全球地圖（稱為莫爾威投影），這幅是哈伯太空望遠鏡在火星最靠近地球前拍攝的影像。因為這段期間火星的北極朝向地球，所以影像中看不見緯度低於南緯 60 度的區域。這幅影像由三種濾鏡拍攝合成：藍色（410 奈米）、綠色（502 奈米）和紅色（673 奈米）

Steve Lee (University of Colorado), Jim Bell (Cornell University),
Mike Wolff (Space Science Institute), and NASA/ESA

名稱：火星
距離：N/A
星座：N/A
分類：太陽系

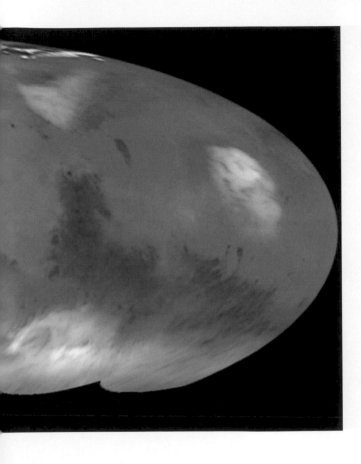

2022 一 ○ 十四
2023 二 ◑ 廿四
2024 三 ◐ 初五

1898 瑞士裔美籍天文學家弗里茨・茲威基（Fritz Zwicky）出生
1972 蘇聯無人探測器月球 20 號（Luna 20）升空
1980 NASA 的太陽極大期任務衛星（Solar Max）升空
1989 第一顆全球定位系統（GPS）衛星成功升空
1990 即將告別太陽系的航海家 1 號（Voyager 1）拍下太陽系全家福照片

電光火石

赫比格—哈羅天體（Herbig-Haro object）是夜空中較罕見的現象，外表像細長的噴流，出現在雲氣與恆星之間。哈伯太空望遠鏡影像中的這兩個赫比格—哈羅天體登錄為 HH46 和 HH47，它們位在船帆座，距離地球1400 多光年。

ESA/Hubble & NASA, B. Nisini

名稱：HH 46、HH 47
距離：1400 光年
星座：船帆座
分類：恆星

2022 二 ○ 十五
2023 三 ◑ 廿五　海王星合金星
2024 四 ◑ 初六　木星合月

1564 義大利天文學家伽利略（Galileo Galilei）出生
1861 瑞士物理學家紀堯姆（Charles Édouard Guillaume）出生
1874 愛爾蘭探險家沙克爾頓爵士（Sir Ernest Henry Shackleton）出生
1973 先鋒 10 號（Pioneer 10）成為第一艘通過小行星帶的太空船
2013 一顆隕石在俄羅斯車里雅賓斯克（Chelyabinsk）墜落，造成 1500 人受傷

偶然的發現

　　這是哈伯先進巡天相機拍攝球狀星團 NGC 6752 的影像，天文學家原本的目標是研究這個位於銀河系球狀星團裡的白矮星，但仔細研究影像後發現，影像中星團裡的亮星背後聚集一群暗星，這群暗星是新發現的矮橢球星系。這個星系曜稱為 Bedin 1，距離地球約 3000 萬光年。

ESA/Hubble, NASA, Bedin et al.

名稱：Bedin I、NGC 6752
距離：3000 萬光年
星座：孔雀座
分類：星系、恆星

2022 三 ○ 十六
2023 四 ● 廿六　水星抵達遠日點
2024 五 ◗ 初七

1948 荷蘭裔美籍天文學家傑拉德・古柏（Gerard Kuiper）發現天衛五（Miranda）
1961 NASA 探索者 9 號（Explorer 9）衛星升空
1965 NASA 阿波羅 SA-9 任務升空

星絮藏謎

　　恆星形成是塑造宇宙中最重要的因素之一，它在星系演化上扮演重要角色，恆星誕生的最初階段也是行星系統開始形成的時期。不過對恆星形成的過程，天文學家還有許多不了解的地方，例如氣體的組成和密度如何影響恆星形成的結果，最初引發恆星形成的是什麼？對 NGC 2841 這樣的絮狀螺旋星系來說，驅動恆星形成的因素更是不清楚。NGC 2841 的旋臂相當短，這跟一般螺旋星系清楚明顯的旋臂非常不同。

NASA, ESA and the Hubble Heritage (STScI/AURA)-ESA/Hubble Collaboration Acknowledgment: M. Crockett and S. Kaviraj (Oxford University, UK), R. O'Connell (University of Virginia), B. Whitmore (STScI) and the WFC3 Scientific Oversight Committee.

名稱：NGC 2841
距離：4600 萬光年
星座：大熊座
分類：星系

2022 四 ○ 十七　水星西大距
2023 五 ● 廿七　土星合日
2024 六 ◑ 初八　昴宿星團（M45）接近月球

1959 美國先鋒 2 號（Vanguard 2）衛星升空，是世界第一顆氣象衛星
1965 NASA 無人月球探測器遊騎兵 8 號（Ranger 8）升空
1996 NASA 探測器「近地小行星會合一舒梅克號」（NEAR Shoemaker）升空
2007 NASA 西蜜斯號（THEMIS）磁層量測衛星升空
2009 NASA 曙光號（Dawn）無人探測船飛掠火星

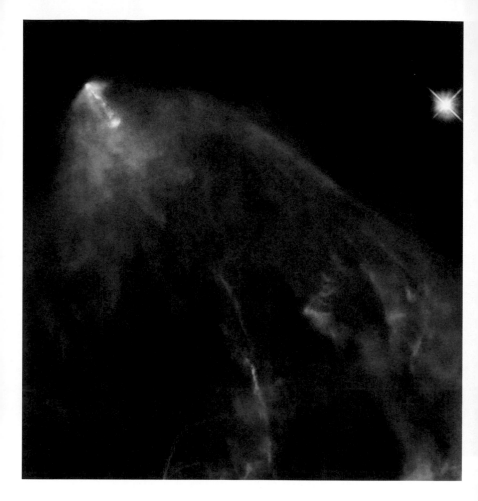

噴湧青春

　　影像中的天體稱為 HH 151，是一個明亮的噴流，顯現複雜橘色氣體與塵埃雲氣。它位在金牛座，距離我們約 460 光年，靠近年輕狂暴的金牛座 HL 星。恆星在誕生的數十萬年間，像金牛座 HL 的年輕星球將附近的物質拉向它們，這些物質在恆星外圍形成一個熱盤，同時在恆星的兩極形成細長的物質噴流。這些噴流的速度達每秒數百公里，噴流與附近的氣體、塵埃團塊碰撞，形成纖細、翻騰的外貌，這就是赫比格—哈羅天體，圖中的 HH151 就是這類天體。

ESA/Hubble & NASA. Acknowledgement: Gilles Chapdelaine

名稱：HH 151、
　　　HL Tau、
　　　LDN 1551
距離：460 光年
星座：金牛座
分類：恆星

2022 五 ○ 十八　月球抵達遠日點
2023 六 ● 廿八
2024 日 ◐ 初九　冥王星合金星

1930 美國天文學家湯博（Clyde William Tombaugh）發現冥王星
1970 HL-10 試驗機創下升力體飛行器最高速度紀錄
1977 企業號太空梭進行首次繫留飛行試驗

宇宙海星

　　一顆位在水瓶座的恆星正走向生命的終點，圍繞它的是由
氣體和塵埃組成的雲氣，雲氣的樣子像隻海星。影像中的天
體稱為 IRAS 19024+0044，是哈伯拍攝的影像。前行星狀星
雲提供我們對太陽般恆星臨終前的認識，以及它們是如何演
變成環繞白矮星的行星狀星雲。太陽般的恆星年老後，會把
外層的氣體拋出，形成形狀特別的美麗星雲。

ESA/Hubble, NASA and R. Sahai

名稱：IRAS 19024+0044
距離：1 萬 1000 光年
星座：天鷹座
分類：前行星狀星雲

2022 六 ◐ 十九　波德星系 M81 達最佳觀測位置

2023 日 ● 雨水　月球抵達近日點
水星合月
月球抵達近地點
波德星系 M81 達最佳觀測位置

2024 一 ◑ 雨水　波德星系 M81 達最佳觀測位置

1473 倡導日心說的波蘭天文學家哥白尼（Nicolaus Copernicus）出生
1986 蘇聯和平號太空站（Mir）發射升空，成為人類第一個可以長期工作的太空站
2002 NASA 無人探測器火星奧德賽號（Mars Odyssey）開始繪製火星地圖

透視星雲

　　這是一幅克來曼—低星雲（Kleinmann-Low Nebula）的合成影像，這個星雲是獵戶座星雲的一部分，哈伯太空望遠鏡用可見光與近紅外多次拍攝相鄰區域，再拼接組合成這幅影像。埋藏在星雲裡的恆星可以透過它們發出的紅外線被看見，這些顯露出來的恆星在影像中顯現紅色。科學家使用這幅獵戶座星雲中央部分的影像，尋找流浪行星與棕矮星。另外，還意外發現一顆快速移動的速逃星。

NASA, ESA/Hubble

名稱：獵戶座星雲
距離：1400 光年
星座：獵戶座
分類：星雲

02
20

2022 日 ◐ 二十
2023 一 ● 初一
2024 二 ◑ 十一

1844 奧地利物理學家波茲曼（Ludwig Boltzmann）出生
1962 NASA 水星計畫的友誼 7 號（Friendship 7）升空，太空人小約翰‧格倫
　　　（John Herschel Glenn, Jr.）成為第一位進入地球軌道的美國太空人
1965 NASA 無人月球探測器遊騎兵 8 號（Ranger 8）撞上月球並傳回照片
1994 NASA 克萊門汀號（Clementine）深太空計畫科學實驗（DSPSE）進入繞月軌道

時晦時明

　　Hen 3-1333 中央恆星的質量大約是太陽的 60%，不過跟太陽不同的是它的亮度隨時間改變。天文學家相信這樣的亮度變化是盤面上的塵埃造成，地球的角度正好看見盤面的側面，這個盤面有時會遮蔽中央的恆星。這顆類沃夫－瑞葉星（Wolf–Rayet type star）是太陽大小恆星演化的最後階段。類沃夫－瑞葉星以沃夫－瑞葉星命名，因為這兩種星有些共同的特性，不過沃夫－瑞葉星的質量卻大很多。

ESA/Hubble & NASA

名稱：Hen 3-1333
距離：N/A
星座：天壇座
分類：行星狀星雲

2022 一 ◑ 廿一
2023 二 ● 初二
2024 三 ◑ 十二

1931 德國太空旅行協會（VfR）試射液態燃料火箭，升空 3 公尺
1961 NASA 水星計畫的水星一擎天神 2 號（MA-2）無人太空船升空
1979 日本成功發射第一枚 X 光天文衛星天鵝號（Hakucho）CORSA-b
2019 日本隼鳥 2 號（Hayabusa 2）成功登陸小行星龍宮（162173 Ryugu）並採取樣本

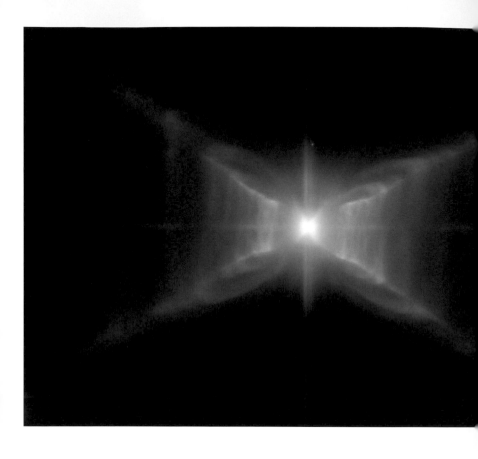

矩形之秘

　　恆星 HD 44179 環繞著特別的結構，稱為紅矩形星雲（Red Rectangle Nebula）。這個名字源自早期地面上的望遠鏡觀測到的形狀和顏色。這幅哈伯的影像顯示星雲裡的種種細節，它看起來不再是矩形，比較像英文字母 X，另外加上直線結構，樣子有點像是梯子上的橫檔。中央的恆星跟太陽很類似，不過它已經走到生命週期的盡頭，它散發出氣體和其他物質形成這特別的星雲。中央恆星是一個雙星系統，環繞著濃厚的塵埃，這可以用來解釋星雲奇特外形。

ESA/Hubble and NASA

名稱：HD 44179
距離：2300 光年
星座：麒麟座
分類：恆星

2022 二 ◖ 廿二
2023 三 ● 初三　金星合月
2024 四 ◗ 十三　金星合火星

1632 義大利天文學家伽利略（Galileo Galilei）出版《關於托勒密和哥白尼兩大世界
　　　 體系的對話》（Dialogo sopra i due massimi sistemi del mondo）
1824 發現氦元素的法國天文學家讓森（Pierre Jules César Janssen）出生
1857 發現電磁波的德國物理學家赫茲（Heinrich Rudolf Hertz）出生
1966 蘇聯宇宙 110 號（Cosmos 110）升空，創下狗在太空中停留時間最長紀錄（22 天）
1978 第一顆 Navstar GPS 導航衛星升空
1995 美國間諜衛星、也是史上第一個成功回收的衛星日冕號（Corona）資料解密
1996 哥倫比亞號太空梭 STS-75 任務升空

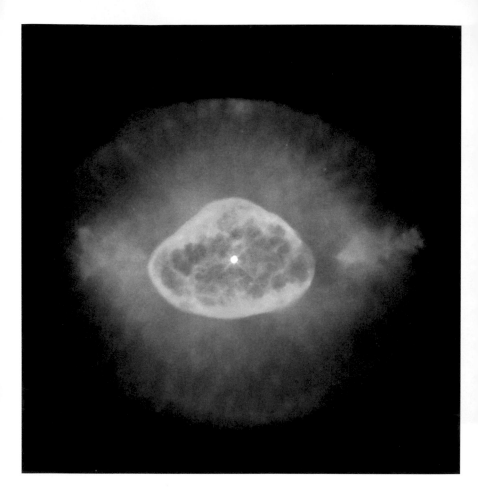

目露青光

　　NGC 6826 看起來像一隻眼睛，它的左右兩側有一對紅色發光氣體。「眼白」部分的淡綠色氣體質量大約是原來恆星的一半。綠色橢圓中央的恆星殘骸吹出高速恆星風，恆星風撞上更早的物質，形成炙熱的氣泡（影像中央的恆星是已知的行星狀星雲中最亮的恆星之一）。

Bruce Balick (University of Washington), Jason Alexander (University of Washington), Arsen Hajian (U.S. Naval Observatory), Yervant Terzian (Cornell University), Mario Perinotto (University of Florence, Italy), Patrizio Patriarchi (Arcetri Observatory, Italy) and NASA/ESA

名稱：閃爍行星、
NGC 6826
距離：5500 光年
星座：天鵝座
分類：行星狀星雲

2022 三 ◑ 廿三
2023 四 ● 初四　木星合月
2024 五 ◐ 十四

1947 國際標準化組織（ISO）正式在瑞士日內瓦成立
1962 12 個歐洲國家共同成立歐洲太空總署（ESA）
1987 大麥哲倫星雲中的超新星 SN 1987A 爆發
1995 NASA 宣布透過哈伯太空望遠鏡資料發現木衛二（Europa）的大氣層中有氧氣

煙火繚繞

這個天體看起來有如夜空中綻放的煙火，它被編號為 N 49 或 DEM L 190，是大質量恆星死亡後的超新星殘骸，它發出的光在數千年前就抵達地球。這些絲狀物質最終會回收形成大麥哲倫星雲裡新一代的恆星。銀河系數十億年前爆炸的超新星，那些殘骸也成為製造太陽和行星的材料。

NASA/ESA and The Hubble Heritage Team (STScI/AURA)

名稱：DEM L 190, LMC N 49
距離：17 萬 光年
星座：劍魚座
分類：超新星殘骸

2022 四 ◐ 廿四
2023 五 ● 初五
2024 六 ○ 十五

1968 英國天體物理學家喬瑟琳‧貝爾（Jocelyn Bell）等人發現第一顆脈衝星，
　　　研究結果正式在《自然》期刊上發表
1969 NASA 水手 6 號（Mariner 6）升空
2009 NASA 軌道碳觀測衛星（Orbiting Carbon Observatory）升空
2011 發現號太空梭 STS-133 任務升空

褪盡鉛華

　　這是 ESO 456-67 的影像，可以看見從中央恆星吹出一層層的物質。每一層有不同的顏色，紅色、橘色和黃色，還可以看見綠色氣體，星雲中央的部分有一空洞。行星狀星雲形狀和結構如此多變的原因還不清楚，有些看起來是圓形、有些是橢圓，有些從兩極發出波浪般的物質，有些看起來像沙漏或數字 8，有些則像星空發生了大爆炸等等。

ESA/Hubble & NASA, Acknowledgement: Jean-Christophe Lambry

名稱：ESO 456-67
距離：1 萬光年
星座：人馬座
分類：行星狀星雲

2022 五 ◗ 廿五

2023 六 ◗ 初六　天王星接近月球

2024 日 ○ 十六　月球抵達遠地點

1972 蘇聯無人探測器月球 20 號（Luna 20）成功採得月岩樣本返回地球

2007 歐洲太空總署羅塞塔號（Rosetta）彗星探測器飛掠火星

2010 哈伯太空望遠鏡拍下太陽系第二大小行星灶神星（4 Vesta）的細節影像，
　　　顯示自轉軸比原先認為的傾斜 4 度

星火燎原

　　哈伯太空望遠鏡的 NGC 4449 星系影像中，可以看見數十萬顆明亮的藍色和紅色恆星。大質量恆星組成的藍白色星團散佈在整個星系裡，還有許多恆星在紅棕色的塵埃帶上形成。氣體和塵埃組成的巨大暗雲遮蔽星光形成剪影。

NASA, ESA, A. Aloisi (STScI/ESA), and The Hubble Heritage (STScI/AURA)-ESA/Hubble Collaboration

名稱：NGC 4449
距離：1200 萬光年
星座：獵犬座
分類：星系

02
26

2022 六 ◑ 廿六
2023 日 ◑ 初七
2024 一 ○ 十七

1786 法國天文學家弗朗索瓦・阿拉戈（François Arago）出生
1842 法國天文學家、科普作家卡米伊・弗拉馬利翁（Camille Flammarion）出生
1966 NASA 阿波羅登月計畫農神 1B 號（Saturn 1B）運載火箭首次升空

蜘蛛星雲的新星派對

　　這巨大年輕的星團稱為 R136，它位在劍魚座 30 星雲裡，年齡只有數百萬年，劍魚座 30 星雲是一個位在大麥哲倫星雲裡的劇烈恆星形成區，大麥哲倫星雲是銀河系的衛星星系。我們銀河系裡沒有像劍魚座 30 這樣巨大、多產的恆星形成區。影像中鑽石般的藍色恆星是已知恆星中質量最大的。它們的質量超過太陽的一百倍。這些巨大恆星在幾百萬年後就會接連爆炸，形成超新星，就像一串爆竹一樣。

NASA, ESA, and F. Paresce (INAF-IASF, Bologna, Italy), R. O'Connell (University of Virginia, Charlottesville), and the Wide Field Camera 3 Science Oversight Committee

名稱：劍魚座 30、
　　　蜘蛛星雲
距離：17 萬光年
星座：劍魚座
分類：星雲、星團

2022 日 ● 廿七 　月球抵達近地點
金星合月
火星合月
金星接近火星

2023 一 ◗ 初八

2024 二 ○ 十八 　月球抵達遠日點

1897 法國天文學家、日冕儀的發明者貝爾納・李奧（Bernard Lyot）出生
1970 升力體飛行器 HL-10 創下 2 萬 7524 公尺的飛行高度記錄

扭轉乾坤

哈伯在 2006 年拍攝的巨大風車星系，它是宏觀螺旋星系的最佳範例之一，清楚顯示星系中的巨大恆星形成區。這是當時最大、最清晰的螺旋星系影像。

Image: European Space Agency & NASA; Acknowledgements:
Project Investigators for the original Hubble data: K.D. Kuntz (GSFC), F. Bresolin
(University of Hawaii), J. Trauger (JPL), J. Mould (NOAO), and Y.-H. Chu
(University of Illinois, Urbana); Image processing: Davide De Martin
(ESA/Hubble); CFHT image: Canada-France-Hawaii Telescope/J.-
C. Cuillandre/Coelum; NOAO image: George Jacoby, Bruce Bohannan,
Mark Hanna/NOAO/AURA/NSF

名稱：M101、
　　　風車星系
距離：2300 萬光年
星座：大熊座
分類：星系

2022 一 ● 廿八

2023 二 ◑ 初九　火星合月

2024 三 ◯ 十九　水星上合日

1959 美國第一顆偵查衛星發現者 1 號（Discoverer 1）升空
1990 亞特蘭提斯號太空梭 STS-36 任務升空
2007 NASA 新視野號（New Horizons）在前往冥王星的路上通過土星

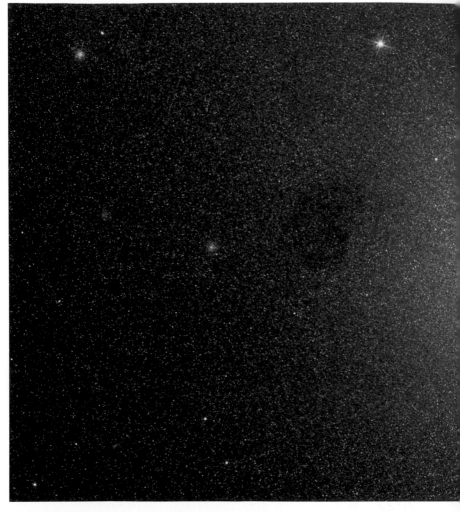

貌不驚人

　　M110 看起來似乎沒什麼特別，不過它是我們星系的美麗鄰居，而且它跟同類的星系有些不同。M110 是本星系群的一份子，本星系群由一些星系組成，包含我們的銀河系和一些近距離的星系。M110 是仙女座星系的衛星星系，它繞著仙女座星系運行。M110 分類為矮橢圓星系，這類星系有平滑與無特徵的外形。

ESA/Hubble & NASA, L.Ferrarese et al.

名稱：M110
距離：269 萬光年
星座：仙女座
分類：星系

2024 四 ◑ 二十　土星合日

1840 潛水艇之父、愛爾蘭工程師菲利浦・霍蘭（John Philip Holland）出生

矯正視力

哈伯望遠鏡升空後不久，科學家發現它觀測品質不如預期，光學誤差超過標準 10 倍。仔細研究後發現，哈伯的主鏡打磨時外圍有約 2200 奈米（約 1/450mm）的誤差。1993 年的哈伯維修任務一（Service Mission 1）的主要任務就是修復哈伯的視力。1993 年 12 月，太空人乘坐奮進號太空梭執行任務，在 10 天的太空工作中，安裝了 COSTAR 光學修正套件，以及第二代廣域與行星相機。太陽能板及電路、四個陀螺儀也在此次任務中更換。這次維修任務總共花費 5 億美元。
NASA

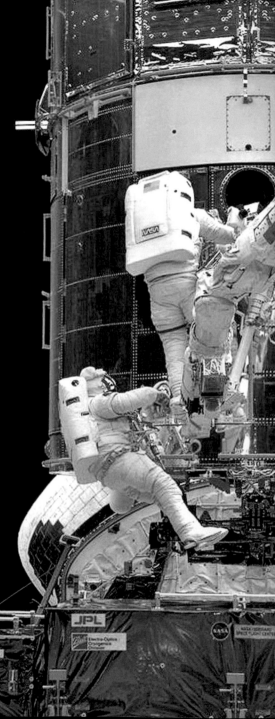

歷史里程碑

March

3月

美哉壯哉

　　NGC 2336 是德國天文學家威廉・坦普爾（Wilhelm Tempel）在 1876 年發現的，當時他使用 28 公分的望遠鏡。哈伯的影像比坦普爾看到的好太多，哈伯的 2.4 公尺主鏡是坦普爾望遠鏡的將近十倍。1987 年在 NGC 2336 發現一顆 Ia 型超新星，這是 NGC 2336 發現以來唯一被記錄的超新星。

ESA/Hubble & NASA, V. Antoniou, Acknowledgement: Judy Schmidt

名稱：NGC 2336
距離：1 億光年
星座：鹿豹座
分類：星系

2022 二 ● 廿九　水星合月
金星在清晨達到最高點
月球抵達近日點
2023 三 ◐ 初十
2024 五 ◑ 廿一

1927 美國天文學家喬治・艾伯耳（George Abell）出生
1980 NASA 航海家 1 號（Voyager 1）證實土衛十（Janus）的存在
1982 蘇聯金星 13 號（Venera 13）傳回首張金星表面的彩色照片
2002 哥倫比亞號太空梭 STS-109 任務升空，為哈伯太空望遠鏡進行第四次維護任務
　　（Servicing Mission 3B）

星羅棋布

　　M22 是銀河系裡 150 多個球狀星團中的一個，距離我們大約只有 1 萬光年，是離我們最近的球狀星團之一。它是 1665 年由亞伯拉罕・伊萊（Abraham Ihle）發現，是最早發現的球狀星團之一。不意外的，M22 也是南半球最亮的球狀星團之一，它位在人馬座，靠近銀河的核天球，核球位在銀河系中心，由許多恆星組成。

名稱：M22、NGC 6656
距離：1 萬 光年
星座：人馬座
分類：球狀星團

2022 三 ● 三十
2023 四 ◐ 十一　金星合木星
2024 六 ◖ 廿二

1972 NASA 第一個探索外行星的探測器先鋒 10 號（Pioneer 10）升空
1978 捷克太空人弗拉迪米爾・雷梅克（Vladimír Remek）成為美蘇之外第一位進入太空的人
1995 奮進號太空梭 STS-67 任務搭載天文 2 號（Astro-2）實驗室升空
2004 歐洲太空總署彗星探測器羅塞塔號（Rosetta）升空
2019 SpaceX 飛龍 2 號（Dragon 2）首次升空，前往國際太空站

金玉其外

　　這幅是哈伯太空望遠鏡拍攝的 NGC 3521 螺旋星系影像，影像並沒有失焦，而是這個星系本身外貌就是毛茸茸，它屬於絮狀螺旋星系。NGC 3521 跟 M101 那類的宏觀螺旋星系相當不同，絮狀螺旋星系沒有清楚、圓弧狀的旋臂。絮狀螺旋星系中恆星和塵埃鬆散分佈在星系的各個地方。

ESA/Hubble & NASA and S. Smartt (Queen's University Belfast); Acknowledgement: Robert Gendler

名稱：NGC 3521
距離：4000 萬光年
星座：獅子座
分類：星系

03
03

2022 四 ● 初一　坦普彗星（9P/Tempel）來到近日點
2023 五 ◐ 十二
2024 日 ◑ 廿三

1847 美國發明家、國家地理學會創辦人之一亞歷山大‧貝爾（Alexander Graham Bell）出生
1915 NASA 的前身美國國家航空顧問委員會（NACA）成立
1959 NASA 探測器先鋒 4 號（Pioneer 4）升空
1969 NASA 阿波羅 9 號任務升空，測試登月小艇
2016 天文學家宣布根據哈伯太空望遠鏡資料，發現了迄今最遙遠的星系 GN-z11，
　　　距離 134 億光年

長袖善舞

NGC 2008 是約翰·赫歇耳在 1834 年發現的,哈伯序列上它分類為 Sc 星系,哈伯序列是一個根據星系外形作分類的系統。「S」表示 NGC 2008 是個螺旋星系,「c」代表它有一個較小的中心核球和張角較大的旋臂。如果螺旋星系有較大中心核球,它的旋臂外形會較緊密,分類為 Sa,外形在 Sa 與 Sc 之間的稱為 Sb。

ESA/Hubble & NASA, A. Bellini

名稱:NGC 2008
距離:4 億 5000 萬光年
星座:繪架座
分類:星系

03
04

2022 五 ● 頭牙　冥王星合火星

2023 六 ◯ 十三　月球抵達遠地點

2024 一 ◗ 廿四　婚神星（3 Juno）衝

1904 建立大霹靂學說的烏克蘭裔美籍天文物理學家喬治・加莫夫（George Gamow）出生

1979 木星環首次由 NASA 航海家 1 號（Voyager 1）觀測到

1994 哥倫比亞號太空梭 STS-62 任務升空

消瘦中的大紅斑

　　大紅斑是木星的顯著特徵，但這個面積比地球還大的旋轉風暴正在縮小，而且形狀從橢圓形變成了圓形。天文學家從 1930 年代就已經知道大紅斑在變小，但哈伯太空望遠鏡捕捉到前所未見的大紅斑最小的影像。這幅是 2014 年 4 月 21 日拍的木星全幅影像，使用的是哈伯第三代廣域相機。

Image Credit: NASA, ESA, and A. Simon (Goddard Space Flight Center);
Acknowledgement: C. Go; Science Credit: A. Simon
(Goddard Space Flight Center), G. Orton (Jet Propulsion Laboratory), J. Rogers (University of
Cambridge, UK), and M. Wong and I. de Pater
(University of California, Berkeley)

名稱：大紅斑
距離：N/A
星座：N/A
分類：太陽系

2022 六 ● 驚蟄　冥王星合金星
　　　　　　　　木星合日
2023 日 ◐ 十四
2024 二 ◑ 驚蟄

1512 法蘭德斯地理學家、製圖家麥卡托（Gerardus Mercator）出生
1978 NASA 第三顆地球資源技術衛星大地衛星 3 號（Landsat 3）升空
1979 NASA 航海家 1 號（Voyager 1）飛掠木星，並發現木衛十四（Thebe）
1982 蘇聯金星 14 號（Venera 14）登陸金星
1999 NASA 廣域紅外光探索衛星（WIRE）升空
2014 天文學家公布哈伯太空望遠鏡拍下的史上第一次觀察到的小行星 P/2013 R3 分裂瓦解

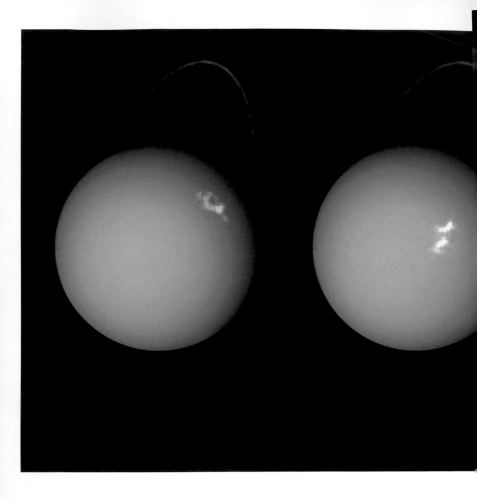

天王星的極光

　　木星和土星的極光已經有許多研究，不過對天王星的極光卻所知不多。2011 年哈伯太空望遠鏡開始天王星極光的研究，2012 年和 2014 年巴黎天文台的天文學家使用哈伯望遠鏡上的太空望遠鏡影像攝譜儀（Space Telescope Imaging Spectrograph）研究天王星的極光。

ESA/Hubble & NASA, L. Lamy / Observatoire de Paris

名稱：天王星
距離：N/A
星座：N/A
分類：太陽系

2022 日 ● 初四
2023 一 ○ 驚蟄
2024 三 ◐ 廿六

1787 德國天體光譜學家夫朗和斐（Joseph von Fraunhofer）出生
1869 俄國化學家門得列夫發表他的第一張元素週期表
1937 蘇聯太空人瓦蓮京娜・捷列什科娃（Valentina Tereshkova）出生，她是史上第一位女性太空人
1986 蘇聯維加 1 號（Vega 1）飛掠哈雷彗星
2015 曙光號（Dawn）成為第一艘繞行穀神星的太空船

團團相抱

　　這幅是哈伯太空望遠鏡的先進巡天相機拍攝的影像，圖中顯示數以千計的球狀星團位在星系團的核心區。這是從哈伯的三個不同觀測計畫資料合併而成的影像，這個計畫的目標是探索后髮座星系團的核心，后髮座星系團有超過一千個星系，距離我們約 3 億 2000 萬光年，這些星系由重力束縛在一起。

NASA, ESA, J. Mack, and J. Madrid et al.

名稱：Coma Cluster
距離：3 億 2000 萬光年
星座：后髮座
分類：星系

03
07

2022 一 ◖ 初五　天王星接近月球
2023 二 ○ 十六
2024 四 ◕ 廿七

1792 英國天文學家約翰・赫歇爾（John Herschel）出生
1837 美國天文學家、天體攝影先驅亨利・德雷伯（Henry Draper）出生
1962 NASA 軌道太陽觀測臺 1 號（OSO-1）升空
1996 天文學家公布哈伯太空望遠鏡拍攝的史上第一批冥王星表面細節照片
2009 NASA 克卜勒（Kepler）太空望遠鏡升空

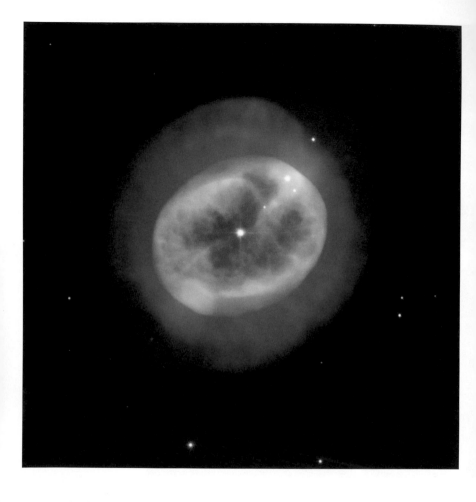

夕陽無限好

　　NGC 2022 是個太空中的巨大氣體球，它的氣體是從一顆年邁
恆星拋出的。這顆恆星位在星雲的中心，這些氣體原本是恆星的
一部分。當太陽這樣的恆星年老後，會膨脹發出紅光，形成紅巨
星，漸漸地紅巨星會把外層的氣體拋到太空。超過恆星一半的質
量會這樣流失，在恆星的周圍形成一層殼狀的氣體。在此同時，
恆星的核心往內收縮，形成一炙熱的核心，核心發出的紫外光讓
膨脹的氣體發光。

ESA/Hubble & NASA, R. Wade

名稱：NGC 2022
距離：8000 光年
星座：獵戶座
分類：行星狀星雲

2022 二 ◑ 初六
2023 三 ○ 十七
2024 五 ● 廿八 　火星合月
　　　　　　　　月球抵達近日點

1914 蘇聯理論物理學家澤爾多維奇（Yakov Borisovich Zel'dovich）出生
1934 美國天文學家艾德溫・哈伯（Edwin Hubble）首次以照片說明銀河系外的星系
1979 木衛一（Io）上發現活火山
2001 發現號太空梭 STS-102 任務升空
2007 美國軌道快車（Orbital Express）維修衛星升空
2008 歐洲太空總署自動運載飛行器（Orbital Express）首次升空

巨鯨含珠

　　哈伯太空望遠鏡拍攝充滿生氣的螺旋星系 M77，M77 位在鯨魚座，距離我們約 4500 萬光年。影像的的紅色和藍色區域顯示恆星正在形成的區域，塵埃帶的弧線從星系的核心往外延伸，就像風車上的弧線。M77 分類為西佛星系（Seyfert galaxy），這類星系有相當活躍的核心，它們的核心圍繞著游離的氣體。

NASA, ESA & A. van der Hoeven

名稱：M77
距離：4500 萬光年
星座：鯨魚座
分類：星系

**03
09**

2022 三 ◐ 初七
2023 四 ○ 十八
2024 六 ● 廿九　金星合月

1564 德國天文學家大衛・法布里奇烏斯（David Fabricius）出生；他與兒子約翰
　　　共同以望遠鏡發現太陽黑子
1934 蘇聯太空人尤里・加加林（Yuri Gagarin）出生，他是第一個進入太空的人
1961 蘇聯史波尼克 9 號（Sputnik 9）太空船載一具假人升空，開啟蘇聯載人太空計畫
1986 蘇聯維加 2 號（Vega 2）飛掠哈雷彗星
2004 哈伯太空望遠鏡公布「哈伯超深場」（Hubble Ultra Deep Field）影像，
　　　畫面包含約 1 萬個星系

天空之眼

　　NGC 4826 位在后髮座，距離我們約 1700 萬光年，它通常稱為「黑眼」或「邪眼」星系，因為黑色塵埃帶橫過明亮核心的一側。NGC 4826 特別的地方是內部的運行方式。這個星系的外側氣體和內側氣體運轉的方向相反，這可能是因為 NGC 4826 最近吞食了另一個星系。新恆星誕生在反向運行氣體撞擊的地方。

ESA/Hubble & NASA, J. Lee and the PHANGS-HST Team, Acknowledgement: Judy Schmidt

名稱：M64、NGC 4826、
　　　黑眼星系
距離：1700 萬光年
星座：后髮座
分類：星系

2022 四 ◗ 初八
2023 五 ◯ 十九　月球抵達遠日點
2024 日 ● 初一　月球抵達近地點

1820 英國皇家天文學會（Royal Astronomical Society）成立
1977 美國天文學家首度確認天王星環的存在
1982 太陽系八大行星在太陽同側排成一線
2006 NASA 火星偵察號軌道環繞器（Mars Reconnaissance Orbiter）抵達繞行火星的軌道

桂冠自飾

　　哈伯太空望遠鏡拍攝這幅 NGC 7049 的影像，這個星系位於南天的印第安座。一群球狀星團閃閃發亮散布在星系暈裡。天文學家研究 NGC 7049 裡的球狀星團，希望了解它的形成與演化。星系裡的塵埃分佈就像蕾絲花邊，又像古希臘人為有卓越貢獻的人所贈與的桂冠。它遮掩 NGC 7049 星系暈裡百萬顆星的星光。

NASA, ESA and W. Harris (McMaster University, Ontario, Canada)

名稱：NGC 7049
距離：1 億光年
星座：印地安座
分類：星系

2022 五 ◗ 初九　月球抵達遠地點
2023 六 ◖ 二十
2024 一 ● 頭牙

1811 法國天文物理學家、海王星發現者之一勒維耶（Urbain Le Verrier）出生
1965 NASA 無人探測器先鋒 5 號（Pioneer 5）升空
2008 奮進號太空梭 STS-123 任務升空

棒旋之最

　　哈伯太空望遠鏡拍攝的棒旋星系 NGC 1300 影像，影像中有恆星發出的光、發光的氣體和塵埃暗雲的輪廓。NGC 1300 被認為是棒旋星系的代表。棒旋星系和一般螺旋星系不同，棒旋星系的旋臂不是直接從中心往外延伸，而是從棒狀結構的兩端連結旋臂，棒狀結構是由核心的恆星組成。

NASA, ESA, and The Hubble Heritage Team (STScI/AURA)

名稱：NGC 1300
距離：6000 萬光年
星座：波江座
分類：星系

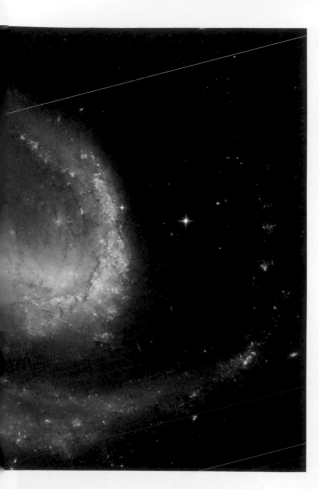

2022 六 ◖ 初十　金星合火星
2023 日 ◖ 廿一
2024 二 ● 初三

1835 加拿大裔美籍天文學家、科幻作家西門・紐康（Simon Newcomb）出生
1923 美國傳奇太空人小華特・舒拉（Walter 'Wally' Marty Schirra）出生，他是唯一
　　　在 NASA 三大載人太空計畫：水星計畫、雙子星計畫和阿波羅計畫都執行過任務的太空人
2003 哈伯太空望遠鏡宣布首次觀察到一顆系外行星的大氣層正在蒸發
2015 NASA 磁層多尺度觀測任務（Magnetospheric Multiscale Mission）人造衛星升空

星星搖籃

　　哈伯太空望遠鏡的影像顯示，這是一個非常複雜且充滿活力的恆星形成區，它距離我們約 21 萬光年，位在我們銀河系的衛星星系小麥哲倫星雲裡。中央的年輕星團被激烈、參差不齊的絲狀構造和顯著的脊狀雲氣圍繞著。

NASA, ESA and A. Nota (ESA/STScI, STScI/AURA)

名稱：N66、NGC 346
距離：21 萬光年
星座：杜鵑座
分類：星雲、星團

2022 日 ◗ 十一　海王星合日
2023 － ◖ 廿二
2024 三 ● 初四

1781 英國天文學家威廉・赫歇爾（Sir Friedrich William Herschel）發現天王星
1855 美國天文學家帕西瓦爾・羅威爾（Percival Lawrence Lowell）出生
1986 歐洲太空總署無人探測器喬托號（Giotto）通過哈雷彗星的彗尾
1989 發現號太空梭 STS-29 任務升空，載送 NASA 通訊衛星 TDRS-4 進入運行軌道

磁力怪獸

　　這幅迷人的 NGC 1275 影像是哈伯太空望遠鏡的先進巡天相機在 2006 年 7 月和 8 月時拍攝的，紅色蕾絲般的結構環繞在 NGC 1275 星系中心附近，高解析度的影像顯現出它細緻絲狀的結構。這些絲狀結構的溫度相對比較低，圍繞它們的是攝氏 5500 萬度的高溫氣體。磁場不但讓它們懸浮並維持絲狀結構，更展示中心的黑洞如何傳遞能量到外圍氣體。

NASA, ESA and Andy Fabian (University of Cambridge, UK)

名稱：NGC 1275
距離：2 億 5000 萬光年
星座：英仙座
分類：星系

2022 — ◗ 十二　矩尺座 γ 流星雨（Gamma Normids）

2023 二 ◖ 廿三

2024 四 ● 初五　木星合月
　　　　　　　　矩尺座 γ 流星雨（Gamma Normids）

1835 義大利天文學家喬凡尼・夏帕雷利（Giovanni Schiaparelli）出生
1879 理論物理學家愛因斯坦（Albert Einstein）出生
1934 NASA 最後一位登月太空人尤金・塞南（Eugene Cernan）出生
1995 俄羅斯聯合號（Soyuz）TM-21 搭載 NASA 太空人升空登上和平號太空站，
　　　為史上第一次美俄聯合執行的太空任務
2016 歐洲與俄羅斯合作的火星探測器 ExoMars 升空
2019 俄羅斯聯合號（Soyuz）MS-12 搭載國際太空站 59/60 遠征隊升空

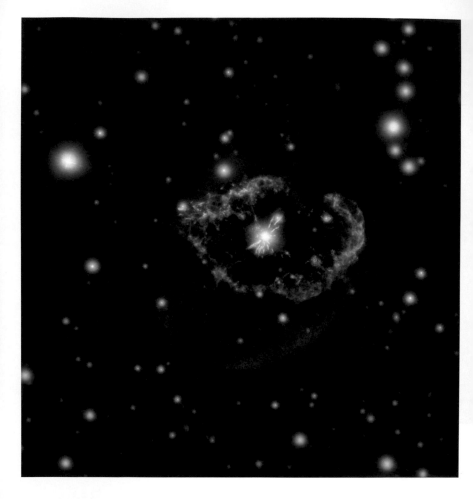

迴光反照

　　0.8 到 8 倍太陽質量的恆星在耗盡核心的核反應燃料後，它們會坍縮成一顆高密度的炙熱白矮星。當這些過程發生，這顆死亡恆星會拋出他們的外殼物質，形成行星狀星雲。這現象並不罕見，但是 Abell 78 和少數此類星雲是所謂的重生恆星產生的結果，雖然恆星的核心已經停止氫和氦的和反應，不過表面失控的熱核反應把物質高速拋出。這些物質堆積和撞擊外圍的舊有雲氣，在中央恆星的外圍形成絲狀的不規則星雲。

ESA/Hubble & NASA, M. Guerrero, Acknowledgement: Judy Schmidt

名稱：Abell 78
距離：5000 光年
星座：天鵝座
分類：行星狀星雲

2022 二 ◐ 十三
2023 三 ◐ 廿四　矩尺座 γ 流星雨（Gamma Normids）
2024 五 ◐ 初六　司劇星（23 Thalia）衝
昂宿星團（M45）接近月球

1713 法國天文學家拉卡伊（Nicolas de Lacaille）出生
1932 NASA 太空人艾倫·賓（Alan LaVern Bean）出生，他是第四位踏上月球的人
2009 發現號太空梭 STS-119 任務升空

船底座星雲的光與影

　　哈伯太空望遠鏡拍攝的鑰匙孔星雲，揭露出船底座星雲（NGC 3372）前所未見的複雜結構。這幅是由四張第二代廣域和行星相機拍攝的影像拼接而成，整幅影像共用 6 種顏色濾鏡，拍攝的時間是 1999 年 4 月。這幅影像中有一個接近圓形的結構，那是鑰匙孔星雲的一部分，鑰匙孔星雲是 19 世紀約翰・赫歇爾命名的。這個區域距離我們約 8000 光年，位在著名的爆發變星海山二附近，這顆星就位在右上方的影像外。船底座星雲中還有許多溫度和質量都是已知最高的恆星，它們的溫度和質量分別是太陽的 10 倍和 100 倍。

NASA/ESA, The Hubble Heritage Team (AURA/STScI)

名稱：船底座星雲、
　　　鑰匙孔星雲

距離：7500 光年

星座：船底座

分類：星雲

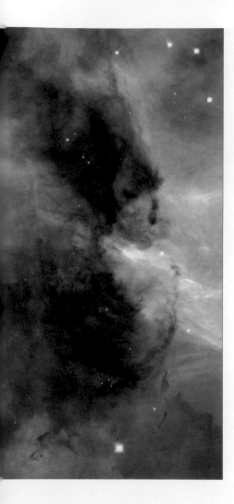

2022 三 ◯ 十四　卡普夫彗星（22P/Kopff）來到近日點
2023 四 ◐ 廿五　海王星合日
2024 六 ◑ 初七

1750 英國天文學家卡洛琳・赫歇爾（Caroline Herschel）出生
1789 德國物理學家歐姆（Georg Simon Ohm）出生
1926 美國工程師戈達德（Robert Goddard）發射世界第一枚液態燃料火箭
1966 NASA 載人太空任務雙子星 8 號（Gemini 8）升空

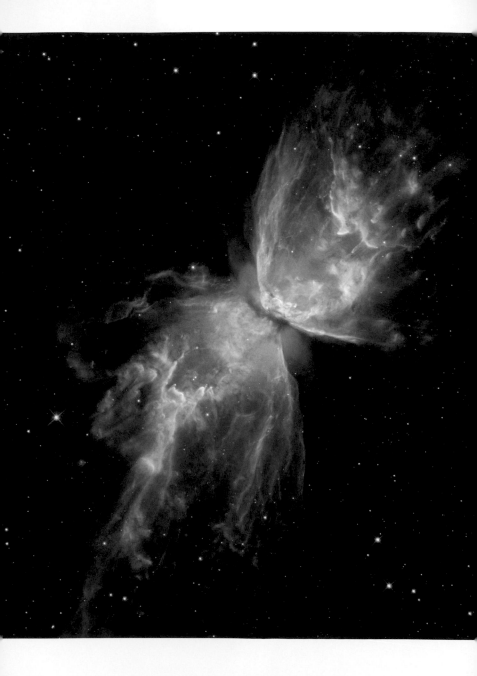

蝴蝶星雲

　　這個天體看起來像是優雅蝴蝶翅膀，但其實更像是個沸騰的鍋爐。「鍋爐」裡裝著的是高達攝氏 2 萬度的高溫氣體，這些氣體以每小時超過 95 萬公里的速度往外飛奔，以這樣的速度由地球到月球只需 24 分鐘！位在這個風暴中心的是一顆質量曾經比太陽大 5 倍的恆星，這顆垂死的恆星把外層的氣體往外噴出，又發出的強烈紫外線讓外圍的物質發光。這是一個行星狀星雲，它們之所以被這樣命名是因為很多這類天體用小望遠鏡看時，外形和行星很像。

NASA, ESA and the Hubble SM4 ERO Team

名稱：昆蟲星雲、蝴蝶星雲、NGC 6302
距離：4000 光年
星座：天蠍座
分類：行星狀星雲

2022 四 ○ 十五
2023 五 ● 廿六　水星上合日
2024 日 ◐ 初八　海王星合日

1930 NASA 太空人詹姆斯・厄文（Jim Irwin）出生，他是第八位踏上月球的人
1958 史上第一顆太陽能人造衛星美國先鋒 1 號（Vanguard 1）升空
1966 NASA 雙子星 8 號（Gemini 8）與阿金納（Agena）目標載具完成史上
　　　首次太空對接任務
2002 NASA 和德國合作的重力反演和氣候實驗
　　　（Gravity Recovery And Climate Experiment，GRACE）衛星升空

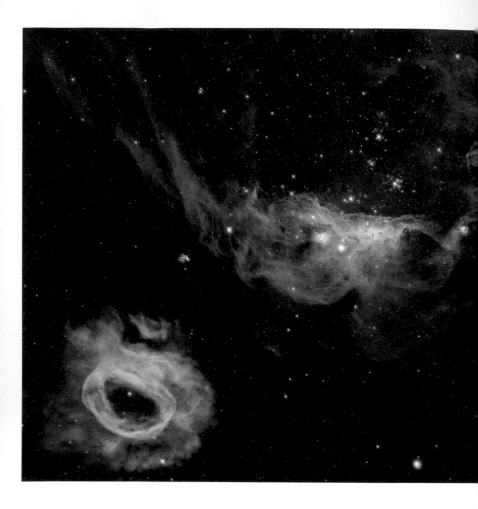

宇宙珊瑚礁

　　在哈伯太空望遠鏡服役的 30 年期間拍攝過許多狂暴恆星形成區，而這張照片無疑是其中最吸睛的一幅。影像中巨大的 NGC 2014 星雲和附近的 NGC 2020 都位在大麥哲倫星雲裡的恆星形成區裡，大麥哲倫星雲是銀河系的衛星星系，距離我們大約 16.3 萬光年。這張照片也是哈伯慶祝觀測 30 年的週年影像。

NASA, ESA, and STScI

名稱：NGC 2014、
　　　NGC 2020
距離：16 萬 3000 光年
星座：劍魚座
分類：星雲

03
18

2022 五 ○ 十六
2023 六 ◑ 廿七
2024 一 ◐ 初九　月球抵達近日點

1965 蘇聯日出 2 號（Voskhod 2）升空，列昂諾夫（Alexei Leonov）成為史上
　　首位進行太空漫步的人
2011 信使號（MESSENGER）成為史上第一艘繞行水星的太空船
2011 NASA 新視野號（New Horizons）飛掠天王星
2016 俄羅斯聯合號（Soyuz）TMA-20M 搭載國際太空站 47/48 遠征隊升空

萬流朝宗

　　哈伯的清晰影像中，明亮的星系 NGC 3810 展現經典的螺旋結構。中央的區域有許多新恆星誕生，造成這個區域比星系外圍還明亮。星系裡顯現明顯的塵埃帶，它們沿著旋臂分佈。仔細看哈伯影像，還可以看見一些個別的恆星。炙熱年輕的藍色恆星出現在巨大星團裡，另外旋臂上還有一些明亮的紅巨星。

ESA/Hubble and NASA

名稱：NGC 3810
距離：5000 萬光年
星座：獅子座
分類：星系

2022 六 ○ 十七

2023 日 ● 廿八　月球抵達近地點
　　　　　　　　月球抵達近日點
　　　　　　　　土星合月

2024 二 ◑ 初十

1915 羅威爾天文臺（Lowell Observatory）拍下最早的冥王星照片，但當時冥王星尚未被辨識出來
1970 升力體飛行器 X-24A 成功進行首次動力飛行
2008 NASA 雨燕衛星（Swift）偵測到伽瑪射線暴 GRB 080319B，刷新了人類肉眼
　　　可見天體的最遠紀錄
2008 天文學家公布哈伯太空望遠鏡在系外行星 HD 189733b 的大氣層發現甲烷，
　　　這是史上首次在系外行星上發現有機分子

星際塞車

　　雖然 NGC 3887 不是完全正面朝著我們，它讓我們可以仔細研究旋臂和中央的核球。為什麼旋臂會存在？這困擾天文學家很長一段時間。旋臂從轉動的核心延伸出來，它們應該會轉愈緊密，不久之後（以宇宙的時間尺度來看）就會消失。一直到 1960 年代，天文學家才解決這個纏繞的問題，旋臂其實不是一個實體的結構，而是星系盤面上密度較高的區域。這有點像是塞車的現象，塞車最嚴重的地方車流最慢，車輛密度最高。旋臂也類似，氣體和塵埃通過密度波時，會受擠壓而且速度變慢，一直到離開旋臂才恢復。

ESA/Hubble & NASA, P. Erwin et al.

名稱：NGC 3887
距離：6000 萬光年
星座：巨爵座
分類：星系

2022 日 ◯ 春分　月球抵達遠日點
2023 一 ● 廿九
2024 三 ◑ 春分　金星過遠日點

1726 英國科學家牛頓（Issac Newton）逝世
1916 愛因斯坦發表廣義相對論

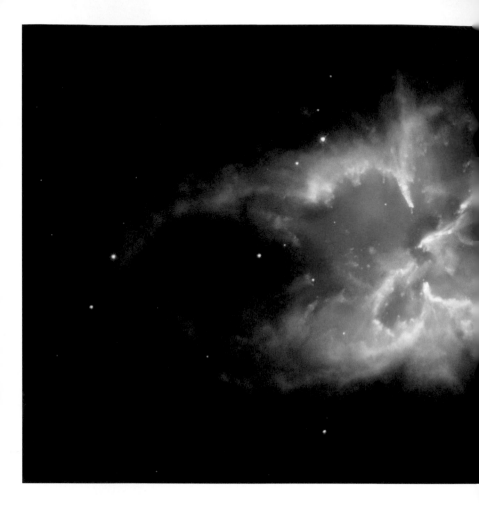

星團裡的行星狀星雲

NGC 2818 是銀河系中少數位在疏散星團裡的行星狀星雲。一般來說，疏散星團裡的恆星相當鬆散，它們會在數億年間瓦解。形成行星狀星雲的恆星年齡大約是數十億年，所以疏散星團必須存活夠久，才能讓裡面的恆星能夠形成行星狀星雲。這個疏散星團相當老，估計它的年齡將近 10 億年。

NASA, ESA and the Hubble Heritage Team (STScI/AURA)

名稱：NGC 2818、NGC 2818a
距離：7500 光年
星座：羅盤座
分類：行星狀星雲

03
21

2022 一 ◖ 十九　金星西大距
金星半相
2023 二 ● 春分
2024 四 ◗ 十二

1768 法國數學家、物理學家傅立葉（Jean Baptiste Joseph Fourier）出生
1866 美國天文學家安東妮雅・莫里（Antonia Maury）出生
1965 NASA 無人月球探測器遊騎兵 9 號（Ranger 9）升空
2018 聯合號（Soyuz）MS-08 搭載國際太空站 55/56 遠征隊升空

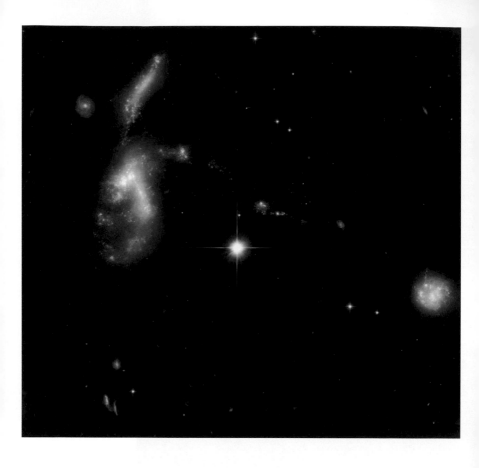

相聚有緣

　　這四個矮星系在數十億年後終於匯聚在一起，數千個新星團誕生後引發一場煙火秀。這些扭曲的星系快速製造年輕、炙熱的大質量恆星，它們發出的紫外線加熱附近的雲氣，讓它們發光。數十億年前，也就是距離我們數十億光年遠的地方，矮星系之間的碰撞很常見。不過這幾個星系，稱為 Hickson Compact Group 31，卻離我們不遠，距離我們只有 1 億 6600 萬光年。

NASA, ESA, S. Gallagher (The University of Western Ontario) and J. English (University of Manitoba)

名稱：HCG 31、
　　　　Hickson Compact Group 31
距離：1 億 6600 萬光年
星座：波江座
分類：星系

03
22

2022 二 ◑ 二十
2023 三 ● 初一　穀神星（1 Ceres）衝
2024 五 ◐ 十三　土星合金星

1799 出版波昂星表的普魯士天文學家阿格蘭德（Friedrich Wilhelm August Argelander）出生
1982 哥倫比亞號太空梭 STS-3 任務升空
1996 亞特蘭提斯號太空梭 STS-76 任務升空
1997 有 20 世紀大彗星之稱的海爾‧波普彗星（Hale-Bopp）最接近地球

星系華爾滋

Arp 240 是一對驚奇的星系，由兩個螺旋星系組成，它們是 NGC 5257 與 NGC 5258，這對星系的質量和大小都差不多。這兩個星系之間由許多暗星連結，這就像兩位舞者牽著手旋轉。這對星系的中心都有一個超大質量黑洞，而它們的盤面上都有新恆星誕生。影像中除了一些前景的銀河系恆星外，其他的天體都是星系。

NASA, ESA, the Hubble Heritage Team (STScI/AURA)-ESA/Hubble Collaboration and A. Evans (University of Virginia, Charlottesville/NRAO/Stony Brook University)

名稱：Arp 240、NGC 5257、
　　　NGC 5258
距離：3 億光年
星座：室女座
分類：星系

2022 三 ◐ 廿一
2023 四 ● 初二
2024 六 ◯ 十四　月球抵達遠地點

1749 法國數學天文學家拉普拉斯（Pierre-Simon Marquis de Laplace）出生
1829 英國天文學家諾曼・普森（Norman Robert Pogson）出生
1840 美國科學家約翰・威廉・德雷伯（John William Draper）拍下史上第一張月球照片
1912 德國火箭專家、太空工程先驅華納・馮・布朗（Wernher von Braun）出生
1965 NASA 雙子星 3 號（Gemini 3）升空，首次進行雙人任務
1983 蘇聯紫外線太空望遠鏡 Astron 升空
2001 俄羅斯和平號太空站（Mir）重返大氣層燒毀

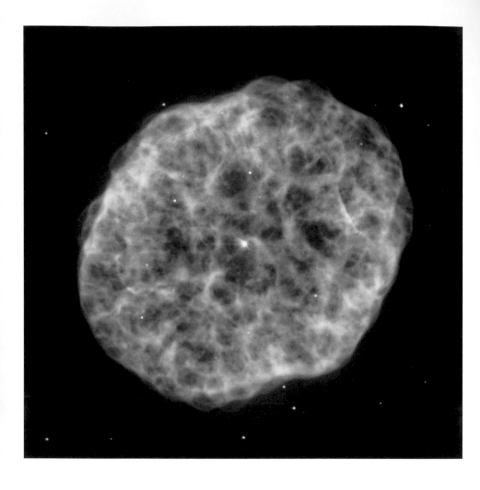

藍色牡蠣

　　NGC 1501 是一個行星狀星雲，它是 1787 年由威廉·赫歇爾發現，距離我們約 5000 光年。科學家為這個星雲建立三維模型，發現它是一個不規則的橢球，裡面充滿不均勻的泡泡。影像中央的明亮恆星很容易看見，它在星雲裡閃閃發亮。這顆閃亮的珍珠隱藏在發亮的星雲裡，讓這個星雲有個受歡迎的暱稱：牡蠣星雲（Oyster Nebula）。

ESA/Hubble & NASA; Acknowledgement: Marc Canale

名稱：NGC 1501
距離：5000 光年
星座：鹿豹座
分類：行星狀星雲

2022 四 ◐ 廿二　月球抵達近地點
2023 五 ● 初三　金星合月
　　　　　　　　月掩金星
2024 日 ○ 十五

1893 德國天文學家沃爾特・巴德（Walter Baade）出生
1992 亞特蘭提斯號太空梭 STS-45 任務升空

最後光輝

　　這是蛋星雲的影像，它也稱為 CRL2688，距離我們約 3000 光年。這是哈伯太空望遠鏡上的第二代廣域和行星相機拍攝的紅光影像。影像中顯示太陽般的恆星在死亡的緩慢過程中，如何拋出恆星物質。這幅影像使用假色。

Raghvendra Sahai and John Trauger (JPL), the WFPC2 science team, and NASA/ESA

名稱：CRL 2688、蛋星雲
距離：3000 光年
星座：天鵝座
分類：星雲

03
25

2022 五 ◗ 廿三
2023 六 ● 初四
2024 一 ○ 十六　水星東大距

1538 德國數學家、天文學家克拉維斯（Christopher Clavius）出生
1655 荷蘭天文學家惠更斯（Christian Huygens）發現土星最大的衛星：土衛六（Titan）
1928 NASA 太空人吉姆・洛維爾（James 'Jim' Arthur Lovell, Jr.）出生，是目前
　　　仍保有人類離開地球最遠紀錄的太空人
1979 NASA 第一艘全功能太空梭哥倫比亞號運抵甘迺迪太空中心
1996 百武彗星（Hyakutake）來到近地點
2000 NASA 地球磁層探測衛星 IMAGE 升空
2002 中國無人太空船神舟 3 號升空

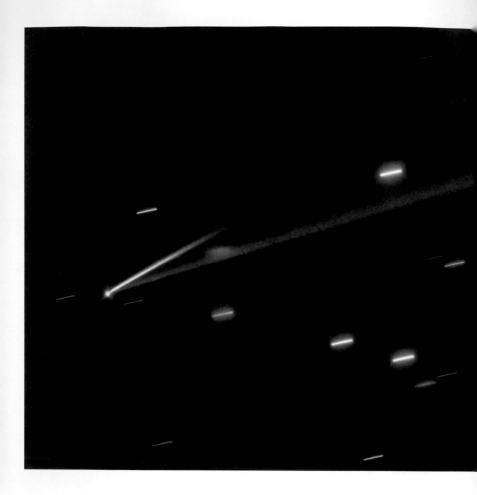

捕獲小行星

　　透過地面望遠鏡、巡天調查以及包括哈伯等太空望遠鏡的共同協作，科學家捕捉到罕見的小行星 6478 高爾特（6478 Gault）的影像，它展現兩條細長彗星般的尾巴，暗示我們這顆小行星正在緩慢的自我毀滅。影像中小行星附近的發亮線條是背景恆星。高爾特小行星的軌道位在火星與木星之間。

NASA, ESA, K. Meech and J. Kleyna (University of Hawaii), O. Hainaut (European Southern Observatory)

名稱：6478 Gault
距離：N/A
星座：N/A
分類：太陽系

2022 六 ◗ 廿四
2023 日 ● 初五
2024 二 ○ 十七

1938 英國物理學家、低溫物理先驅萊格特（Sir Anthony James Leggett）出生
1958 美國探索者 3 號（Explorer 3）人造衛星升空
2003 天文學家公布哈伯太空望遠鏡在麒麟座 V838（V838 Monocerotis）拍攝到的
　　　「光回波」（light echo）現象
2009 聯合號（Soyuz）TMA-14 搭載國際太空站 19/20 遠征隊升空

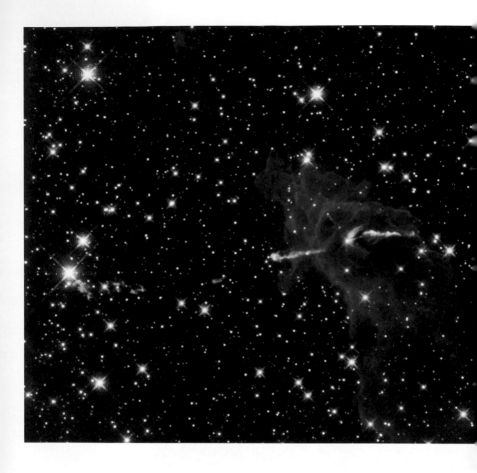

黑龍擺尾？

　　雲柱由氣體和塵埃組成，這個恆星形成區位在狂暴的船底座星雲。紅外線影像中，密度高的雲氣和發亮的氣體都消失不見，只剩下雲柱黯淡的邊緣。第三代廣域相機的紅外視力可以穿透氣體和塵埃的阻隔，顯現噴發出噴流的年輕恆星。影像中靠近恆星的噴流比較清楚。紅外線讓我們可以看見這些特徵，它可以穿透塵埃。

NASA, ESA and the Hubble SM4 ERO Team

名稱：船底座星雲
距離：7500 光年
星座：船底座
分類：星雲

2022 日 ◗ 廿五
2023 一 ◗ 初六
2024 三 ○ 十八

1845 德國物理學家倫琴（Wilhelm Conrad Röntgen）出生
1968 蘇聯太空人、第一位進入太空的人尤里‧加加林（Yuri Gagarin）飛機失事喪生
1969 NASA 水手 7 號（Mariner 7）升空
1972 蘇聯金星 8 號（Venera 8）
1992 NASA 第二任署長詹姆斯‧韋伯（James Edwin Webb）逝世
1999 海上發射（Sea Launch）公司開始提供太空船發射服務
2015 聯合號（Soyuz）TMA-16M 搭載國際太空站 43/44 遠征隊升空

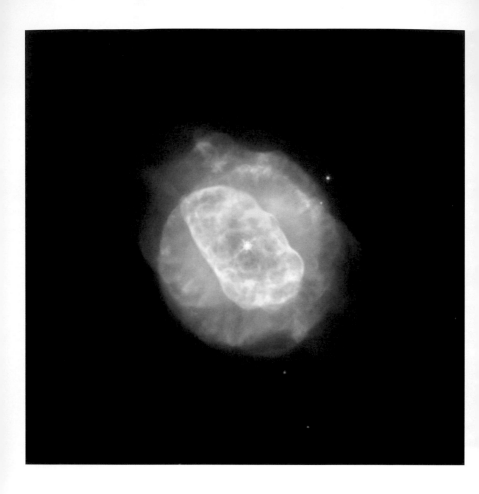

銀河珍珠

　　行星狀星雲是中等恆星（最高到八倍太陽質量）死亡的徵兆，當恆星中的氫燃料耗盡，外層的氣體膨脹冷卻後，形成一個由氣體和塵埃組成的繭。中央的恆星發出強烈紫外線讓氣體發光。NGC 5882 是一個小而亮的行星狀星雲，它位在銀河的南側。行星狀星雲有時呈現完美對稱的外形，不過 NGC 5882 卻不是這樣，就如哈伯影像中呈現的，它有兩不同、不對稱的區域：長橢圓形的內殼和較暗非球狀的外殼。

ESA/Hubble & NASA

名稱：NGC 5882
距離：7000 光年
星座：豺狼座
分類：行星狀星雲

2022 一 ● 廿六　火星合月
　　　　　　　　金星合月
　　　　　　　　土星合月

2023 二 ◐ 初七　火星合月

2024 四 ◔ 十九　月球抵達遠日點

1802 德國天文學家歐伯斯（Heinrich Olbers）發現智神星（2 Pallas），這是人類發現的第二顆小行星
1930 美國物理學家傅利曼（Jerome Isaac Friedman）出生
1993 倫琴衛星（ROSAT）首度發現 M81 螺旋星系裡的 1993J 超新星爆發
2013 聯合號（Soyuz）TMA-08M 搭載國際太空站 35/36 遠征隊升空

宇宙晶洞

　　這幅影像中，哈伯太空望遠鏡拍攝罕見的現象，這個空洞是年輕大質量恆星的恆星風與強烈紫外線雕琢成的，就像是星空中的晶洞。真正的晶洞是手球般大的空心岩石，它們從火成岩和沉積岩形成。原本不顯眼的石頭，被地質學家切半後才顯現裡面排列整齊的結晶。影像中是直徑 35 光年的太空晶洞，它是氣泡般氣體與塵埃組成的空洞，哈伯顯現空洞裡難得一見的寶藏。

ESA/NASA, Yäel Nazé (University of Liège, Belgium) and You-Hua Chu (University of Illinois, Urbana, USA)

名稱：LHA 120-N 44F、
　　　N44F
距離：15 萬光年
星座：劍魚座
分類：星雲

03
29

2022 二 ● 廿七　鳥神星（136472 Makemake）衝
金星合土星
2023 三 ◖ 初八
2024 五 ◖ 二十

1807 德國天文學家歐伯斯（Heinrich Olbers）發現灶神星（4 Vesta）
1974 水手 10 號（Mariner 10）首度飛掠水星並傳回第一批水星照片
1989 美國第一架取得發射執照的私人火箭星火 1 號（Starfire 1）升空
2006 國際太空站第 13 次遠征任務升空

星自雲生

這個黑暗的區域稱為圓規座分子雲。這個分子雲的質量大約是太陽的 25 萬倍，裡面有氣體、塵埃以及年輕恆星。這個分子雲有兩個顯著的區域，天文學家稱它們為圓規座西與圓規座東。這兩團雲氣的質量大約都是太陽的 5000 倍，讓它們成為圓規座分子雲裡最主要的恆星形成區。雲氣裡有許多年輕星球，IRAS 14568-6304 是其中之一，它埋藏在圓規座西雲氣裡面。IRAS 14568-6304 特別的地方是它有一原恆星噴流，影像中這個噴流看起來像恆星下方的尾巴。

ESA/Hubble & NASA; Acknowledgements: R. Sahai (Jet Propulsion Laboratory), Serge Meunier

名稱：圓規座分子雲、
　　　IRAS 14568-6304
距離：2500 光年
星座：圓規座
分類：星雲、恆星

03
30

2022 三 ● 廿八　月球抵達近日點
　　　　　　　　木星合月
2023 四 ◐ 初九　鳥神星（136472 Makemake）衝
2024 六 ◑ 廿一　鳥神星（136472 Makemake）衝

公元前 240 史上最早哈雷彗星通過近日點的記載
2017 SpaceX 以獵鷹 9 號（Falcon 9）火箭發射 SES-10 衛星，這是史上首度
　　　成功利用回收火箭完成發射任務

光明之棒

　　這個棒旋星系距離地球約 6500 萬光年，直徑約 10 萬光年，大小跟銀河系差不多。許多恆星分佈在中央的明亮棒旋結構，棒旋的兩端緊繞著旋臂。螺旋星系的棒旋結構影響它們的演化，它從圓盤引導氣體進入星系中心，這些氣體和塵埃可能形成新恆星，或餵養星系中心的超大質量黑洞。超大質量黑洞的質量是太陽的數百倍到 10 億倍以上，幾乎所有較大星系的中心都有一顆超大質量黑洞。

ESA/Hubble & NASA, J. Dalcanton; Acknowledgement: Judy Schmidt (Geckzilla

名稱：NGC 2217
距離：6500 萬光年
星座：大犬座
分類：星系

2022 四 ● 廿九
2023 五 ◐ 初十　天王星合金星
　　　　　　　　月球抵達遠地點
2024 日 ◑ 廿二

1596 法國數學家、哲學家笛卡兒（Rene Descartes）出生
1890 澳洲裔英國物理學家威廉・勞倫斯・布拉格（William Lawrence Bragg）出生
1966 蘇聯無人探測器月球 10 號（Luna 10）升空，這是史上第一個繞行地球以外天體的飛行器
1987 蘇聯和平號太空站量子 1 號（Kvant-1）艙升空

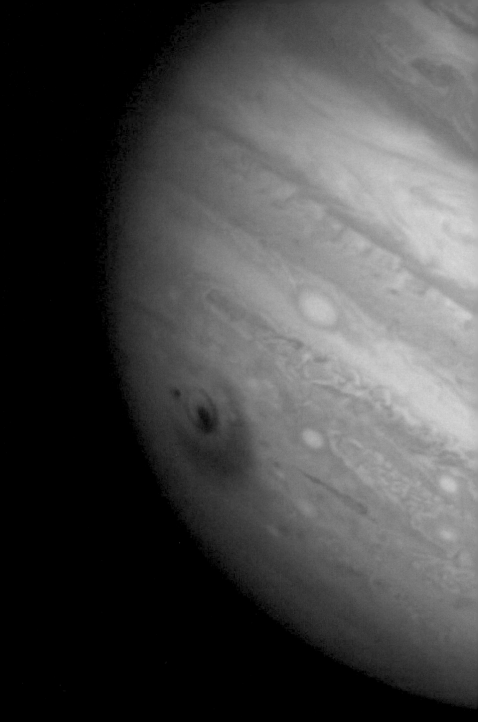

彗星撞木星

　　這是哈伯太空望遠鏡拍攝的木星彩色影像，影像是舒梅克－李維九號
（Shoemaker-Levy 9）彗星的 D 和 G 碎片的撞擊點。這顆彗星（D/1993
F2）在 1992 年 7 月分裂，1994 年 7 月撞上木星，這次事件提供太陽
系裡首次的地球外撞擊觀測紀錄。記錄下這極具歷史和學術意義的一
刻，充分顯示出哈伯太空望遠鏡的重要性。

H. Hammel, MIT and NASA/ESA

抱團取暖

　　M2 是個球狀星團，球狀星團是許多的恆星緊密地聚集成球狀的天體。M2 的直徑大約 175 光年，星團裡約有 15 萬顆恆星，它的年齡約 130 億年，是銀河系裡最大和最老的球狀星團之一。星團質量集中在它的核心，另外有些恆星往外流出到太空。夜晚條件很好時，M2 甚至用肉眼就可以看見。

ESA/Hubble & NASA, G. Piotto et al.

名稱：M2
距離：5 萬 5000 光年
星座：寶瓶座
分類：球狀星團

04
01

1776 法國數學家、物理學家索菲・熱爾曼（Marie-Sophie Germain）出生
1960 美國成功發射第一顆氣象人造衛星 TIROS-1
1997 有 20 世紀大彗星之稱的海爾・波普彗星（Hale-Bopp）通過近日點

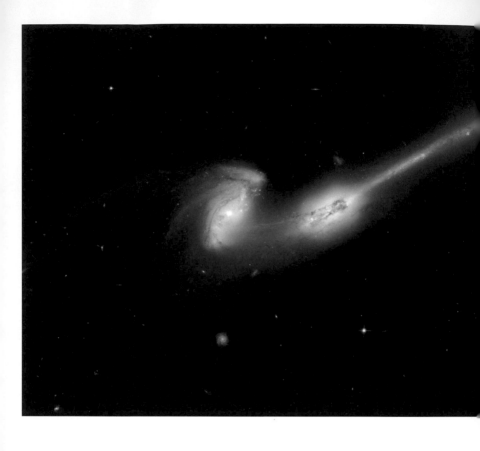

兩鼠鬥穴

　　這對碰撞星系位在后髮座，距離我們約 3 億光年，它的綽號是「老鼠」，因為兩個星系都有恆星和氣體組成的長長尾巴。它們又稱為 NGC 4676，這對星系最終會合併形成一個大星系。

NASA, Holland Ford (JHU), the ACS Science Team and ESA

名稱：老鼠星系、NGC 4676
距離：3 億光年
星座：后髮座
分類：星系

2022 六 ● 初二
2023 日 ◑ 十二 草帽星系 M104 達最佳觀測位置
2024 二 ◑ 廿四

1845 法國物理學家路易・費索（Louis Fizeau）和萊昂・傅科（Lion Foucault）拍下史上
　　　第一張太陽的照片
1963 蘇聯無人探測器月球 4 號（Luna 4）升空
1985 夏威夷凱克望遠鏡（Keck）裝上 Keck-1 主鏡開始運轉
1998 NASA 第一顆為了研究太陽活動極大期而發射的衛星：過渡區與日冕探測器
　　　（Transition Region and Coronal Explorer，TRACE）升空
2010 聯合號（Soyuz）TMA-18 搭載國際太空站 23/24 遠征隊升空
2018 天文學家公布哈伯太空望遠鏡拍攝的最遙遠恆星影像，這顆超大的藍色恆星
　　　距地球 90 億光年，稱為伊卡洛斯（Icarus）

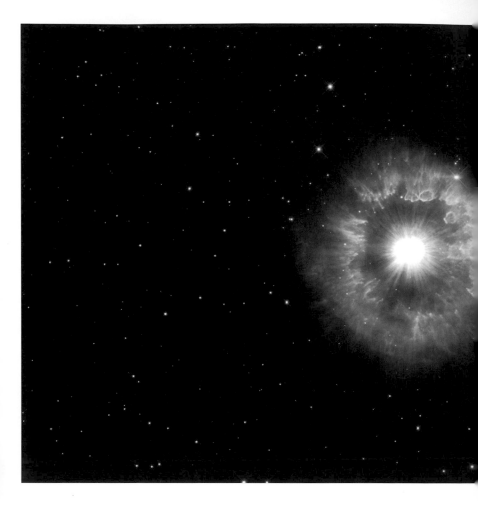

璀璨慶生

　　這是紀念哈伯太空望遠鏡 31 週年而拍攝的影像，這顆巨星為了自己的存亡，進行重力與輻射之間的拔河。這顆恆星稱為 AG Carinae，它環繞著氣體與塵埃的膨脹外層，星雲大約五光年寬，這相當於我們到最近恆星比鄰星的距離。

NASA, ESA and STScI

名稱：AG Carinae、
　　　V* AG Car、HD 94910
距離：15000 光年
星座：船底座
分類：恆星

04
03

2022 日 ● 初三 水星上合日
2023 一 ◐ 十三
2024 三 ◑ 廿五 金星合海王星

1933 英國飛行家道格拉斯－漢米爾頓（Douglas Douglas-Hamilton）成為飛越聖母峰的第一人
1966 蘇聯月球 10 號（Luna 10）成為史上第一架繞行月球的飛行器
1973 蘇聯禮炮 2 號（Salyut 2）太空站升空

包克雪球

　　這些由氣體與塵埃組成不透光的黑暗團塊稱為包克雪球（Bok globule），包克雲球遮擋、吸收背後發射星雲發出的光，它們位在一個名為 NGC 281 的恆星形成區。這些雲球是以天文學家巴特包克（Bart Bok）為名，他在 1940 年代發現它們的存在。

NASA, ESA, and The Hubble Heritage Team (STScI/AURA);
Acknowledgment: P. McCullough (STScI)

名稱：包克雲球、NGC 281
距離：9000 光年
星座：仙后座
分類：星雲

1930 美國火箭學會（American Rocket Society）成立
1968 阿波羅 6 號任務升空
1983 挑戰者號太空梭首次升空，執行 STS-6 任務
1997 哥倫比亞號太空梭 STS-83 任務升空
2011 聯合號（Soyuz）TMA-21 搭載國際太空站 27/28 遠征隊升空

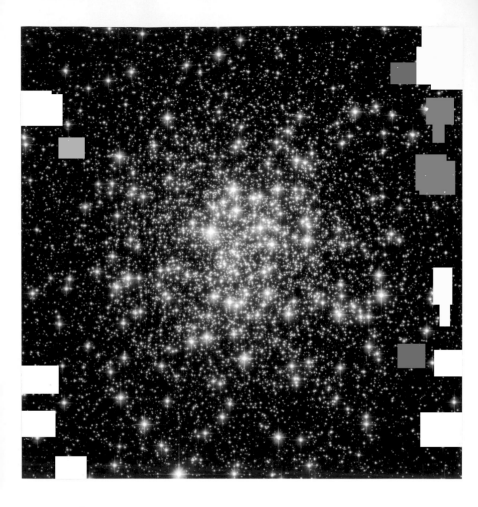

君子之交

　　這是哈伯太空望遠鏡拍攝的影像，它看起來就像開賽前漆黑的體育場，四處閃耀著觀眾的閃光燈。不過這個由許多恆星組成的天體並不是短暫的現象，這個稱為 M107 的天體已經發亮數十億年。跟其他球狀星團比起來（例如 M53 和 M54），M107 並沒有特別緻密，它的恆星並沒有那麼緊密的靠在一起。裡面的恆星就像體育館裡看台上的觀眾彼此保持距離。

ESA/Hubble & NASA

名稱：M107
距離：2 萬光年
星座：蛇夫座
分類：球狀星團

2022 二 ● 初五　土星合火星
2023 三 ○ 十五　珠寶盒星團（NGC 4755）達最佳觀測位置
2024 五 ● 廿七

1973 NASA 無人太空探測器先鋒 11 號（Pioneer 11）升空
1990 NASA 首次以商用有翼運載火箭飛馬座號（Pegasus）載送兩顆衛星升空
1991 亞特蘭提斯號太空梭 STS-37 任務升空，將康普頓伽瑪射線天文臺（CGRO）
　　 送上近地環繞軌道
2010 發現號太空梭 STS-131 任務升空

風起雲湧

　　這幅是木星距離我們 6 億 7000 萬公里時拍攝的影像，
哈伯太空望遠鏡顯示不同緯度雲帶的複雜與細緻的美。
這些雲帶是不同緯度、不同流動方向的氣體造成的現
象。顏色較淺的稱為區（zones）是高氣壓，大氣往上升。
暗色的區域是低氣壓，大氣往下沉，稱為帶（belts）。
持續存在的風暴位在東向西與西向東的氣流交會處。

NASA, ESA, and A. Simon (GSFC)

名稱：木星
距離：N/A
星座：N/A
分類：太陽系

04
06

2022 三 ◗ 初六
2023 四 ○ 十六
2024 六 ● 廿八　火星合月
　　　　　　　　　　土星合月
　　　　　　　　　　月球抵達近日點

1965 國際電信通訊 1 號衛星（Intelsat 1，綽號早鳥）升空
1984 挑戰者號太空梭 STS-41C 任務升空

眾星之舞

　　這個正向星系吸引天文學家的注目。NGC 1097 是一個西佛星系，星系的中心影藏著超大質量黑洞，這顆大約 1 億倍太陽質量的黑洞慢慢地把周圍的物質吸入。物質掉入黑洞的過程會讓附近的區域發出大量的輻射。NGC 1097 也深受超新星獵人的喜愛，這個星系在 11 年間（1992 年到 2003 年）一共發現三顆超新星（大質量恆星劇烈死亡的現象），它絕對是值得再三造訪的星系。

ESA/Hubble & NASA; Acknowledgement: E. Sturdivant

名稱：NGC 1097
距離：6500 萬光年
星座：天爐座
分類：星系

2022 四 ◑ 初七
2023 五 ○ 十七
2024 日 ● 廿九　大力神星（532 Herculina）衝

1964 美國天文學家培登吉爾（Gordon Pettengill）首先發現水星自轉週期不是 88 個、
　　 而是 59 個地球日
1968 蘇聯無人探測器月球 14 號（Luna 14）升空
1983 NASA 太空人馬斯格雷夫（F. Story Musgrave）和彼得森（Donald H. Peterson）
　　 在 STS-6 任務中走出挑戰者號太空梭，成為第一批進行太空梭艙外活動的太空人
2001 NASA 火星探測衛星「2001 火星奧德賽號」（2001 Mars Odyssey）升空
2007 國際太空站遠征 15（Expedition 15）任務升空

內外有別

　　NGC 3344 是一個壯觀的螺旋星系，它大約是銀河系的一半大，距離我們約 2500 萬光年。幸運的是我們能夠看見 NGC 3344 的正面，讓我們能夠仔細的研究它的結構。這個星系的特徵是有一個外環繞著內環，內環則有個棒狀結構。星系的中央區域則有許多的年輕星球，星系的外圍的恆星形成也相當活躍。

ESA/Hubble & NASA

名稱：NGC 3344
距離：2500 萬光年
星座：小獅座
分類：星系

2022 五 ◑ 初八　月球抵達遠地點
2023 六 ○ 十八　月球抵達遠日點
2024 一 ● 三十　金星合月
　　　　　　　　月球抵達近地點

1964 NASA 雙子星 1 號（Gemini 1）升空
1966 NASA 軌道天文臺 1 號（OAO-1）觀測衛星升空
1970 監控《部分禁止核試驗條約》（Partial Test Ban Treaty）的 Vela 6A 和 Vela 6B 人造衛星
　　同時升空
1993 發現號太空梭 STS-56 任務升空
2002 亞特蘭提斯號太空梭 STS-110 任務升空
2008 國際太空站遠征 17（Expedition 17）任務升空

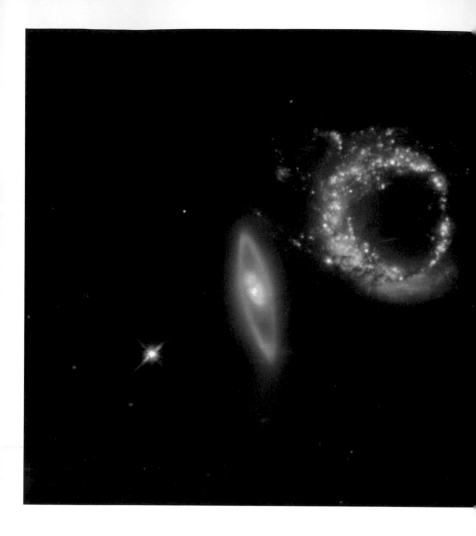

完美十分

　　這兩個星系合稱為 Arp 147，是一對重力交互作用星系，它們碰巧排列成數字 10 的樣子。左邊的星系，或影像中的數字 1，比較不受影響，除了一圈均勻的星光。從我們的角度，看見的是星系的側面。右邊的星系，或數字 0，顯現恆星劇烈形成造成的藍色圓環。

NASA, ESA and M. Livio (STScI)

名稱：Arp 147
距離：4 億 5000 萬光年
星座：鯨魚座
分類：星系

04
09

2022 六 ◐ 初九
2023 日 ◑ 十九　水星半相
2024 二 ● 初一

1959 NASA 宣布水星計畫的首批七位太空人名單
1994 奮進號太空梭 STS-59 任務升空

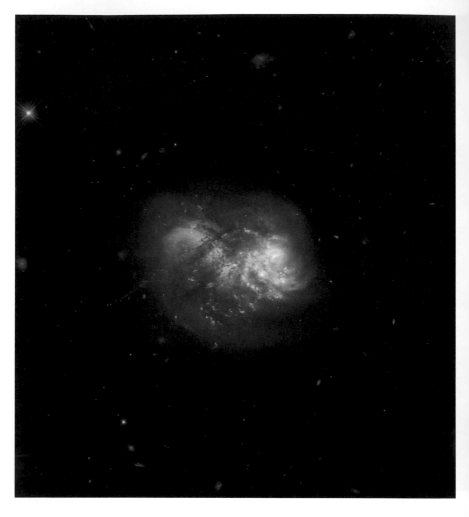

巨人交鋒

　　劇烈的碰撞正在影像中央發生。影像裡這一對交互作用星系 IC 1623 位在鯨魚座，距離我們約 2 億 7500 萬光年。這兩個星系處於合併的最終階段，天文學家預期氣體流向中央，引發大量的恆星形成，最後形成一個星劇增星系。

ESA/Hubble & NASA, R. Chandar

名稱：IC 1623
距離：2 億 7500 萬光年
星座：鯨魚座
分類：星系

04
10

2022 日 ◗ 初十
2023 一 ◖ 二十
2024 三 ● 初二

1919 NASA 太空工程師約翰・霍伯特（John C. Houbolt）出生
2019 事件視界望遠鏡（Event Horizon Telescope，ETH）團隊舉行全球同步記者會，
　　公布史上第一張超大黑洞照片

焰火星系

　　NGC 6946 充滿神奇。光是上個世紀，NGC 6946 就發現 10 顆超新星，這讓它贏得焰火星系的稱號。跟 NGC 6946 相比，銀河系每 100 年只會出現 1-2 顆超新星。這幅哈伯太空望遠鏡影像解析度非常高，可以看見恆星、旋臂和不同恆星環境。

ESA/Hubble & NASA, A. Leroy, K. S. Long

名稱：NGC 6946
距離：2500 萬光年
星座：天鵝座
分類：星系

04
11

2022 一 ◑ 十一
2023 二 ◐ 廿一
2024 四 ● 初三　木星合月
　　　　　　　　土星合火星
　　　　　　　　昴宿星團（M45）接近月球

1862 美國天文學家威廉・坎貝爾（William Wallace Campbell）出生
1905 愛因斯坦發表狹義相對論
1960 早期搜尋地外文明計畫奧斯瑪計畫（Project Ozma）啟動
1970 NASA 阿波羅 13 號升空
1986 哈雷彗星通過近地點
2006 歐洲太空總署金星特快車號（Venus Express）首次進入繞行金星的軌道

點燃星系

　　這幅是哈伯在 1997 年 7 月拍攝的影像，顯現鄰近星系 NGC 4214 裡的恆星形成。它距離我們約 1300 萬光年，NGC 4214 正從星際間的氣體和塵埃形成大量恆星，我們可以看見恆星與星團形成與演化的序列。這幅是由哈伯的第二代廣域和行星相機用數個濾鏡拍攝的影像。

NASA/ESA and The Hubble Heritage Team (STScI)

名稱：IRAS 12131+3636、
　　　　NGC 4214、NGC 4228
距離：1300 萬光年
星座：獵犬座
分類：星系

2022 二 🌓 十二
2023 三 🌓 廿二　水星東大距
　　　　　　　　　水星在傍晚天空達到最高點
　　　　　　　　　木星合日
2024 五 🌑 初四　水星下合日

1817 編輯梅西耶深空天體目錄的法國天文學家查爾斯・梅西耶（Charles Messier）逝世
1961 蘇聯太空人尤里・加加林（Yuri Gagarin）乘東方 1 號（Vostok 1）太空船繞地球一圈，
　　　成為史上第一位太空人
1981 哥倫比亞號太空梭 STS-1 任務升空，為史上第一次太空梭任務
1985 發現號太空梭 STS-51D 任務升空

明星備出

　　附近的宇宙中，這是最活躍的恆星形成區，這個由明亮大質量恆星組成的星團稱為 Hodge 301。這個星團相對比較老，裡面許多恆星已經爆炸形成超新星。左上方的區域受爆炸的恆星擠壓，影像中有許多新恆星誕生。

Hubble Heritage Team (AURA/STScI/NASA/ESA)

名稱：劍魚座 30 星雲、
　　　Hodge 301、R136、
　　　蜘蛛星雲
距離：17 萬光年
星座：劍魚座
分類：星雲、星團

2022 三 ◑ 十三　木星合海王星
半人馬座 A 星系（NGC 5128）達最佳觀測位置
2023 四 ◐ 廿三　半人馬座 A 星系（NGC 5128）達最佳觀測位置
半人馬座的 ω 星團（Omega Centauri）達最佳觀測位置
2024 六 ◑ 初五　半人馬座 A 星系（NGC 5128）達最佳觀測位置
半人馬座的 ω 星團（Omega Centauri）達最佳觀測位置

1597 義大利天文學家霍迪埃納（Giovanni Batista Hodierna）出生

點燃蝌蚪星系

　　這是哈伯太空望遠鏡拍攝的影像，這個小星系稱為 LEDA 36252 或 Kiso 5649，它的一端有劇烈的恆星形成。這個星系是所謂「蝌蚪」星系中的一員，因為它們有明亮的頭和長長的尾巴。這個星系距離我們不遠，大約 8000 萬光年。蝌蚪在我們附近相當稀少，不過在遙遠的宇宙比較多，這表示許多星系在演化的過程中可能都曾經經歷這個階段。

NASA, ESA, and D. Elmegreen (Vassar College), B. Elmegreen
(IBM’s Thomas J. Watson Research Center), J. Almeida, C. Munoz-Tunon,
and M. Filho (Instituto de Astrofisica de Canarias), J. Mendez-Abreu
(University of St. Andrews), J. Gallagher (University of Wisconsin-Madison),
M. Rafelski (NASA Goddard Space Flight Center), and D. Ceverino
(Center for Astronomy at Heidelberg University)

名稱：LEDA 36252、
　　　　Kiso 5649
距離：8000 萬光年
星座：大熊座
分類：星系

2022 四 ◐ 十四　水星通過近日點
　　　　　　　　　　閻神星（136199 Eris）衝
　　　　　　　　　　漩渦星系 M51 達最佳觀測位置

2023 五 ◑ 廿四　半人馬座的 ω 星團（Omega Centauri）達最佳觀測位置
　　　　　　　　　　漩渦星系 M51 達最佳觀測位置

2024 日 ◑ 初六　閻神星（136199 Eris）衝
　　　　　　　　　　漩渦星系 M51 達最佳觀測位置

1629 荷蘭天文學家惠更斯（Christiaan Huygens）出生
2005 國際太空站遠征 11（Expedition 11）任務升空
2006 歐洲太空總署金星特快車號（Venus Express）傳回最早的金星影像

彗星還是星團？

　　大部分的球狀星團的形狀幾乎都是圓形，不過 M62
卻打破這個慣例。這個 120 億歲星團的一側被拉扯成彗
星狀，就像明亮彗星有長尾巴。M62 是最靠近銀河系中
心的球狀星團之一，潮汐力讓星團中的恆星移位，形成
不尋常的外形。

ESA/Hubble & NASA, S. Anderson et al.

名稱：M62、NGC 6266
距離：2 萬 2000 光年
星座：蛇夫座
分類：球狀星團

2022 五 ○ 十五
2023 六 ◐ 廿五　閻神星（136199 Eris）衝
2024 一 ◑ 初七　南風車星系（M83）達最佳觀測位置

1452 義大利文藝復興時期藝術家、工程師達文西（Leonardo da Vinci）出生
1707 瑞士數學家、物理學家歐拉（Leonhard Paul Euler）出生
1800 發現地球磁北極的蘇格蘭極地探險家詹姆斯・克拉克・羅斯（James Clark Ross）出生
1874 德國物理學家約翰內斯・斯塔克（Johannes Stark）出生
1999 NASA 大地衛星 7 號（Landsat 7）升空

恆星實驗室

　　NGC 4214 星系是研究恆星形成和演化的理想地方。星系中巨大發亮的氫氣雲是新恆星誕生的位置。影像中央的心形中空結構是 NGC 4214 星系裡最引人注目的區域。空穴裡有一個由年輕大質量恆星組成的巨大星團，這些恆星的溫度從攝氏 1 萬到 5 萬度。它們吹出強烈恆星風形成這個空洞，這讓空洞中難以再形成新恆星，因為那裡缺乏形成恆星需要的物質。

NASA, ESA and the Hubble Heritage Team (STScI/AURA)-ESA/Hubble Collaboration. Acknowledgment: R. O'Connell (University of Virginia) and the WFC3 Scientific Oversight Committee

名稱：NGC 4214
距離：1000 萬光年
星座：獵犬座
分類：星系

2022 六 ○ 十六　南風車星系（M83）達最佳觀測位置

2023 日 ◑ 廿六　月球抵達近地點
土星合月
南風車星系（M83）達最佳觀測位置

2024 二 ◑ 初八

1867 美國航空先驅威爾伯・萊特（Wilbur Wright）出生
1879 丹麥天文學家漢斯・勞（Hans Emil Lau）出生
1946 美國繳獲的德軍 V2 火箭首次在新墨西哥州白沙飛彈試驗場試射
1972 NASA 阿波羅 16 號升空

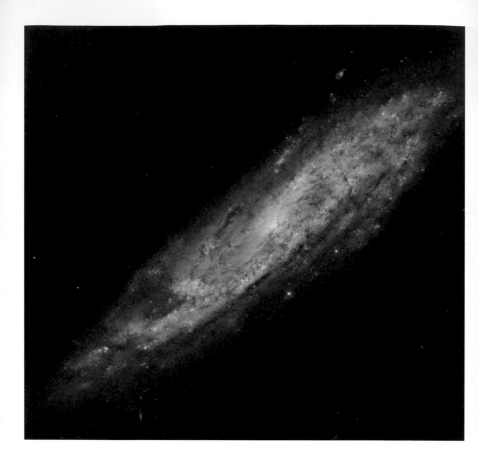

驗明正身

NGC 2770 是個相當有趣的星系，天文學家曾經先後在這個星系發現四顆超新星。超新星有好幾種，不過都跟恆星死亡有關。這些恆星變得不平衡、失控、接著劇烈爆炸，它們突然變亮，亮度變得跟整個星系相當，然後再逐漸變暗。四顆超新星中以 SN 2015bh 最特別，一開始並不清楚它到底是什麼天體。它在 2015 年發現時，天文學家並不認為它是超新星，只把它當作是大質量恆星在生命晚期的不穩定的爆發。不過天文學家最終還是正確地把它分類為 II 型超新星。

ESA/Hubble & NASA, A. Filippenko

名稱：NGC 2770
距離：9000 萬光年
星座：天貓座
分類：星系

2022 日 ◯ 十七　司法星（15 Eunomia）衝
　　　　　　　　　球狀星團 M3 達最佳觀測位置
2023 一 ● 廿七　金星通過近日點
2024 三 ◗ 初九　球狀星團 M3 達最佳觀測位置

1967 NASA 無人月面探測器測量員 3 號（Surveyor 3）升空
1969 X-24A 升力體飛行器首次滑翔測試
1970 阿波羅 13 號任務歷劫歸來
1976 NASA 和德國合作的太陽探測器太陽神 2 號（Helios 2）抵達離太陽最近的位置，約 0.29AU
1998 哥倫比亞號太空梭 STS-90 任務升空

十萬恆星

　　這幅哈伯太空望遠鏡拍攝的影像中有 10 萬顆星,這些五顏六色恆星聚集在巨大星團的核心。影像是半人馬座 ω 球狀星團的一小部分,整個星團大約有 1000 萬顆星。球狀星團由年老恆星靠彼此重力聚集而成,它們幾乎跟銀河系一樣老,半人馬座 ω 裡的恆星年齡在 100 億年到 120 億年之間。這個星團距離地球約 1 萬 6000 光年。2009 年 5 月執行的哈伯第四次維修任務中,替哈伯望遠鏡裝上第三代廣域相機,這是該部相機拍攝的第一批影像中的一幅。

NASA, ESA and the Hubble SM4 ERO Team

名稱:NGC 5139、半人馬座 ω
距離:1 萬 6000 光年
星座:半人馬座
分類:球狀星團

2022 一 〇 十八　水星合天王星
2023 二 ● 廿八　月球抵達近日點
　　　　　　　　球狀星團 M3 達最佳觀測位置
2024 四 ◗ 初十

1955 理論物理學家愛因斯坦（Albert Einstein）逝世
2006 哈伯太空望遠鏡觀測到施瓦斯曼－瓦赫曼 3 號彗星
　　　（73P/Schwassmann-Wachmann 3）接近太陽時分裂成多個碎塊
2014 NASA 月球大氣與粉塵環境探測器（LADEE）撞擊月球表面完成任務
2018 NASA 凌日系外行星巡天衛星（TESS）升空

雙向螺旋

　　這是哈伯太空望遠鏡拍攝的 NGC 7479 影像，影像是可見和近紅外資料合成的，這個螺旋星系的旋臂呈一個反「S」形狀，它轉動的方向是反時鐘。不過在無線電波段，這個暱稱為螺旋槳星系以反方向轉動，它的噴流跟旋臂轉動的方向相反。天文學家認為造成 NGC 7479 無線電噴流反轉的原因，是因為它跟其他星系碰撞合併的結果。

ESA/Hubble & NASA

名稱：NGC 7479
距離：1 億 1000 萬光年
星座：飛馬座
分類：星系

2022 二 ◐ 十九 　妊神星（136108 Haumea）衝
　　　　　　　　　月球抵達遠日點
　　　　　　　　　月球抵達近地點
2023 三 ● 廿九
2024 五 ◑ 穀雨

1971 史上第一個太空站蘇聯禮炮 1 號（Salyut 1）升空
1982 蘇聯禮炮 7 號（Salyut 7）太空站升空
2001 奮進號太空梭 STS-100 任務升空
2013 哈伯太空望遠鏡公布馬頭星雲（Horsehead Nebula）的紅外光影像

宇宙玫瑰

　　這是紀念哈伯太空望遠鏡升空 21 年的影像，影像中是兩交互作用星系 Arp 273 中的一個，這個星系是兩星系中較大的，科學家認為較小星系穿過這個星系，造成它變形的是較小星系的潮汐作用。

NASA, ESA and the Hubble Heritage Team (STScI/AURA)

名稱：Arp 273
距離：3 億光年
星座：仙女座
分類：星系

04
20

2022 三 ◐ 穀雨
2023 四 ● 穀雨　複合日食
2024 六 ◐ 十二　月球抵達遠地點
　　　　　　　天王星合木星

---

429 中國南北朝天文學家、數學家祖沖之出生
1967 NASA 無人月面探測器測量員 3 號（Surveyor 3）成功降落月球表面
1972 阿波羅 16 號登陸月球
2004 NASA 重力探測器 B（GP-B）升空，目的是驗證廣義相對論的預測
2020 科學家公布哈伯太空望遠鏡對第一顆已知的星際彗星鮑里索夫（Borisov）的追蹤觀測結果

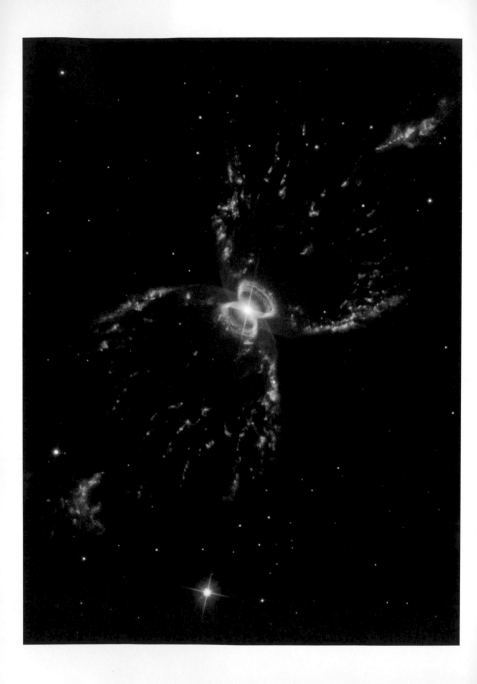

雙星報喜

哈伯團隊在慶祝哈伯太空望遠鏡 29 歲生日時，他們特別選了沙漏形狀的南蟹狀星雲做紀念。南蟹狀星雲跟金牛座蟹狀星雲不一樣，它有優美對稱的形狀，這個特殊形狀是由一對雙星造成。這個雙星系統中，其中一顆恆星已經演化成白矮星。另外一顆恆星還未死亡，是一顆正邁向死亡的紅巨星，目前這顆紅巨星正拋出它的外殼。白矮星的重力拉扯紅巨星拋出的物質，這樣的交互作用形成這迷幻般的南蟹狀星雲。

NASA, ESA, and STScI

名稱：Hen 2-104
距離：7000 光年
星座：半人馬座
分類：行星狀星雲

1994 波蘭天文學家沃爾茲森（Aleksander Wolszczan）首度發現系外行星
1997 飛馬座號（Pegasus）火箭載送 24 人的骨灰到繞行地球的軌道，完成史上第一次太空葬

爆裂之星

　　哈伯太空望遠鏡拍攝到超大質量恆星海山二影像，清晰的影像上有一對巨大膨脹的氣體和塵埃雲。大質量恆星海山二（幾乎被影藏在影像中心）在大約 150 年前發生劇烈爆發，爆發噴出的物質可以在這幅哈伯影像上清楚看見。海山二位在 8000 光年以外，大於 150 億公里（相當於太陽系的直徑）的結構才能被辨識出來。塵埃紋路、微小聚集和奇特的輻射狀條紋全都出現在這前所未見的影像中。

Jon Morse (University of Colorado), and NASA/ESA

名稱：海山二
距離：8000 光年
星座：船底座
分類：恆星

2022 五 ◐ 廿二　天琴座流星雨（Lyrids）
2023 六 ● 初三
2024 一 ○ 十四　天琴座流星雨（Lyrids）
　　　　　　　　風車星系（M101）達最佳觀測位置

1904 猶太裔美籍物理學家奧本海默（J. Robert Oppenheimer）出生
2010 美軍太空飛機 X-37B 升空

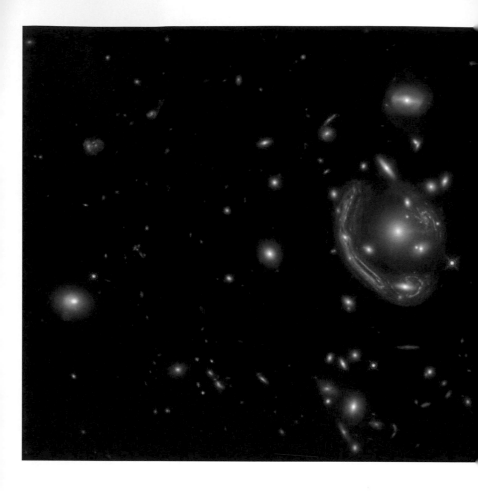

相對論之環

　　細長、圓弧狀星系位在球形星系周圍，這是非常罕見的現象。GAL-CLUS-022058s 是宇宙中最大且最完整的愛因斯坦環之一。愛因斯坦的廣義相對論最先預測它的存在，這個現象可以用重力透鏡解釋，重力透鏡可以把遠方的光透過重力彎曲和偏折，讓觀測者看見。

ESA/Hubble & NASA, S. Jha; Acknowledgement: L. Shatz

名稱：GAL-CLUS-022058s
距離：N/A
星座：天爐座
分類：星系

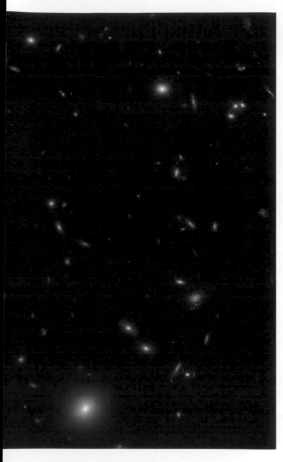

2022 六 ◑ 廿三　風車星系（M101）達最佳觀測位置

2023 日 ● 初四　天琴座流星雨（Lyrids）
金星合月

2024 二 ○ 十五　風車星系（M101）達最佳觀測位置
船尾座 π 流星雨（Pi Puppids）

1858 德國物理學家、量子力學創始人普朗克（Max Karl Ernst Ludwig Planck）出生
1962 NASA 遊騎兵 4 號（Ranger 4）無人月球探測器升空
1963 M2-F1 升力體飛行器首次自由飛行
1992 美國天文物理學家斯穆特（George F. Smoot）宣布宇宙微波背景輻射各向異性的研究結果
1996 和平號太空站自然號（Priroda）地球觀測艙升空
2007 義大利太空總署（ASI）的伽瑪射線輕型探測器（AGILE）升空

新恆星崛起

　　這幅影像顯示一種特別的恆星育嬰室，它稱為自由漂浮蒸氣球體（Free-floating Evaporating Gaseous Globules）或簡稱為 frEGGs。當一顆大質量恆星開始發光發熱，它還位在它出生的低溫分子雲裡，大質量恆星的高能輻射可以游離分子雲中的氫，形成一個巨大炙熱的游離氣體泡。特別的是炙熱的游離氣體泡裡，大質量恆星附近就有 frEGGs 存在，有些小質量恆星誕生於黑暗緻密的氣體塵埃球裡。影像中發出藍紫光的是炙熱游離氣體與低溫 frEGG 的交界處。

ESA/Hubble & NASA, R. Sahai

名稱：J025157.5+600606
距離：600 光年
星座：仙后座
分類：星雲

04
24

2022 日 ◑ 廿四　船尾座 π 流星雨（Pi Puppids）
2023 一 ◐ 初五　船尾座 π 流星雨（Pi Puppids）
2024 三 ○ 十六

1967 蘇聯太空人科馬洛夫（Vladimir Mikhaylovich Komarov）乘聯合 1 號（Soyuz 1）太空船
　　 回航途中墜毀，成為第一位遇難的太空人
1970 中國第一顆人造衛星東方紅 1 號升空，成為第五個成功發射人造衛星的國家
1990 哈伯太空望遠鏡由發現號太空梭 STS-31 任務發射升空

眾志成城

　　這幅 M82 活躍星系影像是大型軌道天文台聯合觀測的結果，它們是哈伯太空望遠鏡、錢卓 X 光望遠鏡和史匹哲太空望遠鏡。X 射線的資料來自錢卓，用藍色表示，史匹哲觀測紅外，用紅色表示。哈伯觀測的氫發射線用橘色，哈伯觀測的藍色波段在影像中以綠色顯示。

NASA, ESA, CXC, and JPL-Caltech

名稱：雪茄星系、M82
距離：1300 萬光年
星座：大熊座
分類：星系

2022 一 ◑ 廿五　土星合月
　　　　　　　　　水星半相
2023 二 ◑ 初六
2024 四 ○ 十七

1961 NASA 水星一擎天神 3 號（MA-3）無人太空船升空
1990 哈伯太空望遠鏡成功進入運行軌道
1993 NASA 低能量 X 射線成像感應器陣列（Array of Low Energy X-ray Imaging Sensors，ALEXIS）
　　　微型衛星升空
2003 聯合號（Soyuz）TMA-2 搭載國際太空站遠征 7（Expedition 7）載人任務升空

恆星工廠

　　NGC 1792 的中心發出橘色的光,這是恆星鍛造場的核心。哈伯太空望遠鏡拍攝的 NGC 1792 精細影像,讓我們可以看清楚這發光發熱的星系。星系中的藍色區域佈滿年輕、炙熱恆星,靠近星系中心橘色的區域,那是較老、較冷的恆星分佈的位置。

ESA/Hubble & NASA, J. Lee; Acknowledgement: Leo Shatz

名稱:NGC 1792
距離:3600 萬光年
星座:天鴿座
分類:星系

2022 二 ● 廿六　火星合月
　　　　　　　　　 45P/Honda-Mrkos-Pajdušáková 彗星來到近日點
2023 三 ◑ 初七　火星合月
2024 五 ○ 十八　月球抵達遠日點

1920 美國天文學家哈洛・沙普利（Harlow Shapley）和希伯・柯蒂斯（Heber Doust Curtis）進行
　　　關於宇宙尺度的大辯論（The Great Debate）
1993 哥倫比亞號太空梭 STS-55 任務升空
2001 天文學家公布哈伯太空望遠鏡攝得的「原行星盤」照片，這是人類第一次找到的行星形成
　　　的直接視覺證據
2016 科學家宣布透過哈伯太空望遠鏡發現鳥神星（136472 Makemake，古柏帶上僅次於冥王星
　　　的第二亮矮行星）擁有一顆衛星

火鳥展翅

　　獵戶座星雲就像一本恆星形成的圖畫書，年輕大質量恆星把雲氣塑造成緻密雲柱，這些雲柱可能是新誕生恆星的家。明亮的中央部分是星雲裡四顆最重恆星所在的位置，這四顆星被稱為四邊形（Trapezium），因為它們排成不規則四邊形的樣子。這幾顆恆星發出的紫外線在星雲中鑿出一空穴，中斷數百顆較小恆星的成長。四邊形附近的恆星依舊非常年輕，它們還保有恆星形成的圓盤。這些圓盤稱為原行星盤，它們在影像中太小所以看不清楚，這些圓盤是形成行星系統的原料。

NASA, ESA, M. Robberto (Space Telescope Science Institute/ESA)
and the Hubble Space Telescope Orion Treasury Project Team

名稱：M42、M43、
　　　獵戶座星雲
距離：1400 光年
星座：獵戶座
分類：星雲

04
27

2022 三 ● 廿七　金星合月
　　　　　　　　　　　木星合月
2023 四 ◑ 初八
2024 六 ○ 十九

1521 發現大小麥哲倫星雲的葡萄牙探險家、天文學家斐迪南．麥哲倫（Ferdinand Magellan）逝世
1961 美國人造衛星探索者 11 號（Explorer 11）升空，為第一顆偵測伽瑪射線源的人造衛星

回波閃爍

　　哈伯太空望遠鏡拍攝 V838 Mon 恆星的影像，顯示出恆星附近被照亮的塵埃雲結構，以及它們的變化。這個現象稱為光回波，這顆恆星在 2002 年初突然變亮好幾個星期，顯現出過去從未被觀測到的塵埃圖樣。

NASA, ESA, and The Hubble Heritage Team (AURA/STScI)

名稱：V838 Mon
距離：2 萬光年
星座：麒麟座
分類：恆星

04
28

2022 四 ● 廿八　金星合海王星
　　　　　　　　月球抵達近日點
2023 五 ◐ 初九　月球抵達遠地點
2024 日 ◑ 二十

1900 提出彗星起源於歐特雲的荷蘭天文學家揚・亨德里克・歐特（Jan Hendrik Oort）出生
1906 荷裔美籍天文學家巴特・包克（Bart Bok）出生
1928 美國天文學家尤金・舒梅克（Eugene Shoemaker）出生
1967 監控《部分禁止核試驗條約》（Partial Test Ban Treaty）的 Vela 4A 和 Vela 4B 人造衛星
　　　同時升空
1991 發現號太空梭 STS-39 任務升空
2001 美國商人丹尼斯・蒂托（Dennis Tito）乘坐俄羅斯聯合 TM-32 太空船前往國際太空站，
　　　成為史上第一位太空遊客
2003 NASA 星系演化探測器（Galaxy Evolution Explorer，GALEX）升空
2006 NASA 與法國太空研究中心（CNES）合作的環境監測衛星 CALIPSO 升空
2006 NASA 的雲層監測衛星 CloudSat 升空

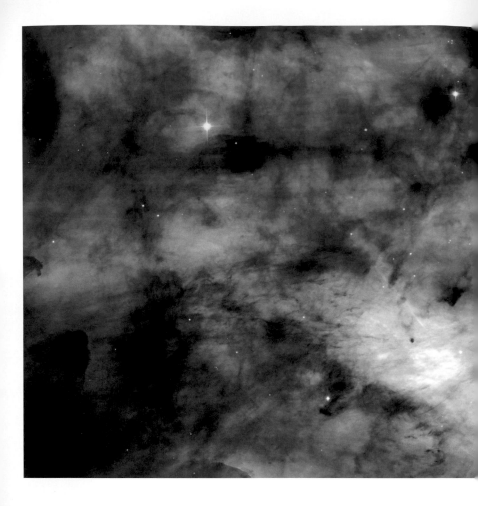

彩妝天鵝

　　這是一幅夢境水彩畫？不是，這是天鵝星雲（M17）中央的影像，是年輕恆星的溫床，色彩豐富的雲氣包裹著許多低溫、黑暗的氫氣雲。這是哈伯太空望遠鏡中的先進巡天相機拍攝的影像，影像中的區域大約是我們太陽系的 300 倍寬。

NASA, Holland Ford (JHU), the ACS Science Team and ESA

名稱：M17、Ω 星雲、
　　　天鵝星雲
距離：5500 光年
星座：人馬座
分類：行星狀星雲

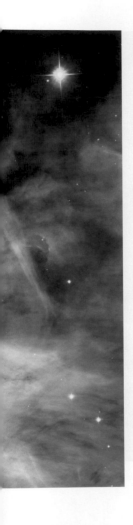

2022 五 ● 廿九　水星東大距
2023 六 ◐ 初十
2024 一 ◑ 廿一　海王星合火星

1854 法國數學家、理論科學家龐加萊（Jules Henri Poincaré）出生
1946 首先發現系外行星的波蘭天文學家沃爾茲森（Aleksander Wolszczan）出生
1985 挑戰者號太空梭 STS-51B 任務升空

暴烈之星

巨大的波浪塑造出這雙片形狀的星雲，這個星雲位在人馬座，距離我們約 3000 到 8000 光年之間。這個高溫行星狀星雲中心有一顆非常炙熱的恆星，恆星的恆星風形成 1000 億公里高的巨浪。當地的氣體受到快速膨脹氣體的擠壓和加熱後，形成超音速震波巨浪，塑造出這個行星狀星雲。原子受到震波的撞擊，發出影像中所見的輻射。

ESA & Garrelt Mellema (Leiden University, the Netherlands)

名稱：NGC 6537、紅蜘蛛星雲
距離：6000 光年
星座：人馬座
分類：星雲

2022 六 ● 三十　　健神星（10 Hygiea）衝
2023 日 ◗ 十一　　水星在傍晚天空達最高點
2024 二 ◖ 廿二

1006 歷史記載中最亮的恆星事件出現：超新星 SN 1006
1777 德國數學家、物理學家、天文學家高斯（Johann Carl Friedrich Gauss）出生
1916 美國數學家、資訊理論創始人夏農（Claude Elwood Shannon）出生
1996 義大利與荷蘭合作的 X 射線天文衛星 BeppoSAX 升空
2002 哈伯太空望遠鏡新安裝的先進巡天相機（Advanced Camera for Surveys，ACS）
　　　初期觀測影像公布
2017 聯合號（Soyuz）MS-04 搭載國際太空站 51/52 遠征隊升空

黑洞的方向

從 M87 星系中心發出的一束光線，就像宇宙中的探照燈，這是由黑洞供給能量的噴流，噴流是由接近光速的高速電子和其他粒子組成。這幅哈伯太空望遠鏡影像中的藍色噴流，跟數十億黃色恆星與星團成明顯對比。M87 距離我們約 5000 萬光年，位在星系中央的巨大黑洞已經吞食 20 億倍太陽質量的物質。這個在 1994 年的發現證明超大質量黑洞（supermassive black hole）的存在，如今我們不僅知道超大質量黑洞存在於星系中央十分常見，而且科學家在 2019 年結合了包括哈伯的多個望遠鏡影像，第一次合成出清晰的黑洞輪廓照片。

The Hubble Heritage Team (STScI/AURA) and NASA/ESA

May

5月

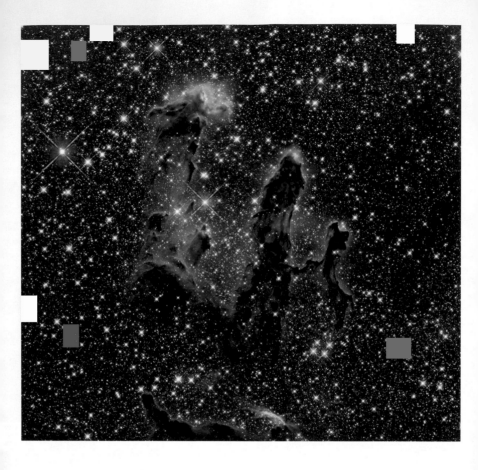

紅外線光譜下的創生之柱

　　哈伯太空望遠鏡重新拍攝老鷹星雲裡的創生之柱，這是它最具代表和最受歡迎的影像之一。

　　這幅紅外線影像顯現雲柱的另一樣貌，紅外線可以穿透塵埃和氣體的阻礙，揭露雲柱不為人知的一面，影像的結果同樣讓人驚嘆。

　　整幅影像裡散佈許多亮星和初生的恆星，它們從這些雲柱裡形成，然後再顯現出來。這些若有似無的雲柱在神秘藍色輝光的襯托下更顯細緻。

　　另外哈伯也拍攝這些雲柱的可見光影像。

NASA, ESA/Hubble and the Hubble Heritage Team

名稱：老鷹星雲、M16
距離：7000 光年
星座：巨蛇座尾
分類：星雲

2022 日 ● 初一　金星合木星
2023 一 ◑ 十二　虹神星（7 Iris）衝
2024 三 ◐ 廿三　水星通過遠日點

1910 美國天文學家、幽浮專家海尼克（Josef Allen Hynek）出生
1949 荷蘭裔美籍天文學家傑拉德‧古柏（Gerard Kuiper）發現海衛二（Nereid）
1959 NASA 戈達德太空飛行中心（Goddard Space Flight Center）成立
1996 百武彗星（Hyakutake）通過近日點

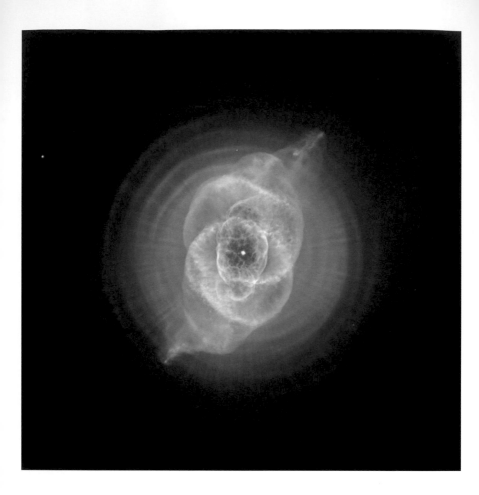

魔幻貓眼

　　哈伯太空望遠鏡拍攝的貓眼星雲充滿細節，它看起來就像是《魔戒》電影中索倫的魔眼。

　　這個星雲的正式編號是 NGC 6543，它完全就像是托爾金（J.R.R. Tolkien）虛構的鬼魅角色。貓眼星雲是最早發現的行星狀星雲之一，它也是已知最複雜的行星狀星雲之一。行星狀星雲是太陽般的恆星緩慢的拋出外層氣體，形成形狀怪異的星雲。

ESA, NASA, HEIC and The Hubble Heritage Team (STScI/AURA)

名稱：貓眼星雲、NGC 6543
距離：3000 光年
星座：天龍座
分類：行星狀星雲

2022 一 ● 初二　水星合月
2023 二 ◗ 十三　水星下合日
2024 四 ◖ 廿四

1519 義大利文藝復興時期藝術家、工程師達文西（Leonardo da Vinci）逝世
1802 德國化學家、物理學家馬格努斯（Heinrich Gustav Magnus）出生
2019 天文學家公布「傳世深空」（Legacy Deep Field）照片，這是哈伯太空望遠鏡迄今拍攝
　　 過最大的深空影像，包含大約 25 萬 5000 個星系

暗藏玄機

　　這是 Abell 3827 星系團的高解析影像，它有許多值得研究的地方。這幅是哈伯觀測的影像，可以用來研究暗物質，暗物質是天文學家所面對最大的未解之謎之一。科學團隊用哈伯的先進巡天相機與第三代廣域相機一起完成這個觀測。這兩部相機有不同的規格，可以觀測電磁波不同的波段，一起使用可以獲得更完整的資訊。Abell 3827 之前已經被哈伯觀測過，當時是研究它核心的重力透鏡現象。

ESA/Hubble & NASA, R. Massey

名稱：Abell 3827
距離：14 億光年
星座：印地安座
分類：星系

2022 二 ● 初三
2023 三 ○ 十四
2024 五 ◐ 廿五

1713 法國數學家、天文學家克萊羅（Alexis Claude de Clairault）出生
1933 美國理論物理學家溫伯格（Steven Weinberg）出生
2000 天文學家宣布透過哈伯太空望遠鏡發現宇宙大爆炸之後消失的氫元素
2003 國際太空站遠征 6（Expedition 6）太空人在軌道飛行 161 天後返回地球

星系的致命擁抱

　　這對星系也稱為 NGC 4038 和 NGC 4039，它們正在進行死亡擁抱。它們原本就像我們的銀河系，是正常、平靜的螺旋星系，它們在過去的數億年間互相撞擊，這樣的碰撞非常猛烈，許多恆星被扯出它們的星系，形成長長的弧線。從廣視野的影像中，可以知道這兩個星系的名稱由來，被拋出的恆星和氣體形成長條狀，長長的潮汐尾就像觸鬚一樣。

ESA/Hubble & NASA

名稱：觸鬚、觸鬚星系、
　　　NGC 4038 和 NGC 4039
距離：6500 萬光年
星座：烏鴉座
分類：星系

2022 三 ● 初四
2023 四 ○ 十五
2024 六 ◐ 廿六　土星合月

1967 NASA 月球軌道器 4 號（Lunar Orbiter IV）升空
1976 NASA 雷射地球動力科學研究衛星（LAGEOS 1）升空，用於監測地球板塊移動
1989 NASA 金星探測器麥哲倫號（Magellan）由亞特蘭提斯號太空梭 STS-30 任務搭載升空
2002 NASA Aqua 衛星升空

宇宙巨獸

　　NGC 2525 的影像非常迷人，它距離地球大約 7000 萬光年，位於
南半球的船尾座。船尾座、船底座和船帆座組成古希臘神話中的阿爾
戈號。NGC 2525 的中心暗藏著一巨大怪獸，也就是超大質量黑洞。
幾乎每個星系都有一個超大質量黑洞，它們的質量介於 10 萬到 10 億
倍的太陽質量。哈伯拍攝一系列 NGC 2525 的影像，是它最重要的研
究之一，也就是量測宇宙的膨脹速度，這將可以幫助我們了解宇宙的
本質。哈伯團隊還公布這個星系隨時間變化的影片及一顆漸漸變暗的
超新星。

ESA/Hubble & NASA, A. Riess and the SHOES team; Acknowledgment: Mahdi Zamani

名稱：NGC 2525
距離：7000 萬光年
星座：船尾座
分類：星系

2022 四 ● 立夏　　天王星合日
　　　　　　　　　　　月球抵達遠地點
2023 五 ○ 十六
2024 日 ● 立夏　　海王星合月
　　　　　　　　　　　火星合月
　　　　　　　　　　　月掩火星
　　　　　　　　　　　寶瓶座 η 流星雨（Eta Aquarids）

1933 美國無線電天文學家卡爾‧揚斯基（Karl Guthe Jansky）發表他 1931 年發現的來自
　　　銀河系中心的無線電波，開啟了無線電波天文學的研究
1961 NASA 水星計畫首次載人太空船自由 7 號（Freedom 7）升空，艾倫‧薛帕德
　　　（Alan Bartlett Shepard）成為美國第一位上太空的人

直視棒旋星系

　　NGC 1015 有一個明顯、巨大的中心，氣體和恆星組成中央的棒狀結構，還有平順、纏繞的旋臂。根據 NGC 1015 的形狀，它被分類為棒旋星系，就像我們的銀河系一樣。螺旋星系中有三分之二具有棒狀結構，這個星系有個淡黃色圓環，圓環裡的棒狀結構往外延伸形成旋臂。科學家相信在棒旋星系中心隱藏著飢餓的黑洞，透過棒將旋臂外側氣體和能量注入中央的黑洞，引發中央的恆星形成和建立星系中央的核球。

ESA/Hubble & NASA, A. Riess (STScI/JHU)

名稱：NGC 1015
距離：1 億 2000 萬光年
星座：鯨魚座
分類：星系

2022 五 ◗ 初六　寶瓶座 η 流星雨（Eta Aquarids）

2023 六 ○ 立夏　半影月食
　　　　　　　寶瓶座 η 流星雨（Eta Aquarids）

2024 一 ◗ 廿八　月球抵達近地點
　　　　　　　水星合月
　　　　　　　月球抵達近日點
　　　　　　　寶瓶座 η 流星雨（Eta Aquarids）

1872 荷蘭物理學家、天文學家威廉・德西特（Willem de Sitter）出生
1916 提出宇宙微波背景輻射的美國物理學家羅伯特・亨利・迪克（Robert Henry Dicke）出生
1968 阿波羅太空人阿姆斯壯（Neil Armstrong）駕駛登月試驗機（LLRV）時在空中彈出逃生，
　　　試驗機墜毀
1975 NASA 宣布由加拿大太空總署建造太空梭遙控機器手臂，俗稱加拿大臂（Canadarm）

虎頭蛇尾

這個螺旋星系被戲稱為「蝌蚪」，它跟教科書式的壯觀星系不同。這個星系的形狀受到一個外來小星系影響，這個小星系位在質量較大的蝌蚪星系左邊，它是一個藍色緻密的星系。蝌蚪星系位在天龍座，距離我們約 4 億 2000 萬光年。透過蝌蚪星系的盤面可以看見這外來的小星系，小星系就像肇事逃逸者，在天空留下事故現場。在彼此的重力交互作用下，形成由恆星與氣體組成的長長尾巴，這條尾巴長達 28 萬光年。

NASA, Holland Ford (JHU), the ACS Science Team and ESA

名稱：Arp 188、蝌蚪星系、
　　　UGC 10214
距離：4 億 2000 萬光年
星座：天龍座
分類：星系

05
07

2022 六 ◐ 初七
2023 日 ○ 十八　月球抵達遠日點
2024 二 ● 廿九

1895 俄國物理學家、電磁波研究先驅波波夫（Alexander Stepanovich Popov）公開展示他
　　　發明的第一臺無線電波接收器
1909 發明拍立得相機系統的美國科學家艾德溫・蘭德（Edwin Herbert Land）出生
1992 奮進號太空梭 STS-49 任務升空

撞出滿天新星

　　一個佈滿塵埃的螺旋星系像旋轉的紙風車，它通過更大、更亮的星系 NGC 1275。哈伯太空望遠鏡第二代廣域和行星相機顯現螺旋結構上的的塵埃帶與藍色明亮的區域，這是恆星形成相當活躍的地方。

NASA/ESA and The Hubble Heritage Team (STScI/AURA)

名稱：Caldwell 24、NGC 1275、英仙座 A
距離：2 億 5000 萬光年
星座：英仙座
分類：星系

2022 日 ◗ 初八　天琴座 η 流星雨（Eta Lyrids）
2023 一 ◖ 十九
2024 三 ● 初一　天琴座 η 流星雨（Eta Lyrids）
　　　　　　　　　火星通過近日點

1794 被後世尊稱為化學之父的法國化學家拉瓦節（Antoine-Laurent de Lavoisier）逝世

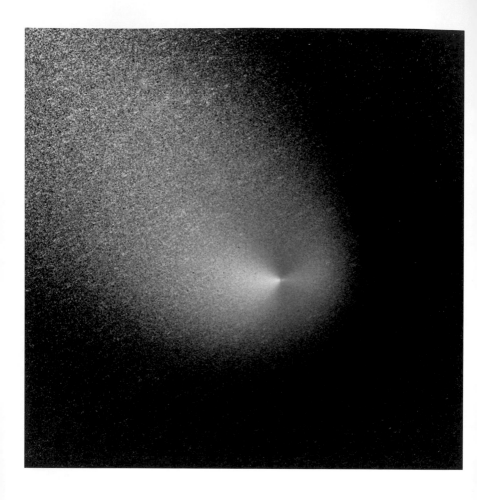

彗星噴泉

　　賽丁泉彗星（Comet Siding Spring）拜訪太陽的週期大約是
100 萬年。這顆是 2013 年發現的彗星，2014 年 3 月 11 日哈伯
太空望遠鏡拍攝時，它位在木星軌道內。哈伯的影像顯示兩道塵
埃噴流從固態的冰核噴出。這些噴流最早是可以從 2013 年 10 月
29 日的哈伯影像發現。它們可以讓天文學家推算出兩極的方向，
也就是彗核的自轉軸。

NASA, ESA, and J.-Y. Li (Planetary Science Institute)

名稱：C/2013 A1
距離：N/A
星座：N/A
分類：太陽系

05
09

2022 一 ◐ 初九
2023 二 ◑ 二十　天琴座 η 流星雨（Eta Lyrids）
2024 四 ● 初二

1965 蘇聯無人月球探測器月球 5 號（Luna 5）升空
2003 日本太空總署隼鳥號（Hayabusa）升空，展開史上第一次採取小行星樣本的任務

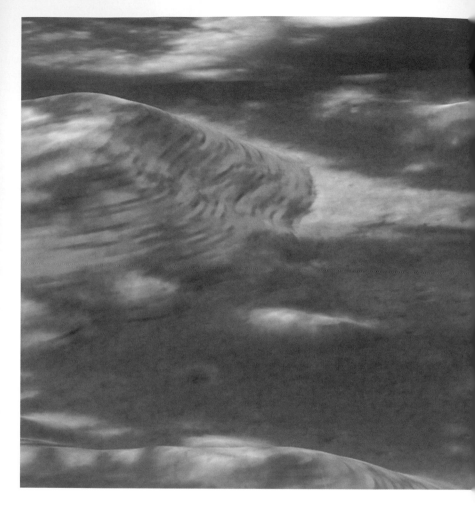

哈伯望月

　　這幅影像是月球上的陶拉斯 - 利特羅谷（Taurus-
Littrow valley），也是阿波羅 17 號著陸點。這是哈伯先
進巡天相機在 2005 年 12 月 16 日拍攝的影像，加上阿
波羅計畫的數位地形模型，創造出這由西往東看的峽谷
影像。哈伯的高解析影像可以顯現比一顆足球還小的東
西，哈伯當時距離月球約 40 萬公里。

NASA, ESA, and J. Garvin (NASA/GSFC)

名稱：月球
距離：N/A
星座：N/A
分類：太陽系

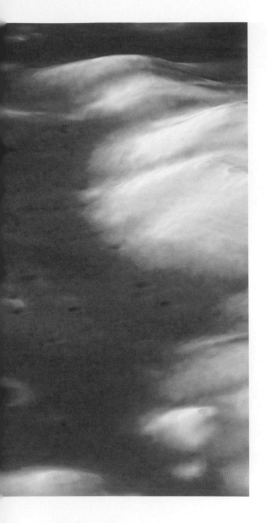

05
10

2022 二 ◑ 初十
2023 三 ◐ 廿一　天王星合日
2024 五 ● 初三　水星西大距

1900 美國天文學家佩恩一加波施金（Cecilia Payne-Gaposchkin）出生，她首次提出
　　　太陽主要由氫組成
1967 升力體飛行器 M2-F2 緊急迫降

鬼影之臂

　　大部分螺旋星系的弧狀旋臂都從星系核心往外旋出。
哈伯太空望遠鏡拍攝的 NGC 4848 星系影像，清楚顯示
旋臂上的藍色與銀色。影像中不僅可以看見內側旋臂裡
數十萬顆明亮、年輕的藍色恆星，哈伯的影像還顯現旋
臂外側黯淡、細微的旋臂尾。

ESA/Hubble & NASA, M. Gregg

名稱：NGC 4848
距離：3 億 4000 萬光年
星座：后髮座
分類：星系

2022 三 ◑ 十一
2023 四 ◑ 廿二　月球抵達近地點
2024 六 ● 初四　球狀星團 M5 達最佳觀測位置

1881 匈牙利裔美國航空工程師、物理學家，NASA 噴射推進實驗室
　　　（JPL，Jet Propulsion Laboratory）創建人西奧多・馮・卡門（Theodore von Karman）出生
1918 美國物理學家、科普作家費曼（Richard Phillips Feynman）出生
2009 亞特蘭提斯號太空梭 STS-125 任務升空，為哈伯太空望遠鏡進行第五次、也是最後一次
　　　維護任務（Servicing Mission 4）

雨後春筍

　　這幅哈伯太空望遠鏡的影像顯示明亮、色彩豐富的螺旋星系 NGC 972，星系裡的恆星形成相當活躍，外觀就像一朵盛開的玫瑰花。新生恆星的強烈光線讓附近的氫原子發出橘紅色的光，這些明亮的區域位在黑色的塵埃帶之間。德裔的英國天文學家威廉·赫歇爾在 1784 年發現這個星系。天文學家量測它的距離，發現它距離我們大約 7000 萬光年。

ESA/Hubble, NASA, L. Ho

名稱：NGC 972
距離：7000 萬光年
星座：白羊座
分類：星系

05
12

2022 四 ◑ 十二 球狀星團 M5 達最佳觀測位置
2023 五 ◑ 廿三 237P/LINEAR 彗星通過近日點
球狀星團 M5 達最佳觀測位置
2024 日 ◐ 初五

1930 位於美國芝加哥的阿德勒天文館（Adler Planetarium）開幕，是美洲第一座天文館
1997 哈伯太空望遠鏡第二次維護任務（Servicing Mission 2）後首批影像公布

胸有丘壑

　　「矮星系」這個名詞聽起來似乎很小,不過不要被
騙了,NGC 5474 有數十億顆恆星!不過跟銀河系的數
千億顆恆星比起來,NGC 5474 確實比較小。NGC 5474
是 M101 星系群的一員。這個星系群裡最亮的星系是風
車星系,也稱為 M101。M101 有明顯、清楚的旋臂,
被分類為宏觀螺旋星系,M81 與 M74 也屬於這類星系。

ESA/Hubble & NASA

名稱:NGC 5474
距離:2000 萬光年
星座:大熊座
分類:星系

05
13

2022 五 ◗ 十三
2023 六 ◖ 廿四　土星合月
2024 一 ◖ 初六　天王星合日

1861 澳洲天文學家泰布特（John Tebbutt）發現肉眼可見的大彗星 C/1861 J1
1964 阿波羅 A-001 任務升空

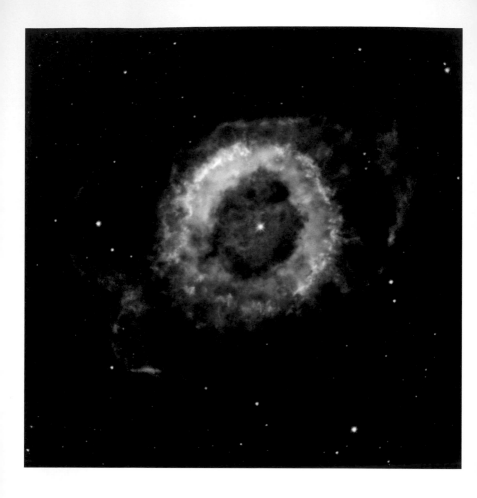

小鬼當家

　　哈伯太空望遠鏡拍攝 NGC 6369 的影像，這是
一顆即將死亡的恆星形成像鬼魅般的雲氣，業餘天
文學家稱這個外形特異的天體為小鬼星雲（Little
Ghost Nebula），它看起來就像一顆垂死恆星被一
團狀似小鬼的雲氣圍繞。

NASA/ESA and The Hubble Heritage Team (STScI/AURA)

名稱：NGC 6369
距離：3500 光年
星座：蛇夫座
分類：行星狀星雲

2022 六 ○ 十四
2023 日 ◗ 廿五
2024 二 ◖ 初七　閻神星（136199 Eris）合水星

1679 丹麥天文學家赫瑞鮑（Peder Horrebow）出生
1973 美國第一個太空站計畫天空實驗室（Skylab）升空
2009 歐洲太空總署兩架太空望遠鏡：赫歇爾（Herschel Space Observatory）與普朗克
　　　（Planck Space Observatory）一同由亞利安 5 號（Ariane 5）運載火箭發射升空
2010 亞特蘭提斯號太空梭 STS-132 任務升空

宇宙煙花

　　這個超新星殘骸簡稱為 E0102，位在哈伯影像下方的藍綠色雲氣。這個名稱是從它天球上的位置（座標）來的，比較正式的名稱是 1E0102.2-7219，它距離大質量恆星形成區 N 76 邊緣約 50 光年，N 76 又稱為 Henize 1956，位在小麥哲倫星雲。這個恆星形成區發出淡紫與桃紅色，位在影像的右上方。

NASA, ESA and the Hubble Heritage Team (STScI/AURA)

名稱：1E 0102.2-7219、E0102
距離：20 萬光年
星座：杜鵑座
分類：超新星殘骸

2022 日 ○ 十五　金星通過遠日點
2023 一 ◑ 廿六　水星通過遠日點
2024 三 ◐ 初八

1859 波蘭裔法籍物理學家皮耶・居禮（Pierre Curie）出生
1958 蘇聯史波尼克 3 號（Sputnik 3）人造衛星升空
1960 蘇聯史波尼克 4 號（Sputnik 4）人造衛星升空
1963 NASA 信念 7 號（Faith 7）太空船升空，這是水星計畫最後一次飛行
1997 亞特蘭提斯號太空梭 STS-84 任務升空，進行與和平號太空站的第六次對接任務
2012 聯合號（Soyuz）TMA-04M 搭載國際太空站 31/32 遠征隊升空
2014 天文學家公布哈伯太空望遠鏡拍攝的木星影像，顯示大紅斑正在縮小

星際花火

　　看起來像國慶日放的煙火，年輕、閃亮的一大群恆星即將爆發。這個星團環繞著星際雲和塵埃，這些都是製造新恆星的材料。這個星雲位在船底座，距離我們約 2 萬光年，星雲中的星團稱為 NGC 3603，裡面有溫度很高的恆星。NGC 3603 有些質量非常大的恆星，大質量恆星演化快，很快就步向死亡，它們快速消耗氫燃料，最終以超新星爆炸的方式死亡。

NASA, ESA, R. O'Connell (University of Virginia), F. Paresce (National Institute for Astrophysics, Bologna, Italy), E. Young (Universities Space Research Association/ Ames Research Center), the WFC3 Science Oversight Committee, and the Hubble Heritage Team (STScI/AURA)

名稱：NGC 3603
距離：2 萬光年
星座：船底座
分類：星雲

2022 一 ○ 十六
2023 二 ● 廿七
2024 四 ◑ 初九

1925 對哈伯太空望遠鏡的規畫居功厥偉、有「哈伯之母」之稱的美國天文學家
　　 南希・羅曼（Nancy Grace Roman）出生
1969 蘇聯金星 5 號（Venera 5）升空
2011 奮進號太空梭 STS-134 任務升空

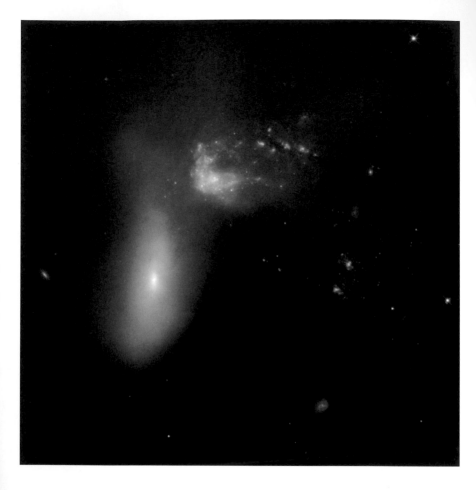

歧路相逢

　　NGC 454 是一對星系，由一紅色巨大的橢圓星系與一藍色不規則星系組成。這兩個星系處於碰撞的初期，不過已經可以看見它們形狀開始扭曲變形。兩個星系右側有三個藍色亮點，它們由年輕星球構成，可能是藍色不規則星系的一部分。雖然塵埃帶與氣體都延伸到橢圓星系的中心，不過卻沒有恆星形成的跡象。這對星系距離我們約 1 億 6400 萬光年。

NASA, ESA, the Hubble Heritage Team (STScI/AURA)-ESA/Hubble Collaboration and A. Evans (University of Virginia, Charlottesville/NRAO/Stony Brook University)

名稱：NGC 454
距離：1 億 6000 萬光年
星座：鳳凰座
分類：星系

2022 二 ○ 十七　月球抵達近地點
2023 三 ● 廿八　木星合月
2024 五 ◐ 初十　智神星（2 Pallas）衝

1836 英國天文學家洛克耶（Sir Joseph Norman Lockyer）出生
1969 蘇聯金星 6 號（Venera 6）太空船進入金星大氣層，傳回金星大氣資料後被壓毀
1974 第一顆地球同步氣象衛星 SMS-1 升空
1991 哈伯太空望遠鏡第一批木星照片公布
2010 NASA 航海家 2 號傳回亂碼，引起喧騰一時的遭外星人挾持遙控的傳言

細看小精靈

　　天文學家使用哈伯太空遠鏡研究年輕的疏散星團 IC 1590，這個星團位在 NGC 281 恆星形成區，NGC 281 暱稱為小精靈星雲（Pacman Nebula），因為它的樣子像電動遊戲中的角色。這幅影像只顯現星雲的中央部分，有星團裡最亮恆星，下方的黑色區域是小精靈貪吃嘴巴的位置。

ESA/Hubble & NASA

名稱：IC 1590、
　　　小精靈星雲
距離：1 萬光年
星座：仙后座
分類：星團、星雲

2022 三 ◯ 十八　月球抵達遠日點
海王星合火星

2023 四 ● 廿九　月球抵達近日點
水星合月

2024 六 ◖ 十一　月球抵達遠地點

1969 阿波羅 10 號任務升空
1984 美國火星探測船維京 1 號（Viking 1）捐贈給美國航太博物館
1991 英國化學家海倫・沙曼（Helen Sharman）搭乘聯合 TM-12 號造訪和平號太空站，
　　　成為第一位上太空的英國人
2009 太空人為維護哈伯太空望遠鏡進行第 23 次、也是最後一次的太空漫步

怪異的螺旋星系

　　這個星系稱為 LO95 0313-192，位在波江座，距離我們約 10 億光年，螺旋外形跟銀河系很類似。它有一個巨大的核球，旋臂上有發亮的氣體，上面還夾雜著黑暗的塵埃帶。它的夥伴位在影像的右邊，有個很無趣的名字 [LOY2001] J031549.8-190623。橢圓星系與正在合併的星系常常可以看見噴流、噴發的炙熱氣體，它們以接近光速從星系核心噴出。不過出乎意料的是天文學家發現 LO95 0313-192 的核心竟有強烈的無線電噴流，而且另外兩個區域也發出強烈的無線電，這讓這個星系更加奇特。

ESA/Hubble & NASA; Judy Schmidt

名稱：[LO95] 0313-192
距離：9 億 6000 萬光年
星座：波江座
分類：星系

2022 四 ◐ 十九

2023 五 ● 初一

2024 日 ◑ 十二　木星合日

1743 法國物理學家讓－皮耶・克里斯汀（Jean-Pierre Christin）發明了攝氏溫度計
1961 蘇聯金星 1 號（Venera 1）成為史上第一個飛掠另一個行星（金星）的人造物
1965 阿波羅 A-003 任務升空
1971 蘇聯火星 2 號（Mars 2）升空
1996 奮進號太空梭 STS-77 任務升空
2000 亞特蘭提斯號太空梭 STS-101 任務升空

珍重再見

　　這是一顆質量和太陽相當的恆星在生命的最後階段,它們會把外層的氣體吹向太空,這些發亮的雲氣稱為行星狀星雲。這些恆星拋出物質的方式不規則且不對稱,所以行星狀行雲外形可能相當複雜。Menzel 2 星雲的藍色雲氣中央有兩顆恆星,1999 年時天文學家發現右上恆星形成這個星雲,它的左下恆星可能是它的伴星。Menzel 2 星雲的弧狀結構似乎在跟我們道別,它的中央恆星最終會形成一顆白矮星。

ESA/Hubble & NASA; Acknowledgement: Serge Meunier

名稱:PK 329-02.2
距離:7000 光年
星座:矩尺座
分類:星雲

2022 五 ◐ 二十
2023 六 ● 初二
2024 一 ◗ 小滿　維爾塔寧彗星（46P/Wirtanen）通過近日點

1978 NASA 先鋒一金星 1 號（Pioneer-Venus 1）軌道器升空
1990 哈伯太空望遠鏡拍下第一張照片
1995 頻譜號艙（Spektr）升空前往和平號太空站
2005 NASA 氣象衛星 NOAA-N 升空

氣壯星河

　　壯觀噴流的能量來自橢圓星系武仙座 A 核心的超大質量黑洞重力能，這幅影像來自天文上最先進的兩組儀器：哈伯太空望遠鏡上的第三代廣域相機和完成升級的卡爾・央斯基特大天線陣（Karl G. Jansky Very Large Array）。這個星系距離我們約 20 億光年，哈伯的可見光影像中，黃色的橢圓星看起來相當正常，這個星系的質量大約是銀河系的 1000 倍，它有一個 25 億倍太陽質量的中央黑洞，這個黑洞的質量大約是銀河系超大質量黑洞的 1000 倍。看似無害的星系也稱為 3C 348，它是武仙座裡最亮的無線電發射源。

NASA, ESA, S. Baum and C. O'Dea (RIT), R. Perley and W. Cotton (NRAO/AUI/NSF), and the Hubble Heritage Team (STScI/AURA)

名稱：Hercules A
距離：20 億光年
星座：武仙座
分類：星系

2022 六 ◐ 小滿
2023 日 ● 小滿
2024 二 ○ 十四

1878 美國航空先驅格倫・柯蒂斯（Glenn Hammond Curtiss）出生
2010 日本太空船伊卡洛斯號（IKAROS）升空，成為史上第一個成功在星際空間飛行的
太陽輻射推進帆

珠光寶氣

　　NGC 4100 星系有一清楚明顯的旋臂結構,旋臂上散佈著
一些藍色亮點,那是恆星形成的地方。就如我們看見的許多
其他美麗的影像一樣,這幅影像也是由哈伯的先進巡天相機
拍攝。它是 2002 年時安裝的儀器,後來經過太空人維修,
這部相機還是非常有用的觀測工具。

ESA/Hubble & NASA, L. Ho

名稱:NGC 4100
距離:6500 萬光年
星座:大熊座
分類:星系

2022 日 ◐ 廿二　水星下合日
　　　　　　　　　土星合月
2023 一 ◑ 初四
2024 三 ○ 十五

1783 發明電磁鐵的英國物理學家斯特金（William Sturgeon）出生
1969 NASA 阿波羅 10 號探月太空船在距離月面 16 公里高處繞行月球
2012 SpaceX 天龍號 Dragon C2+ 太空船成為史上第一個與國際太空站對接的商業太空船

星系之光

　　第一眼的感覺，這個星系看起來不特別，就像個普通的螺旋星系。NGC 1084 跟一半左右的螺旋星系一樣，沒有棒旋結構。不過它在科學論文上卻相當有名氣，NGC 1084 實際上是這類星系近乎完美的代表，而哈伯具有拍攝它近乎完美的角度。過去 50 年天文學家在 NGC 1084 上發現五顆超新星。這些超新星的名稱以發現的公元年為開頭，它們是 1963P、1996an、1998dl、2009H 和 2012ec。

NASA, ESA, and S. Smartt (Queen's University Belfast); Acknowledgement:
Brian Campbell

名稱：NGC 1084
距離：7000 萬光年
星座：波江座
分類：星系

2022 一 ◐ 廿三
2023 二 ● 初五　金星合月
2024 四 ○ 十六

1908 美國物理學家約翰・巴丁（John Bardeen）出生
1969 監控《部分禁止核試驗條約》（Partial Test Ban Treaty）的 Vela 5A 和 Vela 5B
　　 人造衛星同時升空

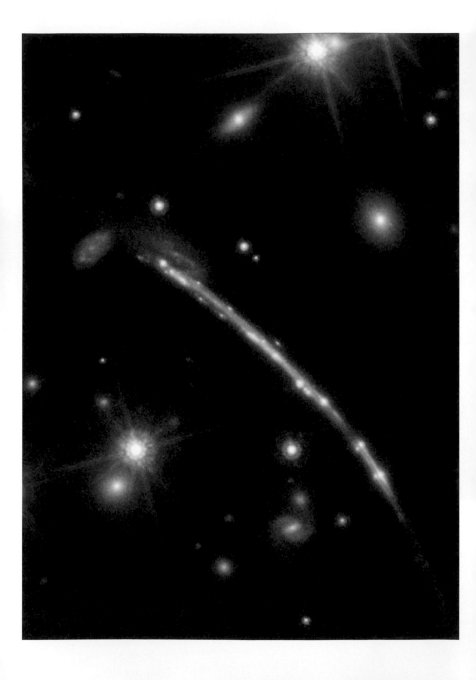

檢視太陽弧紋星系

　　這是哈伯太空望遠鏡拍攝的影像，顯現四個弧狀結構，它們都是從同一個星系發出的光，這個星系暱稱為光芒四射弧。這是強重力透鏡造成的現象，同一個星系形成至少四個圓弧。這個受重力透鏡影響的星系距離我們約 110 億光年。

ESA/Hubble, NASA, Rivera-Thorsen et al.

名稱：PSZ1 G311.65-18.48
距離：110 億光年
星座：天燕座
分類：星系

2022 二 ◑ 廿四
2023 三 ◑ 初六
2024 五 ○ 十七

1686 德國物理學家、華氏溫標創立者華倫海特（Daniel Gabriel Fahrenheit）出生
1962 NASA 水星計畫載人太空船極光 7 號（Aurora 7）升空
2006 NASA 與 NOAA 合作的靜止環境觀測衛星計畫氣象衛星 GOES 13 升空

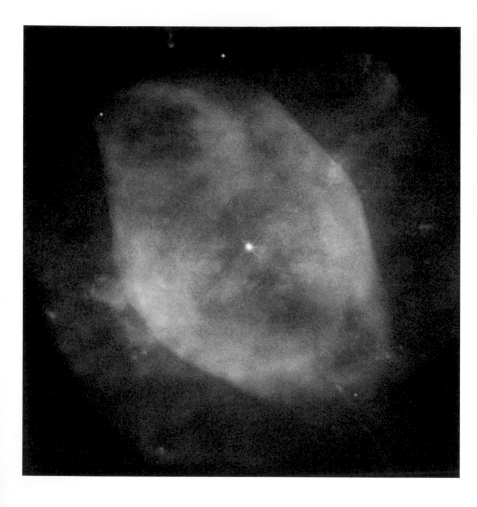

雲深霧重

　　NGC 7354 所在的位置附近比較空曠，距離我們約
4200 光年，業餘望遠鏡不容易看見這個天體，所以它
常常被忽略。不過哈伯太空望遠鏡拍攝的影像可以讓我
們把它看清楚。NGC 7354 的結構相對簡單，它有一個
圓形外殼和橢圓形的內殼，許多明亮的結塊位分佈在中
間，還有兩個噴流往外對稱噴出。

ESA/Hubble & NASA

名稱：NGC 7354
距離：4200 光年
星座：仙王座
分類：行星狀星雲

2022 三 ● 廿五　火星合月
　　　　　　　　　木星合月
2023 四 ◐ 初七　火星合月
2024 六 ○ 十八　月球抵達遠日點

1834 澳洲天文學家泰布特（John Tebbutt）出生
1865 荷蘭物理學家塞曼（Pieter Zeeman）出生
1925 德裔美籍物理學家施泰因貝格爾（Jack Steinberger）出生
1961 美國總統甘迺迪發表談話呼籲十年內登上月球
1965 農神 SA-8 運載火箭升空
1966 NASA 探索者 32 號（Explorer 32）升空
1973 NASA 天空實驗室（Skylab）太空站展開為期 28 天的 Skylab 2 任務
1994 天文學家根據哈伯太空望遠鏡的觀測結果，確認了星系中心存在超大質量黑洞
2008 NASA 鳳凰號探測器（Phoenix Lander）登陸火星

藍色氣泡

　　NGC 7635 又稱為氣泡星雲，距離我們約 8000 光年，
是個發射星雲。這幅迷人的影像是為了慶祝哈伯太空望
遠鏡在太空 26 週年紀念而拍攝的。

NASA, ESA, Hubble Heritage Team

名稱：氣泡星雲、NGC 7635
距離：8000 光年
星座：仙后座
分類：星雲

2022 四 ● 廿六
2023 五 ◗ 初八　　月球抵達遠地點
　　　　　　　　　　金星在夜空中達最高點
2024 日 ◯ 十九

1826 英國業餘天文學家卡林頓（Richard Christopher Carrington）出生，首次觀測到
　　太陽閃焰並推測與地球極光的關聯性
1951 美國物理學家、NASA 太空人莎莉・萊德（Sally Kristen Ride）出生，她是第一位
　　上太空的美國女性、史上第三位女性太空人
1983 歐洲太空總署的歐洲 X 光天文臺衛星（EXOSAT）升空

螞蟻星雲

　　透過地面上的望遠鏡，螞蟻星雲（ant nebula, Menzel 3 或 Mz 3）看起來就像一隻普通螞蟻，有著胸和頭部。這幅驚人的哈伯太空望遠鏡影像提供了 10 倍的解析度，除了螞蟻的身體，還有一對向外的焰火，這是太陽般的恆星邁向死亡過程的現象。

　　哈伯的影像直接挑戰關於恆星生命最後階段的舊觀念。藉著觀察太陽般的恆星死亡前的樣子，例如哈伯精選計畫中的螞蟻星雲及其他行星狀星雲，這些影像顯示我們的太陽死亡時，將比幾年前天文學家認為的更有趣和複雜，而且更令人注目。

NASA, ESA and the Hubble Heritage Team (STScI/AURA)

名稱：螞蟻星雲
　　　Menzel 3、
　　　PN Mz 3
距離：8000 光年
星座：矩尺座
分類：行星狀星雲

05
27

2022 五 ● 廿七　金星合月
月掩金星
鬩神星（136199 Eris）合金星

2023 六 ◗ 初九

2024 一 ◖ 二十

1931 瑞士物理學家、探險家皮卡爾德（Auguste Piccard）搭乘熱氣球上升到 1 萬 6200 公尺高
　　的同溫層進行大氣研究
1999 發現號太空梭 STS-96 任務升空，成為首次與國際太空站對接的太空梭任務
2009 聯合號（Soyuz）TMA-15 搭載國際太空站 20/21 遠征隊升空

海王星之春

　　海王星的春天來了！這聽起來有點怪，因為海王星是太陽系裡最遠、最冷的行星。不過哈伯太空遠鏡看到海王星的南半球漸漸變亮，天文學家認為變亮是季節更替的徵兆。

NASA/ESA, L. Sromovsky, and P. Fry (University of Wisconsin-Madison)

名稱：海王星
距離：N/A
星座：N/A
分類：太陽系

2022 六 ● 廿八　水星通過遠日點
　　　　　　　　　　球狀星團 M4 達最佳觀測位置
2023 日 ◐ 初十　球狀星團 M4 達最佳觀測位置
2024 二 ◖ 廿一　球狀星團 M4 達最佳觀測位置

1959 名為 Able 和 Baker 的兩隻猴子成為首度完成次軌道飛行並生還的靈長類動物
2013 聯合號（Soyuz）TMA-09M 搭載國際太空站 36/37 遠征隊升空
2014 聯合號（Soyuz）TMA-13M 搭載國際太空站 40/41 遠征隊升空

宏觀宇宙

　　這幅影像結合哈伯太空望遠鏡、史匹哲太空望遠鏡和星系演化探測器（Galaxy Evolution Explorer），星系演化探測器的是遠紫外線資料（波長 135 奈米到 175 奈米）。史匹哲的紅外資料是 8 微米，哈伯資料則是可見光中的藍光。

NASA, ESA and A. Zezas (Harvard-Smithsonian Centre for
Astrophysics); GALEX data: NASA, JPL-Caltech, GALEX Team,
J. Huchra et al. (Harvard-Smithsonian Centre for Astrophysics);
Spitzer data: NASA/JPL/Caltech/Harvard-Smithsonian Centre for
Astrophysics.

名稱：波德星系、M81
距離：1200 萬光年
星座：大熊座
分類：星系

2022 日 ● 廿九　月球抵達近日點
　　　　　　　　　火星合木星
2023 一 ◐ 十一
2024 三 ◐ 廿二

1919 英國天文學家愛丁頓（Arthur Eddington）在這天的日全食觀測結果證實了
　　　愛因斯坦的廣義相對論部分理論
1929 英國理論物理學家彼得・希格斯（Peter Ware Higgs）出生
1974 蘇聯月球 22 號（Luna 22）無人探測器升空
2009 國際太空站遠征 20 任務開始

繽紛慶喜

　　為了慶祝哈伯太空望遠鏡在太空軌道上運行 25 週年，NASA 公布它拍攝的 Westerlund 2 星團附近的影像，紀念它四分之一世紀以來的新發現、絕美影像及優異科學成果。

　　影像的中間有一個星團，它是由先進巡天相機（Advanced Camera for Surveys）的可見光資料，加上第三代廣域相機（Wide Field Camera 3）的近紅外影像組合而成，外圍的區域則是採用先進巡天相機的可見光影像。

NASA, ESA, the Hubble Heritage Team (STScI/AURA), A. Nota (ESA/STScI), and the Westerlund 2 Science Team

名稱：Gum 29、RCW 49、
　　　Westerlund 2、WR 20a
距離：2 萬光年
星座：船底座
分類：星雲、星團

2022 一 ●初一
2023 二 ◑十二
2024 四 ◑廿三

1934 蘇聯太空人列昂諾夫（Alexei Leonov）出生，他是史上第一位進行太空漫步的人
1966 NASA 測量員 1 號（Surveyor 1）無人月面探測器升空
1971 NASA 無人火星探測器水手 9 號（Mariner 9）升空

重力透鏡

　　隨著 Abell 370 星系團的最後一次觀測,前沿疆域計畫(Frontier Fields program)宣告結束。

　　Abell 370 星系團距離我們約 50 億光年,是天文學家最早看見重力透鏡現象的星系團之一,星系團的重力會造成時空扭曲,讓星系團後方星系的形狀變形,這就是重力透鏡效應。影像中的圓弧和細長的線條就是後方星系被前方星系團拉扯後的結果。

NASA, ESA/Hubble, HST Frontier Fields

名稱:Abell 370
距離:50 億光年
星座:鯨魚座
分類:星系

2022 二 ● 初一
2023 三 ◐ 十三　火星通過遠日點
2024 五 ◑ 廿四　天王星合水星
　　　　　　　　土星合月

1683 法國物理學家讓－皮耶・克里斯汀（Jean-Pierre Christin）出生
1912 華裔美籍實驗物理學家吳健雄出生
1975 歐洲太空總署（ESA）成立
1990 晶體號艙（Kristall）升空前往和平號太空站
2008 發現號太空梭 STS-124 任務升空
2012 天文學家根據哈伯太空望遠鏡的觀測資料，宣布銀河系在 40 億年後將與仙女座星系碰撞

創生之柱

　　雖然哈伯太空望遠鏡拍攝許多讓人屏息的宇宙影像，這幅卻特別出眾，它是「創生之柱」。這幅驚人影像是 1995 年拍攝的，顯現前所未見的三只巨大雲柱，這創生之柱沐浴在老鷹星雲 (M16) 裡大質量恆星發出的炙熱紫外線裡。這幅可能是史上最著名的哈伯影像，清晰、動人，且充滿神秘，為剛修復主鏡的哈伯在一般大眾心中重新贏得好感，哈伯的驚人影像持續激發許多人成為天文愛好者，甚至專業天文研究人員。

Jeff Hester and Paul Scowen (Arizona State University), and NASA/ESA

歷史里程碑

June

6月

吞食天地

　　巨大橢圓星系 NGC 1316 相當特別，它環繞著形狀怪
異的宇宙塵埃，形狀就像牆角和床底下聚集的灰塵團。
這是哈伯太空望遠鏡拍攝的影像，影像中可以看出星系
裡的塵埃和星團，這表示這個巨大星系曾經吞食兩個氣
體豐富的星系。

NASA, ESA, and The Hubble Heritage Team (STScI/AURA)

名稱：天爐座 A、NGC 1316
距離：6000 萬光年
星座：天爐座
分類：星系

06
01

2022 三 ● 初三
2023 四 ○ 十四
2024 六 ● 廿五　海王星接近月球
　　　　　　　　　月掩海王星
　　　　　　　　　球狀星團 M13 達最佳觀測位置

1633 義大利天文學家、透鏡技師蒙塔納雷（Geminiano Montanari）出生，他是第一位
　　觀測到英仙座大陵五（Algol）變星的人
1831 蘇格蘭極地探險家詹姆斯・克拉克・羅斯（James Clark Ross）發現地球磁北極
1940 美國理論物理學家基普・索恩（Kip Stephen Thorne）出生
1990 NASA 與德國、英國合作的 X 光天文望遠鏡倫琴衛星
　　（Röntgen Satellit，ROSAT）升空

蛛絲馬跡

哈伯太空望遠鏡拍攝蜘蛛星雲的局部特寫,這個星雲位在大麥哲倫星雲裡的游離氫恆星形成區,大麥哲倫星雲是銀河系附近的小星系。那裡的環境非常特別,有超新星殘骸和已知最重的恆星。蜘蛛星雲是我們銀河系附近最亮的發射星雲。

NASA, ESA

名稱:劍魚座 30、
　　　NGC 2060、NGC 2070、
　　　蜘蛛星雲
距離:17 萬光年
星座:劍魚座
分類:星雲

2022 四 ● 初四 　月球抵達遠地點
　　　　　　　　　球狀星團 M13 達最佳觀測位置
2023 五 ○ 十五 　球狀星團 M13 達最佳觀測位置
2024 日 ◐ 廿六 　月球抵達近地點

1930 NASA 太空人小查爾斯・康拉德（Charles "Pete" Conrad）出生，他是第三位踏上月球的人
1966 NASA 測量員 1 號（Surveyor 1）無人探測器成功登陸月球
1970 升力體飛行器 M2-F3 首次滑翔測試
1974 蘇聯月球 22 號（Luna 22）無人探測器進入繞行月球軌道
1998 發現號太空梭 STS-91 任務升空
2003 歐洲太空總署無人探測器火星特快車號（Mars Express）和登陸器小獵犬 2 號（Beagle 2）
　　　搭乘俄國聯合號運載火箭升空

紅塵似血

　　這幅拼接圖是壯麗的星劇增星系 M 82，是 M 82 最清晰的廣角影像。絲狀雲氣和發亮的氫如火焰般從中心爆發，這是因為星系中心的年輕星球誕生的速度是銀河系的 10 倍。

NASA, ESA and the Hubble Heritage Team (STScI/AURA).
Acknowledgment: J. Gallagher (University of Wisconsin),
M. Mountain (STScI) and P. Puxley (NSF).

名稱：雪茄星系、M82
距離：1300 萬光年
星座：大熊座
分類：星系

06
03

2022 五 ● 初五　球狀星團 M12 達最佳觀測位置

2023 六 ○ 十六　球狀星團 M12 達最佳觀測位置
水星在清晨天空中達最高點
火星接近疏散星團 M44

2024 一 ● 廿七　火星合月
球狀星團 M12 達最佳觀測位置

1948 美國加州帕洛瑪天文臺（Palomar Observatory）的 200 吋海爾望遠鏡（Hale）開始運作
1965 NASA 第二次載人任務雙子星 4 號（Gemini 4）升空，愛德華・懷特
　　（Edward Higgins White）成為美國第一位進行太空漫步的太空人
1966 NASA 雙子星 9A 號（Gemini 9A）升空
2014 哈伯太空望遠鏡公布更新版「哈伯超深場」（Hubble Ultra Deep Field）影像，
　　加入紫外線觀測畫面

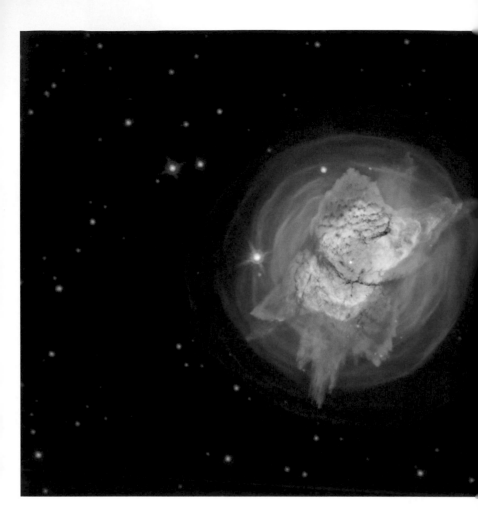

寶石之蟲

　　哈伯太空望遠鏡拍攝 NGC 7027 或「寶石蟲」星雲的影像。
這個天體正緩緩安靜地往外吹出它的質量，耗費數百年的時
間形成對稱的球狀或螺旋外觀，目前它的樣子就樣一片三葉
草。快速變化的噴流，和星雲中央的恆星噴出的氣體泡泡，
最新的觀測顯示它前所未見的複雜性。

NASA, ESA, and J. Kastner (RIT)

名稱：NGC 7027
距離：3000 光年
星座：天鵝座
分類：行星狀星雲

2022 六 ◗ 初六

2023 日 ○ 十七　金星半相
天王星合水星
水星半相

2024 二 ● 廿八　愛女星（43 Ariadne）衝
水星合木星

1971 升力體飛行器 X-24A 最後一次飛行
1974 NASA 第一艘太空梭企業號（Enterprise）開始建造
2000 NASA 康普頓伽瑪射線天文臺（CGRO）墜回地球大氣層

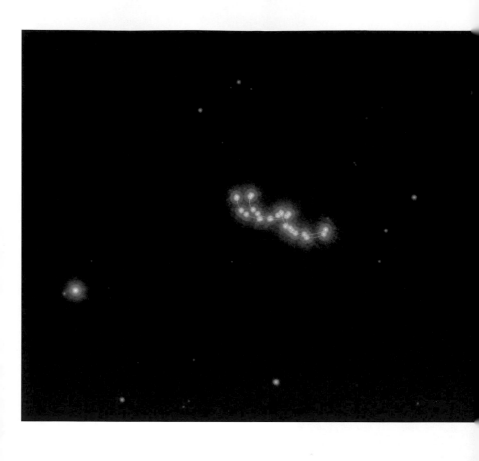

矮人之舞

　　這看似普通的一系列亮點，實際上是兩顆棕矮星在跳緩慢的華爾滋，兩顆棕矮星間的距離隨時間改變，這幅是哈伯太空望遠鏡在三年中拍攝的 12 幅影像疊加成的影像。義大利的天文學家用高精度的天體測量追蹤這個系統，可以看見它們在天空移動與兩個繞著彼此運行的軌跡。

ESA/Hubble & NASA, L. Bedin et al.

名稱：Luhman 16A、
　　　Luhman 16AB、
　　　Luhman 16B
距離：6 光年
星座：船帆座
分類：恆星

2022 日 ◐ 初七　土星開始逆行
2023 一 ○ 十八　金星東大距
月球抵達遠日點
2024 三 ● 芒種　金星上合日
月球抵達近日點
木星合月
球狀星團 M10 達最佳觀測位置

1819 以計算方式正確預測海王星的存在的英國數學家、天文學家亞當斯（John Couch Adams）出生
1900 發明全像術的匈牙利物理學家蓋博（Dennis Gabor）出生
1907 德裔英國物理學家皮爾斯（Rudolf Peierls）出生
1989 NASA 航海家 2 號（Voyager 2）對海王星展開觀測
1991 哥倫比亞號太空梭 STS-40 任務升空
2002 奮進號太空梭 STS-111 任務升空

細看星環

　　2018 年 6 月 6 日，哈伯太空望遠鏡拍攝土星的影像，當時土星距離地球約 14 億公里。哈伯影像中的土星環是最早天文學家用望遠鏡觀察記錄的對象。土星環由外往內，可以看見 A 環及 A 環裡的恩克環縫，卡西尼環縫，B 環及 C 環和 C 環裡的馬克士威環縫。

NASA, ESA, A. Simon (GSFC) and the OPAL Team, and J. DePasquale (STScI)

名稱：土星
距離：N/A
星座：N/A
分類：太陽系

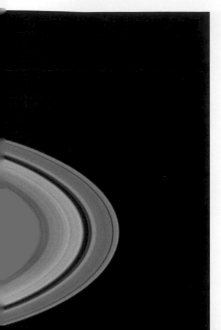

06
06

1436 德國天文學家繆勒（Johannes Müller von Königsberg）出生
1580 法蘭德斯天文學家文德林（Govaert Wendelen）出生
1932 NASA 太空人大衛・藍道夫・史考特（David Randolph Scott）出生，他是第七位踏上月球的人
1943 發現巴克球（buckyball）分子結構的英國物理學家斯莫利（Richard Errett Smalley）出生
1971 蘇聯聯合 11 號（Soyuz 11）升空，載送首批人員進駐禮炮 1 號（Salyut 1）太空站
1983 蘇聯金星 16 號（Venera 16）升空
2018 聯合號（Soyuz）MS-09 搭載國際太空站 56/57 遠征隊升空

尋找超新星

　　這幅是哈伯的第三代廣域相機拍攝的影像,影像中是 NGC 4680 星系。它的兩點和七點鐘方向各有一個星系。 NGC 4680 在 1997 年時吸引眾人眼光,因為在這個星系 發現一顆超新星 SN 1997bp。這顆超新星是澳大利亞的 業餘天文學家羅伯特·埃文斯(Robert Evans)發現的, 了不起的是他已經發現 42 顆超新星。

ESA/Hubble & NASA, A. Riess et al.

名稱:NGC 4680
距離:1 億 1000 萬光年
星座:室女座
分類:星系

2022 二 ◖ 初九　球狀星團 M62 達最佳觀測位置
海后星（29 Amphitrite）衝

2023 三 ◖ 二十　球狀星團 M62 達最佳觀測位置
月球抵達近地點
海妖星（11 Parthenope）衝

2024 五 ● 初二

1992 NASA 極紫外線探索者號（Extreme Ultraviolet Explorer，EUVE）太空望遠鏡升空
2011 聯合號（Soyuz）TMA-02M 搭載國際太空站 28/29 遠征隊升空

萬古雲霄一羽毛

　　這乍看像是漂浮在宇宙中的羽毛的天體是哈伯太空望遠鏡拍攝
的獨一無二影像，我們的視線方向正好看見 NGC 5866 盤狀星系
的側面。哈伯的影像顯示塵埃帶將星系一分為二。這幅影像顯現
星系的結構：明亮的核心被微亮紅色的核球圍繞、盤面上與塵埃
帶平行的藍色恆星以及透明的外暈。

NASA, ESA, and The Hubble Heritage Team (STScI/AURA)

名稱：NGC 5866
距離：4500 萬光年
星座：天龍座
分類：星系

2022 三 ◐ 初十
2023 四 ◔ 廿一
2024 六 ● 初三

1625 法國天文學家卡西尼（Giovanni Domenico Cassini）出生，他發現木星的大紅斑，
　　 以及土星的四顆衛星和土星環上的卡西尼縫
1959 升力體飛行器 X-15 進行首次無動力滑翔測試
1965 蘇聯月球 6 號（Luna 6）無人探測器升空
1975 蘇聯金星 9 號（Venera 9）無人探測器升空
2007 亞特蘭提斯號太空梭 STS-117 任務升空

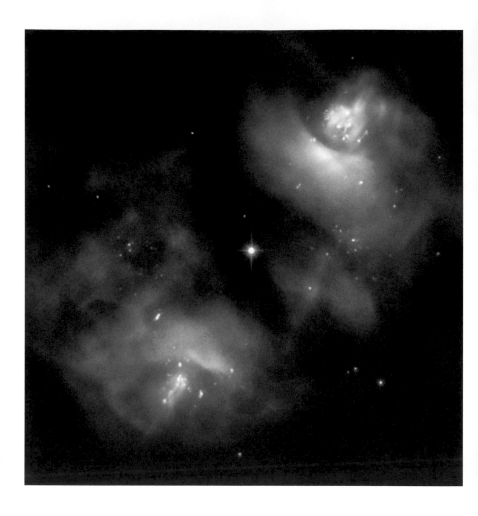

似二實一

　　天文學家開始研究影像中的天體時感到困惑，他們以為這是兩個天體。它們的外形相當對稱，稱為 NGC 2371 和 NGC 2372，有時合稱為 NGC 2371/2，分別位在影像中的右上和左下。實際上它們是一個行星狀星雲的兩個部分。

ESA/Hubble & NASA, R. Wade et al.

名　稱：NGC 2371/2
距離：4400 光年
星座：雙子座
分類：行星狀星雲

06
09

2022 四 ◗ 十一
2023 五 ◖ 廿二
2024 日 ● 初四

1812 德國天文學家伽勒（Johann Gottfried Galle）出生，他根據亞當斯的計算結果
　　 觀測發現了海王星
1993 科學家宣布根據哈伯太空遠鏡的觀測結果確定了 M81 星系的精確距離，
　　 為了解宇宙年齡跨出重大的一步

穿透雲霄

　　位在巨大雲氣裡的恆星形成區可能藏有我們太陽系形成的線索。影像的中心，一顆大質量恆星正在形成，它的一對強力噴流在雲氣中衝擊形成一空洞，這對噴流往右上和左下延伸。我們能看見恆星發出的光照亮空洞，像燈塔的光穿透風暴一樣。

ESA/Hubble & NASA, J. C. Tan (Chalmers University & University of Virginia),
R. Fedriani (Chalmers University), Acknowledgement: Judy Schmidt

名稱：AFGL 5180
距離：5000 光年
星座：雙子座
分類：星雲

06
10

1612 義大利天文學家伽利略首度畫出太陽黑子
1985 蘇聯維加 1 號（Vega 1）在金星上布署登陸器和探測氣球
2003 NASA 火星探測器精神號（Spirit）升空
2011 NASA 與阿根廷合作的寶瓶座科學應用衛星（Aquarius/Sac-D）升空

北天明珠

　　恆星、塵埃和氣體呈螺旋狀，懸臂繞著星系核心轉。雖然 M81 星系距離我們 1160 萬光年遠，哈伯太空望遠鏡提供的高解析影像，讓我們可以看見個別的恆星、疏散星團、球狀星團和發亮的星雲。這是哈伯望遠鏡上的先進巡天相機在 2004 年與 2006 年拍攝的影像，它是由藍、可見光和紅外線影像組成。

NASA, ESA and the Hubble Heritage Team (STScI/AURA). Acknowledgment:
A. Zezas and J. Huchra (Harvard-Smithsonian Center for Astrophysics)
NASA, ESA, and The Hubble Heritage Team (AURA/STScI)

名稱：M81
距離：1160 萬光年
星座：大熊座
分類：星系

2022 六 ◐ 十三　球狀星團 M92 達最佳觀測位置
　　　　　　　　金星合天王星
2023 日 ◑ 廿四　白羊座日間流星雨（Daytime Arietids）
　　　　　　　　球狀星團 M92 達最佳觀測位置
2024 二 ● 初六

1723 德國業餘天文學家帕里奇施（Johann Georg Palitzsch）出生，他是第一個找到
　　 回歸太陽系的哈雷彗星的人
2004 NASA 卡西尼一惠更斯號（Cassini-Huygens）太空船首次飛掠土衛九（Phoebe）
2008 NASA 費米伽瑪射線太空望遠鏡（Fermi Gamma-ray Space Telescope）升空
2013 中國第五次載人太空飛行任務神舟 10 號升空

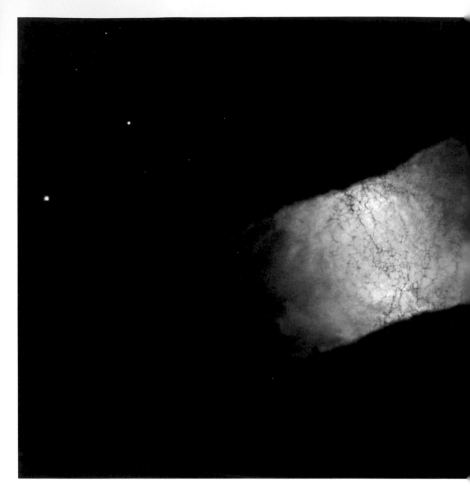

最後的虹霞

　　哈伯望遠鏡的影像顯現出行星狀星雲 IC 4406 彩虹般的顏色，這是一顆即將死亡的恆星。它跟其他行星狀星雲一樣形狀非常對稱。星雲的左邊和右邊就像鏡像一樣。如果我們可以搭太空船飛到 IC 4406，我們會看見氣體和塵埃形成巨大的甜甜圈，它們是從即將死亡恆星流出的物質。從這幅影像中我們看不見甜甜圈，因為我們是透過地球軌道上的哈伯望遠鏡拍攝的景象，看見的是甜甜圈的側面。

NASA/ESA and The Hubble Heritage Team STScI/AURA

名稱：IC 4406、
　　　IRAS 14192-4355
距離：2000 光年
星座：豺狼座
分類：行星狀星雲

06
12

2022 日 ◖ 十四
2023 一 ◖ 廿五
2024 三 ◖ 初七

1933 發現重力透鏡效應的英國天文學家沃許（Dennis Walsh）出生
1967 蘇聯金星 4 號（Venera 4）無人探測器升空，成為第一個從別的行星傳回訊息的太空船

溫故知新

　　哈伯太空望遠鏡的影像中，M15 裡的恆星看起來明亮新鮮，不過它們實際上是宇宙中最古老的天體之一，年齡大約 130 億年。M15 是已知最緻密的球狀星團之一，大部分的質量集中在核心位置。天文學家這樣特別緻密的球狀星團，經歷核心坍縮的過程，恆星間的重力交互作用造成星團中的恆星往中心移動。

ESA/Hubble & NASA

名稱：M15
距離：3 萬 5000 光年
星座：飛馬座
分類：球狀星團

2022 一 ◯ 十五
2023 二 ● 廿六
2024 四 ◗ 初八

1831 英國數學家、物理學家馬克士威（James Clerk Maxwell）出生
1911 西班牙裔美國實驗物理學家阿爾瓦瑞茲（Luis Walter Alvarez）出生
1974 美國國家太空學會（National Space Society）成立
1983 NASA 先鋒 10 號（Pioneer 10）太空探測器飛越海王星運行軌道，成為第一個離開太陽系
　　 所有主要行星的人造物
2010 日本太空總署隼鳥號（Hayabusa）送回史上第一批採集自小行星的樣本
2012 NASA 核子分光鏡望遠鏡陣列（NuSTAR）升空，用於觀測太空中的高能 X 光源

星際動力

　　這幅是哈伯的第三代廣域相機拍攝的螺旋星系 NGC 3254 影像。這部相機能觀測紫外線、可見光和近紅外線，這幅是結合可見光和紅外的影像。影像中 NGC 3254 看起來就像從側面看的螺旋星系。不過 NGC 3254 有一個迷人的秘密，藏在它平凡的外表下，它是一個西佛星系（Seyfert galaxy），這類星系有個相當活躍的核心，也就是活躍星系核，活躍星系核發出的能量比星系其他部位加起來還多。

ESA/Hubble & NASA, A. Riess et al.

名稱：NGC 3254
距離：63 光年
星座：小獅座
分類：星系

2022 二 ○ 十六　超級滿月

2023 三 ● 廿七　金星接近疏散星團 M44
木星合月

2024 五 ◗ 初九　水星通過近日點
布魯英頓彗星（154P/Brewington）通過近日點
月球抵達遠地點

1736 法國物理學家庫侖（Charles Augustin de Coulomb）出生
1773 英國通才科學家湯瑪斯・楊（Thomas Young）出生
1928 比利時理論物理學家布繞特（Robert Brout）出生
1962 十個歐洲國家在巴黎成立歐洲太空研究組織（ERSO），為歐洲太空總署（ESA）的前身
1967 NASA 水手 5 號（Mariner 5）無人探測器成功升空前往金星
1975 蘇聯金星 10 號（Venera 10）無人探測器升空

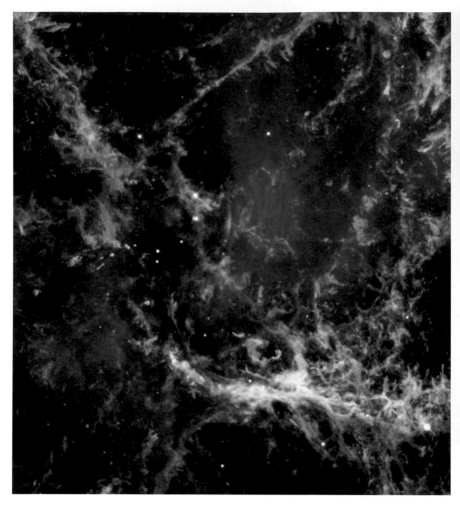

名留青史

　　幾個月中美國航太總署的錢卓X光望遠鏡和哈伯太空望遠鏡觀測蟹狀星雲好幾次,它們看見物質與反物質從脈衝星以接近光速噴出,脈衝星是高速旋轉的中子星,中子星大約是曼哈頓島的大小。蟹狀星雲是超新星爆炸形成的,此事件也被紀錄在中國史書中。1054年(北宋至和元年),中國天文學家發現一顆非常亮的新星,長達好幾個星期白天都可以看見。蟹狀星雲就位在這顆亮星的位置。

NASA/ESA and The Hubble Heritage Team (STScI/AURA)

名稱:蟹狀星雲、M1
距離:6500光年
星座:金牛座
分類:星雲

2022 三 ○ 十七　月球抵達近地點
　　　　　　　　　月球抵達遠日點
2023 四 ● 廿八
2024 六 ◑ 初十　水星上合日
　　　　　　　　　球狀星團 NGC 6388 達最佳觀測位置

公元前 763 亞述在美索不達米亞編年史中首次記載日全食
1765 德國天文學家博納伯格（Johann Gottlieb Friedrich von Bohnenberger）出生，他發明了
　　　第一個當作儀器使用的陀螺儀
1881 發明史上第一架載人直升機的法國工程師保羅・科爾努（Paul Cornu）出生
1971 NASA 泰坦 3D（Titan IIID）運載火箭首次升空
1974 加拿大設計製造的黑色布蘭特 5C（Black Brant VC）探空火箭升空
2010 聯合號（Soyuz）TMA-19 搭載國際太空站 24/25 遠征隊升空

連環套

　　M95 跟我們的銀河系一樣是一個棒旋星系，這個星系有個棒狀的結構橫切過核心，核心有個內環，上面有新誕生的恆星。除了新誕生恆星，M95 也有大質量恆星的最終爆炸：超新星。2016 年 3 月一顆名為 SN 2012aw 的超新星在 M95 外側旋臂上被發現。一旦這顆超新星變暗後，天文學家會比對爆炸前後的影像，尋找哪顆星消失不見，找到哪顆是發生超新星爆炸的恆星。

ESA/Hubble & NASA

名稱：M95
距離：3500 萬光年
星座：獅子座
分類：星系

2022 四 ◯ 十八　球狀星團 NGC 6388 達最佳觀測位置
2023 五 ● 廿九　球狀星團 NGC 6388 達最佳觀測位置
2024 日 ◗ 十一　疏散星團 M6（蝴蝶星團）達最佳觀測位置

1888 烏克蘭數學家、宇宙學家弗里德曼（Alexander Friedmann）出生
1963 蘇聯太空人瓦倫蒂娜‧捷列什科娃（Valentina Tereshkova）單獨駕駛東方 6 號（Vostok 6）
　　 升空，成為史上第一位女性太空人，至今仍是史上唯一一位獨自上太空的女性
2012 中國第四次載人太空任務神舟 9 號升空

異形鄰居

　　IC 10 是一個引人注目的天體，是已知星劇增星系中距離
我們最近的一個，它目前正經歷一場大量恆星誕生的階段，
這是添加大量低溫氫氣的結果。這些氫氣聚集形成巨大的分
子雲，分子雲中的緻密核心壓力和溫度漸漸增加，核反應點
燃後形成新一代的恆星。

NASA, ESA and F. Bauer

名稱：IC 10
距離：200 萬光年
星座：仙后座
分類：星系

2022 五 ◐ 十九　水星西大距
　　　　　　　　疏散星團 M6（蝴蝶星團）達最佳觀測位置
2023 六 ● 三十　水星合月
　　　　　　　　月球抵達近日點
　　　　　　　　疏散星團 M6（蝴蝶星團）達最佳觀測位置
2024 一 ◗ 十二

1714 法國天文學家卡西尼三世（Cassini de Thury）出生
1849 南非天文學家芬利（William Henry Finlay）出生
1872 美國天文學家柯蒂斯（Heber Doust Curtis）出生
1985 發現號太空梭 STS-51G 任務升空

特寫啞鈴星雲

　　年老恆星最後的歡呼，形成發光的雲氣，這是一幅哈伯太空望遠鏡拍攝的啞鈴星雲特寫影像。啞鈴星雲是我們附近的行星狀星雲，距離我們大約 1200 光年，恆星往外吹出的外層氣體，發出色彩豐富的顏色。這個星雲也稱為 M27，是最早被發現的行星狀星雲，M27 是法國天文學家查爾斯·梅西耶在 1764 年發現的。

NASA/ESA and the Hubble Heritage Team (STScI/AURA)

名稱：啞鈴星雲、M27
距離：1200 光年
星座：狐狸座
分類：行星狀星雲

06
18

2022	六 ◐ 二十	土星合月 疏散星團 IC4665 達最佳觀測位置	
2023	日 ● 初一	疏散星團 IC4665 達最佳觀測位置	
2024	二 ◑ 十三	疏散星團 IC4665 達最佳觀測位置	

1799 英國天文學家拉塞爾（William Lassell）出生，他是最早使用赤道儀搭配遠鏡追蹤天體的人
1983 挑戰者號太空梭 STS-7 任務升空，莎莉・萊德（Sally Kristen Ride）成為美國第一位女性太空人
2009 NASA 月球勘測軌道飛行器（Lunar Reconnaissance Orbiter，LRO）升空
2009 NASA 月球觀測和傳感衛星（Lunar Crater Observation and Sensing Satellite，LCROSS）升空

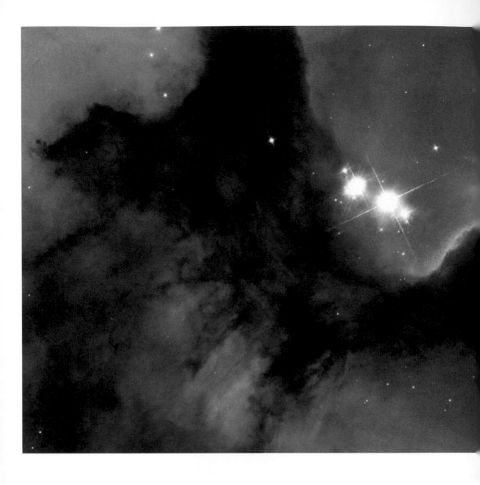

三裂之心

　　三裂星雲也稱為 M20 或 NGC 6514，是銀河系裡著名的恆星形成區。三裂星雲的名字來自於三條黑色的塵埃帶把星雲切成三份。這個星雲位在人馬座，距離地球約 9000 光年。

NASA, ESA, and The Hubble Heritage Team (AURA/STScI)

名稱：M20、NGC 6514、
　　　三裂星雲
距離：9000 光年
星座：人馬座
分類：星雲

2022 日 ◐ 廿一
2023 一 ● 初二
2024 三 ○ 十四

1623 法國數學家、物理學家、哲學家巴斯卡（Blaise Pascal）出生
1976 NASA 維京 1 號（Viking 1）無人探測器抵達環繞火星的軌道
1995 NASA 與 ESA 合作的無人太陽探測船尤里西斯號（Ulysses）首度通過太陽北極上空
1997 天文學家宣布透過哈伯太空望遠鏡發現木衛一（Io）的一座火山噴出 400 公里高的
　　 氣體塵埃羽狀噴流
1999 NASA 地球觀測系統（EOS）計畫的「快速散射計衛星」（QuikSCAT）升空

土星當衝

　　哈伯太空望遠鏡第三代廣域相機在 2019 年 6 月 20 日拍攝土星的影像，那時土星正朝當年距離地球最近的位置前進，2019 年兩顆行星距離最近時大約 13.6 億公里。

NASA, ESA, A. Simon (Goddard Space Flight Center), and M.H. Wong
(University of California, Berkeley)

名稱：土星
距離：N/A
星座：N/A
分類：太陽系

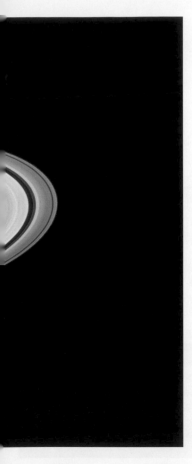

2022 一 廿二　疏散星團 M7（托勒密星團）達最佳觀測位置

2023 二 ● 初三　疏散星團 M7（托勒密星團）達最佳觀測位置

2024 四 ○ 十五　月掩心宿二
　　　　　　　　疏散星團 M7（托勒密星團）達最佳觀測位置

1944 德軍 V-2 火箭試射（編號 MW 18014）成功穿越卡門線（Kármán line）進入外太空，成為
　　　史上第一個飛到太空的人造物，因此可算是世界上第一個太空飛行器
1985 NASA 宣布經過特殊設計的可口可樂和百事可樂將跟著挑戰者號太空梭 STS-51F 任務上太空
1990 天文學家透過帕洛瑪天文臺（Paloma Observatory）發現第一顆火星特洛伊小行星：
　　　尤里卡星（5261 Eureka）
1996 哥倫比亞號太空梭 STS-78 任務升空
2008 NASA 海面高度測量任務（OSTM）的科學探測衛星 Jason-2 升空

渦狀星系的育嬰室

　　哈伯太空望遠鏡拍攝的 M51 影像，它是一個交互作用的螺旋星系，也稱為渦狀星系。M51 受到專業天文學家的喜愛，因為它有較高的恆星形成率，這可能受到另一個星系作用的結果（這個星系不在影像中）。

NASA, ESA, W. Li and A. Filippenko (University of California, Berkeley),
S. Beckwith (STScI), and The Hubble Heritage Team (STScI/AURA)

名稱：IRAS 13277+472、
　　　M51、NGC 5194、
　　　渦狀星系
距離：2500 萬光年
星座：獵犬座
分類：星系

2022 二 ◐ 夏至　木星合月
　　　　　　　　　　　火星通過近日點
2023 三 ● 夏至
2024 五 ○ 夏至

1975 NASA 軌道太陽天文臺 8 號衛星（Orbiting Solar Observatory-8，OSO-8）升空
1993 奮進號太空梭 STS-57 任務升空
2004 太空飛機「太空船一號」（SpaceShipOne）完成史上第一次以私人資本進行的載人太空飛行
2006 哈伯太空望遠鏡首次觀測到的冥王星兩顆衛星正式命名為 Nix（冥衛二）和 Hydra（冥衛三）

短暫的絢麗

　　這群恆星是觀星人眼中的 NGC 2040 或 LH 88。它們是相當疏散的星團，裡面的恆星有相同的起源，在太空中往同一方向移動。天文上根據恆星的性質，分類成三種星協。NGC 2040 屬於 OB 星協，OB 星協裡通常有 10-100 顆 O 型和 B 型星，這些都是大質量恆星，它們的壽命短，不過非常亮。一般認為銀河系裡大部分的恆星都誕生於 OB 星協。

ESA/Hubble, NASA and D. A Gouliermis. Acknowledgement:
Flickr user Eedresha Sturdivant

名稱：NGC 2040
距離：15 萬 光年
星座：劍魚座
分類：疏散星團

2022 三 ◖ 廿四　水星半相

2023 四 ◗ 初五　金星合月
火星合月

2024 六 ○ 十七　月球抵達遠日點
疏散星團 NGC 6530 達最佳觀測位置

1675 英國皇家格林威治天文臺（Royal Greenwich Observatory）成立
1864 猶太裔德國數學家閔考斯基（Hermann Minkowski）出生，他是四維時空理論的創立者，
　　　愛因斯坦在蘇黎世聯邦理工學院的老師
1978 美國天文學家克里斯蒂（James Walter Christy）透過照片檢視發現冥王星有一顆衛星，
　　　並將之命名為 Charon（冥衛一）
1996 哈伯太空望遠鏡拍下第 10 萬張照片
2000 NASA 公布發現火星存在液態水的證據

星系百匯

　　這幅哈伯影像裡塞滿星系，這是 ACO S 295 星系團，影像中夾雜著背景星系和前景恆星。影像中有各種形狀、大小的星系，從宏偉的螺旋星系到模糊的橢圓星系都有。還有一系列的大小和各式轉向，影像中央的螺旋星系以正面對著我們，有些螺旋星系則是側面，它們看起來就像細細的銀色亮光。

ESA/Hubble & NASA, F. Pacaud, D. Coe

名稱：ACO S 295
距離：N/A
星座：時鐘座
分類：星系

2022 四 ◐ 廿五　火星合月
疏散星團 NGC 6530 達最佳觀測位置

2023 五 ◐ 初六　月球抵達遠地點
疏散星團 NGC 6530 達最佳觀測位置

2024 日 ○ 十八　球狀星團 NGC 6541 達最佳觀測位置

1912 英國數學家、現代計算機科學之父圖靈（Alan Mathison Turing）出生
1993 歐洲太空總署的歐洲可回收載具（European Retrievable Carrier，EURECA）由發現號
　　太空梭在 STS-57 任務中從繞地軌道上回收

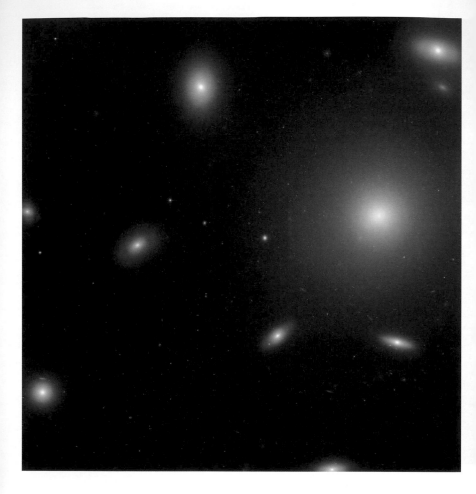

后髮上的珠玉

　　影像中的星系團位在后髮座方向，其中一個星系被許多星團圍繞。NGC 4874 是一個巨大的橢圓星系，大約是銀河系的十倍，它位在后髮座星系團的中央。這個星系有很強的重力場，讓它夠保有超過 3 萬個球狀星團，是已知星系中最多的一個，另外它還掌握幾個矮星系。這幅哈伯太空望遠鏡影像中，NGC 4874 是其中最亮的天體，位在影像的右側，它的核心看起來像一顆有薄暈的亮星。

ESA/Hubble & NASA

名稱：NGC 4874
距離：3 億 5000 萬光年
星座：后髮座
分類：星系

2022 五 ● 廿六　球狀星團 NGC 6541 達最佳觀測位置
2023 六 ◐ 初七　球狀星團 NGC 6541 達最佳觀測位置
2024 一 ○ 十九

1915 英國天文學家霍伊爾（Fred Hoyle）出生
1927 發現陶子（tauon）的美國物理學家馬丁・佩爾（Martin Perl）出生
1999 NASA 和加拿大與法國合作的天文衛星「遠紫外光分光探索器」
　　　（Far Ultraviolet Spectroscopic Explorer，FUSE）升空

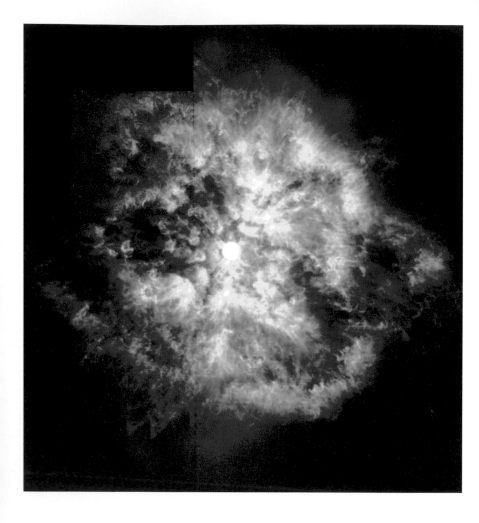

天降火球

　　這幅是哈伯太空望遠鏡拍攝的影像,看起來就像高空煙火,這是一顆活躍的恆星 WR124,它周圍的氣體由中央恆星拋出,這些炙熱氣體以時速 16 萬公里(每秒 45 公里)往外擴散。

Yves Grosdidier (University of Montreal and Observatoire de Strasbourg), Anthony Moffat (Universitie de Montreal), Gilles Joncas(Universite Laval), Agnes Acker (Observatoire de Strasbourg), and NASA/ESA

名稱:Merril's Star、
　　　WR 124
距離:1 萬光年
星座:天箭座
分類:恆星

2022 六 ● 廿七　天王星合月
2023 日 ◐ 初八
2024 二 ◑ 二十

1894 德國物理學家、火箭學與太空探索先驅奧伯特（Hermann Oberth）出生
1907 德國物理學家延森（Johannes Hans Daniel Jensen）出生
1992 哥倫比亞號太空梭 STS-50 任務升空
1997 俄羅斯進步號（Progress）太空船與和平號太空站的頻譜號艙（Spektr）相撞
1999 位於夏威夷的北星子星（Gemini North）望遠鏡啟用

交鋒前夕

　　哈伯的影像顯示一對漂亮的螺旋星系正在相互影響。較小的星系稱為 LEDA 62867，位在影像的左邊，目前看起來還算安全，不過未來可能被較大的螺旋星系 NGC 6786（右）吞食。這兩個星系已經各自出現變形。這個星系對在卡拉琴采夫（Karachentsev）的星系對目錄中編號 538。NGC 6786 曾經在 2004 年時發現一顆超新星，這個螺旋星系位在天龍座，距離我們約 3 億 5000 萬光年。

NASA, ESA, the Hubble Heritage Team (STScI/AURA)-ESA/Hubble Collaboration and A. Evans (University of Virginia, Charlottesville/NRAO/Stony Brook University)

名稱：NGC 6786
距離：3 億 5000 萬光年
星座：天龍座
分類：星系

2022 日 ● 廿八　金星合月
2023 一 ◑ 初九
2024 三 ◐ 廿一

1730 編輯梅西耶深空天體目錄的法國彗星觀測家梅西耶（Charles Messier）出生
1824 愛爾蘭數學物理學家第一代克耳文男爵威廉・湯姆森
　　　（William Thomson, 1st Baron Kelvin）出生，他定義了絕對溫度，單位就稱為克氏溫標
1914 美國天文學家小萊曼・史匹哲（Lyman Spitzer, Jr）出生，他是太空望遠鏡概念的提出者
1963 美國同步通訊衛星 2 號（Syncom 2）升空
1984 太空梭首次在發射臺中止發射（STS-41D 任務）

狹路相逢

　　Arp 256 由兩個螺旋星系組成，這個美麗系統處於碰撞合併的
初期。哈伯的影像顯示兩個星系的形狀已經扭曲，星系上的藍色
區塊是恆星形成區，看起來就像爆炸的煙火。左邊星系有兩條緞
帶般的尾巴，它們由氣體、塵埃和恆星組成。這個系統發出大
量的紅外線，是我們太陽發出的千億倍。Arp 256 位在鯨魚座，
距離我們約 3 億 5000 萬光年。它是阿普的特殊星系圖集裡的第
256 號天體。

NASA, ESA, the Hubble Heritage Team (STScI/AURA)-ESA/Hubble Collaboration
and A. Evans (University of Virginia, Charlottesville/NRAO/Stony Brook
University)

名稱：Arp 256
距離：3 億 5000 萬光年
星座：鯨魚座
分類：星系

06
27

2022	– ●	廿九	水星合月 六月牧夫座流星雨（June Bootids）
2023	二 ◑	初十	六月牧夫座流星雨（June Bootids）
2024	四 ◖	廿二	六月牧夫座流星雨（June Bootids） 月球抵達近地點 土星合月

1877 發現 X 光散射現象的英國物理學家巴克拉（Charles Glover Barkla）出生
1982 哥倫比亞號太空梭 STS-4 任務升空
1990 NASA 宣布發現哈伯太空望遠鏡主鏡出現球面像差
1995 亞特蘭提斯號太空梭 STS-71 任務升空，與俄羅斯和平號太空站成功對接，這是
　　 第二次美俄太空對接任務
1997 近地小行星會合－舒梅克號（NEAR Shoemaker）太空探測器飛掠小行星瑪蒂德
　　 （253 Mathilde）
2009 NASA 與 NOAA 合作的靜止環境觀測衛星計畫氣象衛星 GOES 14 升空
2013 NASA 太陽過渡層成像光譜儀衛星（Interface Region Imaging Spectrograph，IRIS）升空
2018 NASA 公布哈伯太空望遠鏡拍攝的斥候星（Oumuamua），這是人類觀測到的第一顆
　　 經過太陽系的星際天體

餘絲繚繞

　　這個特別的透鏡狀星系稱為 NGC 1947，旋臂上的氣體和塵埃幾乎
耗盡。這個天體是 200 年前由蘇格蘭出生的天文學家詹姆士・敦洛普
（James Dunlop）發現，他後來來到澳大利亞研究星空，NGC 1947 是南
半球才可以看見的天體。哈伯的影像顯示星系旋臂的黯淡遺骸，細長
的塵埃氣體環繞著星系。NGC 1947 裡製造恆星的物質已經所剩不多，
所以不太可能形成大量恆星，這個星系未來只會漸漸暗淡。

ESA/Hubble & NASA, D. Rosario; Acknowledgement: L. Shatz

名稱：NGC 1947
距離：4000 萬光年
星座：劍魚座
分類：星系

**06
28**

2022 二 ● 三十　海王星開始逆行
2023 三 ◑ 十一　水星通過近日點
2024 五 ◑ 廿三　海王星接近月球
　　　　　　　　　疏散星團 NGC 6633 達最佳觀測位置

1906 德裔美籍理論物理學家梅耶（Maria Goeppert-Mayer）出生，她是第二位獲得諾貝爾物理獎的
　　　女性物理學家
1912 德國物理學家魏茨薩克（Carl Friedrich Freiherr von Weizsäcker）出生

齊心協力

　　NGC 1275 星系就像一頭巨獸，又稱為英仙座 A，它位在英仙座星系團的中心。結合多波段的資料組合成這幅影像，它顯現出這個星系的活力。可見光、無線電和 X 射線的合成影像展現星系的兇暴核心。NGC 1275 是一個活躍星系，是個著名的無線電波源（英仙座 A），它也發出強烈的 X 射線，這都是核心的超大質量黑洞造成的現象。

NASA, ESA, NRAO and L. Frattare (STScI). Science Credit: X-ray:
NASA/CXC/IoA/A.Fabian et al.; Radio: NRAO/VLA/G. Taylor; Optical:
NASA, ESA, the Hubble Heritage (STScI/AURA)-ESA/Hubble Collaboration,
and A. Fabian (Institute of Astronomy, University of Cambridge, UK)

名稱：NGC 1275
距離：2 億 5000 萬光年
星座：英仙座
分類：星系

2022 三 ● 初一　月球抵達近日點
　　　　　　　　　　月球抵達遠地點
　　　　　　　　　　疏散星團 NGC 6633 達最佳觀測位置
2023 四 ◑ 十二　疏散星團 NGC 6633 達最佳觀測位置
2024 六 ◐ 廿四　育神星（42 Isis）衝

1868 美國天文學家、太陽攝譜儀發明者海爾（George Ellery Hale）出生
1961 NASA 子午儀衛星 Transit 4A 升空，這是第一顆放射性同位素供電衛星
1971 蘇聯聯合 11 號（Soyuz 11）太空船返回大氣層時失事，造成三位太空人身亡

拖泥帶水

　　這是結合哈伯先進巡天相機與夏威夷速霸陸遠鏡望遠鏡資料的驚人影像，暱稱為 D100 螺旋星系的尾巴比影像中的更長，這條尾巴是衝壓剝離造成的現象。星系團裡星系與星系間並不是完全真空，而是充滿炙熱的氣體和電漿，它們會拉扯通過的星系，有點像涉水而過時感受到的阻力，這通常會造成天體形狀變得怪異、奇特，就如影像中的那樣。

ESA/Hubble & NASA, Cramer et al.

名稱：D100、
　　　　LEDA 44716、Mrk 60
距離：3 億 5000 萬光年
星座：后髮座
分類：星系

2022 四 ● 初二
2023 五 ◐ 十三
2024 日 ◐ 廿五　球狀星團 M22 達最佳觀測位置
　　　　　　　　土星開始逆行

1905 愛因斯坦發表論文，首次提出狹義相對論
1908 通古斯加撞擊事件夷平數千平方公里的西伯利亞森林
1972 世界協調時間（Coordinated Universal Time，UTC）首次閏秒
2001 威爾金森微波各向異性探測器（WMAP）升空

深空任務

　　哈伯太空望遠鏡早年影像中，最讓天文學家驚艷的應該要數哈伯深空（Hubble Deep Field）拍攝到的遙遠星系。這張照片是 1995 年 12 月 18 至 28 日以 10 天時間，分 342 次曝光疊合後的結果，除了前景少數銀河系恆星外，包含了 3000 多個遙遠的星系，包括現在已知最遙遠、最古老的星系。這類照片讓天文學家得以研究早期星系、星系以及宇宙的演化，對宇宙論研究造成深遠的影響。哈伯深空計畫又催生了後來的哈伯超深空以及哈伯極深空。將接手哈伯觀測任務的詹姆斯韋伯太空望遠鏡（James Webb Space Telescope）的重要任務之一也是以更先進的儀器，觀測更遠更深的早期星系。

Robert Williams and the Hubble Deep Field Team (STScI) and NASA/ESA

經典重現

　　哈伯太空望遠鏡重新拍攝老鷹星雲裡的創生之柱，這是它最具代表和最受歡迎的影像之一。這幅可見光影像中呈現柱狀的結構，雲氣發出多重顏色、卷絲般暗沉的塵埃和著名紅褐色象鼻般的雲柱。

　　年輕星球的強烈輻射和附近大質量恆星的劇烈恆星風，把雲氣裡的塵埃和氣體塑造成柱狀的外形。這幅新影像提供更好的對比和更完整的視野，讓天文學家研究這些雲柱的結構如何隨時間變化。

NASA, ESA/Hubble and the Hubble Heritage Team

名稱：老鷹星雲、M16
距離：7000 光年
星座：巨蛇座尾
分類：星雲

07
01

1917 100 吋望遠鏡送抵威爾遜山天文臺
1972 馮布朗（Wernher von Braun）自 NASA 退休
1997 哥倫比亞號太空梭 STS-94 任務升空

遺珠無憾

　　M106 也稱為 NGC 4258，是距離我們相當近的螺旋星系，距離我們 2000 多萬光年，它是離我們最近的螺旋星系之一。雖然 M106 是梅西耶天體，不過它並不是 18 世紀知名天文學家梅西耶發現或編錄的。它是由皮埃爾・梅尚發現，提供給梅西耶。M106 和另外六個天體在梅西耶死後，20 世紀時才被收錄在梅西耶目錄裡。

NASA, ESA, and the LEGUS team

名稱：M106
距離：2000 萬光年
星座：獵犬座
分類：星系

2022 六 ● 初四　疏散星團 IC4756 達最佳觀測位置
2023 日 ○ 十五　疏散星團 IC4756 達最佳觀測位置
2024 二 ● 廿七　火星合月

1985 歐洲太空總署喬托號（Giotto）太空船升空，探測哈雷彗星

暗藏禍心

　　M85 是個有趣的星系，它有點像透鏡狀星系，又有點像橢圓星系，它跟鄰近的兩個星系相互作用，螺旋星系 NGC 4394 位在影像外的右上方，另外一個小橢圓星系 MCG 3-32-38 則在影像外的下方。M85 大約有 4000 億顆恆星，它們絕大多數都相當老。不過中央的區域有些相對年輕的恆星，年齡大約是數十億年，它們是之前快速大量形成的恆星，可能是 M85 在 4 億年前吞食另一個星系引發的大量恆星形成。

ESA/Hubble & NASA, R. O'Connell

名稱：M85
距離：5000 萬光年
星座：后髮座
分類：星系

07
03

2022 日 ● 初五
2023 一 ○ 十六　月球抵達遠日點
2024 三 ● 廿八　木星合月
　　　　　　　　　昂宿星團（M45）與月球大接近

─────────

1935 阿波羅 17 號太空人哈里森・施密特（Harrison Schmitt）出生

美麗絕倫

　　這巨大閃亮由恆星組成的球並不罕見，我們的銀河系裡就有超過 150 個，包括 M53。M53 位在銀河系的邊緣，那裡差不多是銀河中心到太陽的距離，是大部分球狀星團聚集的地方。雖然它們相對常見，著名的天文學家威廉·赫歇爾對它們並不完全了解，他曾經描述球狀星團是「我所觀測的天體中，它們是最美的天體之一。」從這幅影像可以看出來為什麼赫歇爾這麼喜歡它們。

ESA/Hubble & NASA

名稱：M53、NGC 5024
距離：6 萬光年
星座：后髮座
分類：球狀星團

2022 一 ◐ 初六　地球抵達遠日點
2023 二 ○ 十七
2024 四 ● 廿九

1054 古籍中記載的蟹狀星雲超新星爆發事件
1868 美國天文學加勒維特（Henrietta Swan Leavitt）出生，她發現了造父變星的周光關係
　　　（Period–luminosity Relation）
1997 火星探路者號（Mars Pathfinder）登陸火星
2005 深度撞擊號（Deep Impact）探測器成功撞擊坦普爾 1 號彗星（Tempel 1），
　　　哈伯太空望遠鏡全程觀測紀錄
2006 STS-121 發現號太空梭升空
2011 哈伯太空望遠鏡完成第 100 萬次觀測：尋找離地球 1000 光年的系外行星
　　　HAT-P-7b 大氣層中的水
2016 朱諾號（Juno）太空船開始繞行木星

武仙之光

　　這幅是哈伯太空望遠鏡的先進巡天相機拍攝的影像,顯示球狀星團 M13 的核心,以及數十萬顆星的清晰影像,M13 是天空中最亮、最有名的球狀星團之一。它距離我們只有 2 萬 5000 光年,直徑約 145 光年,自從 1714 年英國著名天文學家愛德蒙·哈雷發現它後,這個星團就一直引人注目。M13 位在武仙座,它相當亮,在觀測條件良好的情況下,肉眼就可以看見這個星團。

ESA/Hubble and NASA

名稱:M13
距離:2 萬 5000 光年
星座:武仙座
分類:球狀星團

2022 二 ◗ 初七
2023 三 ○ 十八　月球抵達近地點
2024 五 ● 三十　地球抵達遠日點

1687 牛頓《數學原理》初版問世
1966 阿波羅任務 AS-203 升空
1982 挑戰者號太空梭運抵甘迺迪太空中心

小麥哲倫之翼

　　這幅是美國航太總署大型天文台拍攝的合成圖，這個區域稱為小麥哲倫的「翅膀」，錢卓 X 光觀測衛星的資料以紫色表示，哈伯太空望遠鏡的可見光影像用紅、綠和藍，史匹哲太空望遠鏡的紅外資料則用紅色代表。年輕恆星的 X 射線來自它們磁場的活躍程度，磁場的活躍程度跟恆星的自轉和內部炙熱氣體上下流動有關。天文學家認為如果這些年輕星球的 X 射線性質跟我們銀河系裡的相似，這可能暗示其他的性質也可能相差不多，例如行星形成。

X-ray: NASA/CXC/Univ.Potsdam/L.Oskinova et al; Optical: ESA, NASA/STScI; Infrared: NASA/JPL-Caltech

名稱：NGC 602
距離：20 萬光年
星座：水蛇座
分類：星團

2022 三 ◐ 初八
2023 四 ◯ 十九
2024 六 ● 小暑　月球抵達近日點

―――

1995 瑞士天文學家 Michel Mayor 和 Didier Queloz 確認發現第一顆
　　 環繞類太陽恆星的系外行星飛馬座 51b

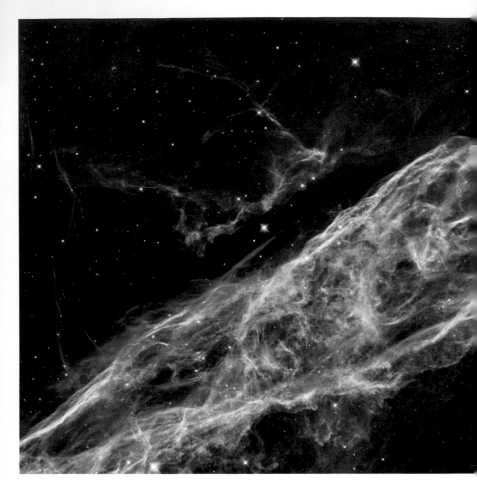

七彩面紗

　　這幅影像是面紗星雲的一小部分，是哈伯太空望遠鏡拍攝的影像。它是著名的超新星殘骸的外圍，這個區域稱為 NGC 6960，或女巫的掃把星雲。

NASA, ESA, Hubble Heritage Team

名稱：天鵝座環、
　　　NGC 6960、
　　　面紗星雲
距離：2400 光年
星座：天鵝座
分類：星雲

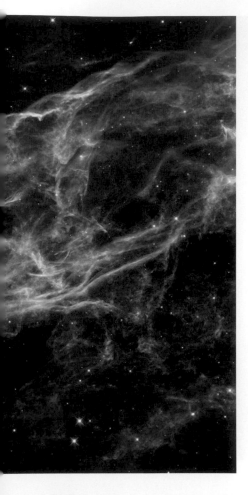

2022	四	◗	小暑	司寧星（Irene，14 號小行星）衝
2023	五	◖	小暑	地球抵達遠日點 土星合月
2024	日	●	初二	穀神星衝

1950 日本業餘天文學家百武裕司出生
1995 DC-X 火箭最後一次試飛
1998 俄羅斯完成首度以潛艇發射衛星
2003 機會號（Opportunity）火星探測車升空
2016 聯合號（Soyuz）MS-01 搭載國際太空站 48/49 遠征隊升空

星際漩渦

　　這個星系就像個巨大發光的氣體漩渦，黑暗塵埃的波浪流入核心。M96 是個不對稱的星系，塵埃和氣體參差不齊分佈在它不明顯的旋臂上，另外它的核心並沒有位在星系的正中心。它的旋臂也不對稱，這可能是受到 M96 星系群裡的其他星系的重力影響。

ESA/Hubble & NASA and the LEGUS Team; Acknowledgement: R. Gendler

名稱：M96、NGC 3368
距離：3500 萬光年
星座：獅子座
分類：星系

2022 五 ◐ 初十
2023 六 ◑ 廿一
2024 一 ● 初三　水星合月

1994 STS-65 哥倫比亞號太空梭升空
2009 麥克斯發射中止系統（Max Launch Abort System）首次測試
2011 最後一次太空梭任務 STS-135 亞特蘭提斯號升空

獅子心

　　哈伯太空望遠鏡拍攝的 M105 影像，這個位於獅子座的橢圓星系看起來沒有特徵，似乎很無趣。不過星系中心的恆星移動快速，科學家相信這些恆星正繞著中心的超大質量黑洞運行，這個黑洞的質量大約是太陽的 2 億倍！黑洞吞食掉入物質時，它就會釋放出大量的能量，這個系統稱為活躍星系核。

ESA/Hubble & NASA, C. Sarazin et al.

名稱：M105
距離：3000 萬光年
星座：獅子座
分類：星系

07
09

2022 六 ◐ 十一
2023 日 ◐ 廿二　司法星（Eunomia，15 號小行星）衝
2024 二 ● 初四　球狀星團 NGC 6752 達最佳觀測位置

1945 白沙導彈試驗場（White Sands Missile Range）啟用
1979 航海家 2 號（Voyager 2）飛掠木星

千億恆星

　　M89 橢圓星系中的 1000 億顆恆星聚集成一巨大圓球狀，它距離我們約 5500 萬光年。M89 星系呈完美的球形，這跟其他橢圓星系不一樣，橢圓星系呈橢圓形狀。M89 的球狀外觀可能只是我們從地球上觀看角度的關係。

ESA/Hubble & NASA, S. Faber et al.

名稱：M89
距離：5500 萬光年
星座：室女座
分類：星系

2022 日  十二
2023 一 廿三　金星達最大亮度
球狀星團 NGC 6752 達最佳觀測位置
2024 三 初五　金星抵達近日點

1962 Telstar 1 衛星升空，完成史上首度跨海電視轉播
1992 歐洲太空總署喬托號（Giotto）太空船飛掠格里格－斯基勒魯普（Grigg-Skjellerup）彗星

星爆之鄉

　　M61 又稱為 NGC 4303，這個星系直徑大約 10 萬光年，跟我們銀河系大小差不多。M61 和銀河系都屬於室女座超星系團的一份子，這個星系團位在室女座，它由 2000 個螺旋星系和橢圓星系組成，是一個星遽增星系（starburst galaxy，有時也譯作星爆星系）。雖然 M61 包含在梅西耶目錄中，不過它是義大利天文學家巴納布斯・奧里亞尼（Barnabus Oriani）在 1779 年發現的。

ESA/Hubble & NASA

名稱：M61
距離：5500 萬光年
星座：室女座
分類：星系

2022 一 ◗十三　水星抵達近日點
2023 二 ◖廿四
2024 四 ◗初六

1962 NASA 決定採用「月球軌道交會」作為登陸月球的方法
1969 X-24A 升力體飛行器首度亮相
1979 美國第一個太空站天空實驗室（Skylab）重返大氣層燒毀
2012 天文學家以哈伯太空望遠鏡發現冥王星的第五顆衛星

亦有可觀

　　哈伯太空望遠鏡拍攝獵戶座星雲外 M43 的特寫，M43 有時稱為德邁蘭星雲（De Mairan's Nebula），德邁蘭是發現 M43 的天文學家。這個星雲和著名的獵戶座星雲（M42）只被一黑暗塵埃帶分隔。這兩個星雲都位在獵戶座分子雲團，這個巨大分子雲包含其他星雲，例如馬頭星雲（Barnard 33）和火焰星雲（NGC 2024）。

名稱：M43
距離：1400 光年
星座：獵戶座
分類：星雲

2022 二 ◖ 十四　球狀星團 NGC 6752 達最佳觀測位置
2023 三 ◖ 廿五　土星合月
2024 五 ◖ 初七　月球抵達遠地點

1966 M2-F2 升力體飛行器第一次滑翔測試
1988 蘇聯火星探測器佛勃斯 2 號（Phobos 2）升空
2000 星辰號服務艙（Zvezda）升空前往國際太空站
2001 STS-104 亞特蘭提斯號太空梭升空

兩敗俱傷

　　Arp 87 是一對引人注目的交互作用星系。恆星、氣體和塵埃從較大的螺旋星系 NGC 3808 流出，環繞在夥伴星系的周圍。這兩個星系受彼此重力作用而變形。Arp 87 位在獅子座，距離地球約3 億光年。這種現象在交互作用星系上很常見，恆星與氣體受潮汐作用從較大星系流出形成螺旋狀，被重力拉往較小星系。這幅是 2007 年 2 月哈伯第二代廣域和行星相機拍攝的影像。

NASA, ESA, and The Hubble Heritage Team (STScI/AURA)

名稱：Arp 87
距離：3 億光年
星座：獅子座
分類：星系

2022 三 ◯ 十五　月球抵達遠日點
超級滿月
2023 四 ◑ 廿六　帕特雷彗星（185P/Petriew）達近日點
2024 六 ◐ 初八

1969 蘇聯無人月球探測器月球 15 號（Luna-15）升空
1995 STS-70 發現號太空梭升空

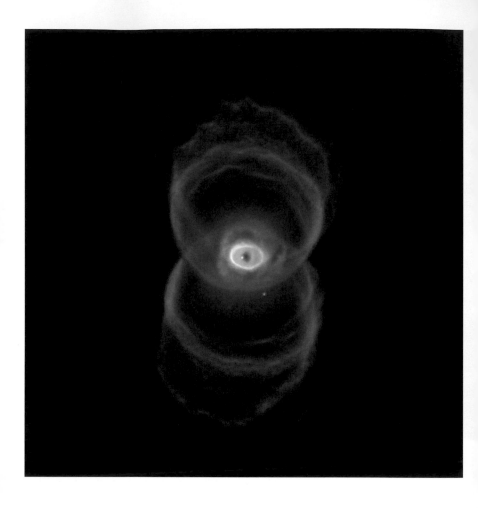

虎視耽耽

　　哈伯的影像顯現出 MyCn18 的真實形狀，它的外形像個沙漏，繁複的圖案蝕刻在它的外壁。這幅影像是由三幅不同影像組成，游離氮（以紅色顯示）、氫（以綠色顯示）和雙游離氧（以藍色顯示）。

Raghvendra Sahai and John Trauger (JPL), the WFPC2 science team, and NASA/ESA

名稱：沙漏星雲、MyCn 18
距離：8000 光年
星座：蒼蠅座
分類：行星狀星雲

**07
14**

2022 四 ○ 十六
2023 五 ● 廿七
2024 日 ◗ 初九

1965 水手 4 號（Mariner 4）首度成功飛掠火星
1967 NASA 測量員 4 號（Surveyor 4）無人月球表面探測器升空
2015 新視野號（New Horizons）飛掠冥王星

變星之家

　　這幅影像展示壯麗螺旋星系 NGC 4603 的特寫，它位在半人馬座，距離我們 1 億多光年。眾多的藍色年輕恆星組成星系的旋臂，旋臂從星系的明亮核心往外旋出。紅棕色的複雜塵埃帶穿過旋臂，濃厚的塵埃雲遮掩星系裡的星光。哈伯曾密切觀測 NGC 4603 以尋找造父變星。造父變星是一種亮度會週期性改變的恆星，天文學家用它來測量天體的距離與宇宙擴張的速度。在 NGC 4603 發現了 36-50 顆哈伯變星。

ESA/Hubble & NASA, J. Maund

名稱：NGC 4603
距離：1 億光年
星座：半人馬座
分類：星系

07
15

2022 五 ○ 十七
2023 六 ● 廿八
2024 一 ◗ 初十　天王星合火星

1943 天文物理學家 Jocelyn Bell Burnell 出生
1975 阿波羅－聯合測試計畫（Apollo-Soyuz Test Project，又稱阿波羅 18 號）升空，
　　　最後一次阿波羅任務
2009 STS-127 奮進號（Endeavour）太空梭升空
2012 聯合號（Soyuz）TMA-05M 搭載國際太空站 32/33 遠征隊升空

系外星團

　　這幅哈伯影像中的天體可能只是一個普通的球狀星團，不過 M54 卻是第一個被發現來自銀河系外的球狀星團。它是著名的天文家查爾斯・梅西耶在 1778 年發現的，M54 屬於人馬座矮橢球星系，它是銀河系的衛星星系。

ESA/Hubble & NASA

名稱：M54
距離：9 萬光年
星座：人馬座
分類：球狀星團

07
16

2022 六 ◯ 十八　土星合月
2023 日 ● 廿九
2024 二 ◖ 十一

1969 阿波羅 11 號升空
1994 舒梅克－李維 9 號彗星的第一塊碎片撞上木星
2011 曙光號（Dawn）太空船進入繞行灶神星軌道

明日之星

　　這是哈伯太空望遠鏡拍攝的影像，影像中顯示一大群星系，它們受彼此重力聚集在一起，這個星系團稱為 RXC J0032.1+1808。這幅是哈伯的先進巡天相機和第三代廣域相機拍攝的影像，是名為 RELICS (Reionization Lensing Cluster Survey) 觀測計畫的一部分，這個計畫拍攝 41 個巨大星系團，他們希望找到最亮的遙遠星系，作為即將運作的詹姆斯·韋伯太空望遠鏡的研究對象。

ESA/Hubble & NASA, RELICS

名稱：RXC J0032.1+1808
距離：56 億光年
星座：雙魚座
分類：星系

2022 日 ◗ 十九　水星上合日
　　　　　　　　球狀星團 M55 達最佳觀測位置
2023 一 ● 三十　球狀星團 M55 達最佳觀測位置
2024 三 ◑ 十二　球狀星團 M55 達最佳觀測位置

1850 惠普爾（John Adams Whipple）拍下史上第一張系外恆星照片（織女星）
1970 HL-10 升力體飛行器最後一次飛行
1975 阿波羅－聯合載具在軌道上對接
1984 蘇聯聯合 T-12 號（Soyuz T-12）升空，前往禮炮 7 號（Salyut 7）太空站，完成第 100 次載人飛行

白鴿展翅

　　這個奇形怪狀的星系不是一開始就長這樣，它變形的
外表是星系合併的結果，也就是兩個星系靠太近合而為
一。合併造成大量新恆星誕生，引發炙熱年輕恆星發生
超新星爆炸。2013 年發現一顆稱為 SN 2013dc 的超新
星，不過它沒有在這幅影像上。

NASA, ESA, the Hubble Heritage (STScI/AURA)-ESA/Hubble
Collaboration, and A. Evans (University of Virginia, Charlottesville/
NRAO/Stony Brook University)

名稱：NGC 6240
距離：4 億光年
星座：蛇夫座
分類：星系

2022 一 ◐ 二十
2023 二 ● 初一　月球抵達近日點
2024 四 ◑ 十三

1921 美國太空人小約翰・格倫（John Glenn Jr.）出生
1966 雙子星 10 號（Gemini X）升空
1980 印度成為第七個發射自製衛星的國家

星系大碰撞

　　Arp 272 由兩個螺旋星系組成，NGC 6050 和 IC 1179 兩個星系正發生碰撞，它們位在武仙座，是武仙座星系團的一部分。武仙座星系團是「長城」的一份子，長城又稱 CfA2 長城（CfA2 Great Wall），由星系團與超新星團組成，是宇宙中最大的結構。這兩個螺旋星系的旋臂連結在一起，Arp 272 距離地球約 4 億 5000 萬光年。

NASA, ESA, the Hubble Heritage Team (STScI/AURA)-ESA/ Hubble Collaboration and K. Noll (STScI)

名稱：Arp 272、IC 1179、NGC 6050
距離：4 億 5000 萬光年
星座：武仙座
分類：星系

07
19

2022 二 ◑ 廿一　木星合月
2023 三 ● 初二　水星合月
2024 五 ◑ 十四　水星半相

1967 探索者 35 號（Explorer 35）太空探測器升空
1985 Christa McAuliffe 被 NASA 選為第一位上太空的教師

壽星高照

　　NGC 121 球狀星團的年齡大約 100 億年，它是小麥
哲倫星雲裡最老的星團，小麥哲倫星雲裡其他星團的年
齡都小於 80 億年。不過 NGC 121 卻比銀河系與其他附
近星系（例如大麥哲倫星雲）裡的球狀星團還年輕數
十億年。造成年齡差異的原因還不清楚，可能是不知名
的原因讓小麥哲倫星雲裡的星團較晚形成，或 NGC 121
是某個較老星團中唯一的倖存者。

ESA/Hubble & NASA; Acknowlegement: Stefano Campani

名稱：NGC 121
距離：20 萬 光年
星座：杜鵑座
分類：球狀星團

2022 三 ◐ 廿二　冥王星衝

2023 四 ● 初三　月球抵達遠地點
　　　　　　　　金星合月

2024 六 ○ 十五

1969 阿波羅 11 號太空人成為首度在月球上漫步的人類
1976 維京 1 號（Viking 1）登陸火星
1999 自由鐘 7 號（Liberty Bell 7）太空船沉入大西洋 38 年後終於打撈上岸
2019 聯合號（Soyuz）MS-13 搭載國際太空站 60/61 遠征隊升空

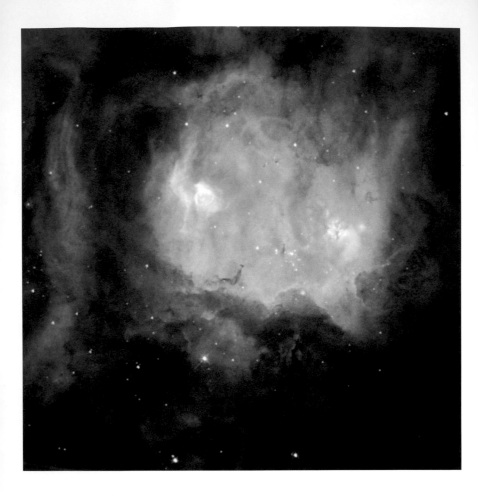

鬼頭星雲

　　鬼頭星雲是一串恆星形成區的一部分，它位在大麥哲倫星雲的劍魚座 30 星雲南邊。星雲中兩個明亮區域（像鬼的雙眼）稱為 A1（左）和 A2（右），它們是炙熱的氫和氧發出的光。一顆大質量恆星發出的熱、強烈輻射與恆星風生成 A1 的泡泡。A2 的形狀比較複雜，它有較多的塵埃，還有好幾顆大質量恆星藏在裡面。

ESA, NASA, & Mohammad Heydari-Malayeri
(Observatoire de Paris, France)

名稱：鬼頭星雲、NGC 2080
距離：17 萬光年
星座：劍魚座
分類：星雲

07
21

2022 四 ◐ 廿三　穎神星（Metis，9 號小行星）衝
　　　　　　　　月掩火星
2023 五 ● 初四　火星合月
2024 日 ○ 十六

1961 自由鐘 7 號（Liberty Bell 7）展開次軌道飛行；太空艙沉入大西洋
1969 阿波羅 11 號登月艙老鷹號從月球升空

撥雲見日

　　哈伯太空望遠鏡偶爾會用有趣、特別的方式，去觀看
一些常見的天體，例如螺旋星系。這幅高解析的影像，
好像可以讓觀測者伸長脖子，穿過障礙觀看星系的明亮
核心。NGC 3169 的例子中，障礙就是星系旋臂裡的厚
重塵埃，宇宙中的塵埃是個大雜燴，包括水冰、碳氫化
合物、矽酸鹽和其他固體。

ESA/Hubble & NASA, L. Ho

名稱：NGC 3169
距離：7000 萬光年
星座：六分儀座
分類：星系

07
22

2022 五 ◐ 廿四　火星合月
　　　　　　　　穀神星衝
2023 六 ◑ 初五　冥王星衝
2024 一 ○ 大暑　諧神星（Harmonia，40 號小行星）衝

1784 德國天文學家貝賽爾（Friedrich Bessel）出生
1994 舒梅克－李維 9 號（Shoemaker-Levy 9）彗星的最後一塊碎片撞上木星

恆星溫床

　　這幅是哈伯太空望遠鏡拍攝 Sh 2-106（或簡稱 S106）的影像，它是位在天鵝座裡的緻密恆星形成區。一顆名為 S106 IR 的初生恆星包裹在塵埃中，它就位在影像的中央，這顆恆星造成沙漏般的雲氣和內部的湍流。影像中氫發出的光是以藍色表現。

NASA & ESA

名稱：S106 IR、Sh 2-106
距離：3300 光年
星座：天鵝座
分類：星雲

07
23

2022 六 ◐ 大暑
2023 日 ◐ 大暑
2024 二 ○ 十八　冥王星衝

1928 美國天文學家薇拉‧魯賓（Vera Rubin）出生
1972 大地衛星 1 號（Landsat 1）發射
1999 STS-93 哥倫比亞號太空梭升空，布署錢卓 X 射線天文臺（Chandra X-Ray Observatory）

鏡影藏謎

　　Abell 2390 位在飛馬座，距離地球約 27 億光年（紅移 0.23），Abell 2390 背後天體發出的光受到星系團扭曲和放大，造成星系團中央附近形成巨大圓弧。哈伯影像中的大質量星系團就像透鏡，大小圓弧都是重力透鏡效應形成的。影像中不同大小和形狀的圓弧，跟天體與我們的距離、它們之間的距離、它們與星系團的距離息息相關。

NASA, ESA, and Johan Richard (Caltech, USA) Acknowledgement: Davide de Martin & James Long (ESA/Hubble)

名稱：Abell 2390
距離：27 億光年
星座：飛馬座
分類：星系團

2022 日 ◗ 廿六　瑙女星（Nausikaa，192 號小行星）衝

2023 一 ◑ 初七

2024 三 ◯ 十九　月球抵達近地點

1950 卡納維爾角（Cape Canaveral）第一次火箭升空

1969 阿波羅 11 號太空人返回地球

1975 阿波羅—聯合號太空人以降落傘濺落（splashdown）方式返回地球

2009 加納利大望遠鏡（Canaries Great Telescope）啟用

星系面對面

　　NGC 4689 是一個幾乎正向的螺旋星系，它沒有雄偉的旋臂，反而像天空中的一枚髒指紋。不管影像的品質多好，這個星系就是沒有明顯清楚的旋臂。這是因為 NGC 4689 是所謂的「貧血星系」，這類星系裡製造恆星的物質相當少，表示 NGC 4689 的恆星形成相當平靜，這跟那些像風車般壯麗旋臂的星系很不一樣。

ESA/Hubble & NASA, P. Erwin

名稱：NGC 4689
距離：5400 萬光年
星座：后髮座
分類：星系

07
25

2022 一 ● 廿七
2023 二 ● 初八
2024 四 ◐ 二十　月掩土星
　　　　　　　　　月球接近海王星

1978 維京 2 號（Viking 2）太空船停止運作
1984 蘇聯太空人薩維茨卡雅（Svetlana Yevgenyevna Savitskaya）在禮砲 7 號（Salyut 7）太空站
　　成為第一位進行太空漫步的女性太空人
2000 星辰號服務艙（Zvezda Service Module）與國際太空站對接

星空曲棍

　　NGC 4656 位在獵犬座，它有個有趣的名字：曲棍星系（Hockey Stick Galaxy）。從這個局部影像不太容易看出它名稱的由來，因為這裡只顯示明亮的中央區域，實際上整個星系看起來就像細長的曲棍球球棍，一端細長一端彎曲。這個不尋常的形狀是 NGC 4656 跟另外兩個鄰近星系交互作用的結果，這兩個星系是 NGC 4631（也稱為鯨魚星系）和 NGC 4627（一個小橢圓星系）。

ESA/Hubble & NASA

名稱：NGC 4656、曲棍星系
距離：3000 萬光年
星座：獵犬座
分類：星系

2022 二 ● 廿八　月球抵達遠地點
金星合月
2023 三 ◑ 初九　水星合金星
2024 五 ◐ 廿一

1958 探索者 4 號（Explorer IV）衛星升空
1971 阿波羅 15 號升空，這是第四次登月任務，首度使用月球探測車
2005 STS-114 發現號（Discovery）太空梭升空

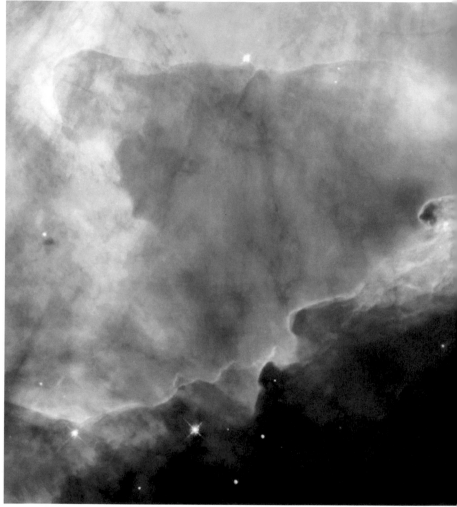

大浪濤濤

　　就像狂暴洶湧的大海，這幅哈伯太空望遠鏡的 M17 影像如發泡的海洋，發出氫、氧和硫等氣體的光，M17 是個巨大、明亮的星雲。在這張影像裡，哈伯只拍攝了 M17 的一小部分，這裡是恆星形成的溫床。M17 也稱為 Ω 星雲或天鵝星雲，它位在人馬座，距離我們約 5500 光年。

European Space Agency, NASA, and J. Hester (Arizona State University)

名稱：M17
距離：5500 光年
星座：人馬座
分類：星雲

07
27

2022 三 ● 廿九
2023 四 ◐ 初十
2024 六 ◑ 廿二

事故現場

　　NGC 520 是兩個盤狀星系碰撞的結果，這個碰撞開始於 3 億年前。這是合併中期的例子，母星系的圓盤已經結合，不過它們的核心還沒融合在一起。它有恆星組成的怪異尾巴，明顯的塵埃帶斜斜穿過影像中心，遮掩這個星系。NGC 520 是星空中最亮的一對星系之一。它位在雙魚座，透過小望遠鏡就可以看見這形狀像彗星的天體。

NASA, ESA, the Hubble Heritage Team (STScI/AURA)-ESA/
Hubble Collaboration and B. Whitmore (STScI)

名稱：Arp 157、NGC 520、VV 231
距離：1 億光年
星座：雙魚座
分類：星系

2022 四 ● 三十
2023 五 ◐ 十一
2024 日 ◐ 廿三

1851 史上第一張日全食照片
1964 遊騎兵 7 號（Ranger 7）月球探測器升空
1973 天空實驗室 3 號（Skylab 3）升空，載送太空人進行 59 天的任務
2017 聯合號（Soyuz MS-05）搭載國際太空站 52/53 遠征隊升空

彗星肖像

　　這是 2013 年 11 月 2 日拍攝的 ISON 彗星，是用藍色和紅色
濾鏡拍攝的影像。ISON 彗星彗核外圍的彗髮呈現藍色，彗尾則
偏紅。彗髮中的冰和氣體反射太陽的藍光，彗尾的塵埃則比較容
易反射紅色。這是 ISON 彗星目前為止顏色最分明的影像，當時
ISON 彗星最靠近太陽，亮度最亮，能夠看見最清晰的結構。

NASA, ESA, and the Hubble Heritage Team (STScI/AURA)

名稱：C/2012 S1、
　　　Comet ISON
距離：N/A
星座：N/A
分類：太陽系

07
29

2022 五 ● 初一 木星開始逆行
南魚座流星雨（Piscis Austrinids）
2023 六 ◑ 十二 南魚座流星雨
2024 一 ◐ 廿四

1985 挑戰者號（Challenger）太空梭 STS-51F 任務升空

鋒芒畢露

　　這是一幅 NGC 2313 發射星雲的影像，V565 Mon 是影像
中有十字繞射星芒（星芒是由望遠鏡副鏡支架造成）的亮星，
它照亮附近的氣體和塵埃，形成扇狀的面紗，影像的右側被
雲氣中的塵埃遮蓋。那些被亮星照亮的扇狀星雲以前稱為彗
星星雲，不過現在已經不用這個名稱了。

ESA/Hubble, R. Sahai

名稱：NGC 2313
距離：3700 光年
星座：麒麟座
分類：星雲

07
30

2022 六 ● 初二　寶瓶座 δ 南流星雨（Southern δ-Aquarids）
　　　　　　　　摩羯座 α 流星雨（α-Capricornids）
2023 日 ◖ 十三　寶瓶座 δ 南流星雨
　　　　　　　　摩羯座 α 流星雨
2024 二 ◖ 廿五

1965 最後一架農神 1 號（Saturn 1）運載火箭 SA-10 升空
1971 阿波羅 15 號在月球著陸

此景只應天上有

　　這是哈伯的第三代廣域相機拍攝的螺旋星系 NGC 691 影像，影像中顯現驚人的清晰細節。它是跟 NGC 691 同名星群的一員，這群以重力相互羈絆的星系距離地球約 1 億 2000 萬光年。

ESA/Hubble & NASA, A. Riess et al.; Acknowledgement: M. Zamani

名稱：NGC 691
距離：1 億 2100 萬光年
星座：白羊座
分類：星系

07
31

2022 日 ● 初三
2023 一 ◯ 十四
2024 三 ◑ 廿六

1969 水手 6 號（Mariner 6）飛掠火星
1971 阿波羅 15 號太空人史考特和爾文完成人類第一次在月球上駕駛載具
1992 亞特蘭提斯號（Atlantis）太空梭 STS-46 任務升空
1999 月球探勘者號（Lunar Prospector）任務結束

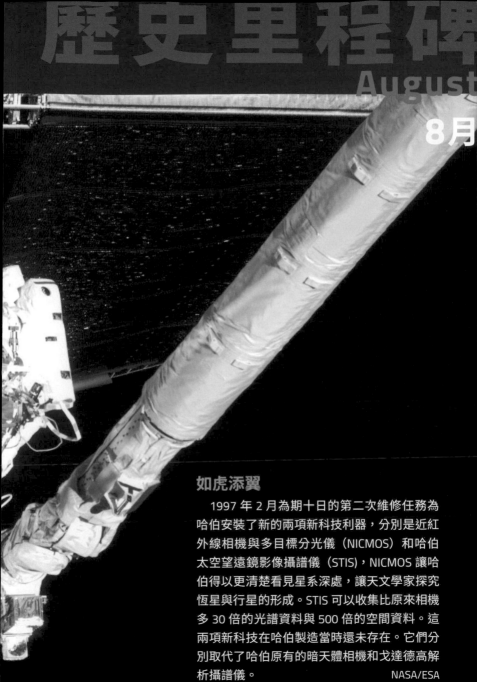

如虎添翼

　　1997 年 2 月為期十日的第二次維修任務為哈伯安裝了新的兩項新科技利器，分別是近紅外線相機與多目標分光儀（NICMOS）和哈伯太空望遠鏡影像攝譜儀（STIS），NICMOS 讓哈伯得以更清楚看見星系深處，讓天文學家探究恆星與行星的形成。STIS 可以收集比原來相機多 30 倍的光譜資料與 500 倍的空間資料。這兩項新科技在哈伯製造當時還未存在。它們分別取代了哈伯原有的暗天體相機和戈達德高解析攝譜儀。　　　　　　　　　　NASA/ESA

再探礁湖星雲

　　哈伯太空望遠鏡拍攝的礁湖星雲，這個平靜的名字讓人誤解。這個區域其實充滿炙熱恆星吹出的恆星風、翻騰的氣體，還有活力充沛的恆星形成，這些都埋藏在複雜的雲氣與黑暗的塵埃帶裡。

NASA, ESA, J. Trauger (Jet Propulsion Laboratory)

名稱：礁湖星雲、M8
距離：4500 光年
星座：人馬座
分類：星雲

2022	一 ● 初四	天王星合火星
2023	二 ○ 十五	月球抵達遠日點 超級滿月
2024	四 ◐ 廿七	

1818 美國天文學家瑪麗亞・米契爾（Maria Mitchell）出生
1967 月球軌道器 5 號（Lunar Orbiter V）升空
1968 農神 5 號火箭停止生產
1973 X-24B 升力體飛行器首次滑翔測試

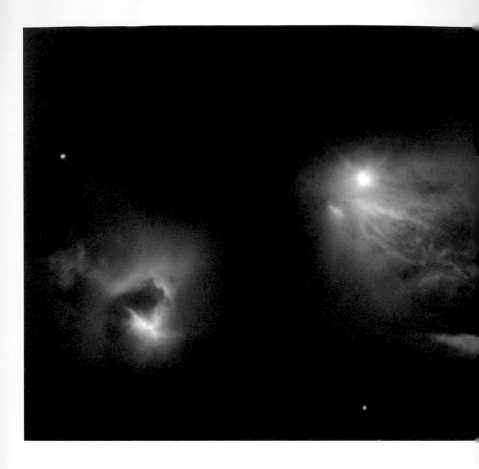

星際噴嚏

看著影像中間的亮星，哈啾！它正在打噴嚏。這樣的情況只會維持數千年的時間，對年輕星球的一生來說這只是一眨眼的時間。如果你可以持續幾年看著它，你會發現它不只打一次噴嚏，而是一連串的噴嚏。這顆年輕星球已經爆出超熱、超快的氣體，哈啾！哈啾！直到精疲力竭。這些噴出的氣體擾動附近的環境，形成赫比格—哈羅天體。

ESA/Hubble & NASA; Acknowlegement: Gilles Chapdelaine

名稱：HH 164
距離：2000 光年
星座：仙后座
分類：恆星

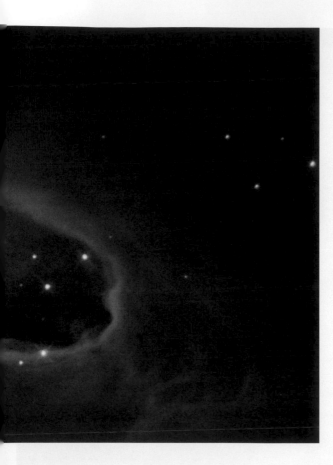

2022 二 ◐ 初五
2023 三 ○ 十六 月球抵達近地點
2024 五 ● 廿八

1971 阿波羅 15 號登月艙「獵鷹」（Falcon）離開月球，史上第一次電視轉播月球升空畫面
1991 亞特蘭提斯號（Atlantis）太空梭 STS-43 任務升空

赫歇爾的遺產

　　這幅影像中的天體稱為 NGC 691，它距離地球約 1 億
2000 萬光年。這個星系是天文學家威廉‧赫歇爾發現
的數千個天體之一。赫歇爾數十年的生涯中，他記錄、
分類夜空中可見的各種星系和星雲，這幾乎是哈伯升空
二百年前的事。

ESA/Hubble & NASA, A. Riess et al.

名稱：NGC 691
距離：1 億 2000 萬光年
星座：白羊座
分類：星系

08
03

2022 三 ◗ 初六
2023 四 ○ 十七　土星合月
2024 六 ● 廿九

2004 信使號（MESSENGER）太空船升空前往水星
2005 首次實施太空梭航行修理

火樹銀花

　　哈伯太空望遠鏡的這幅影像顯得生氣盎然，上面有許多藍色與紅色的恆星。大質量恆星組成的炙熱藍白色星團四處可見，佈滿灰塵的紅色區域是恆星正在形成的地方。氣體與塵埃組成巨大黑色雲氣，遮蔽背後閃亮的星光。

NASA, ESA, A. Aloisi (STScI/ESA), and The Hubble Heritage (STScI/AURA)-ESA/
Hubble Collaboration

名稱：NGC 4449
距離：1200 萬光年
星座：獵犬座
分類：星系

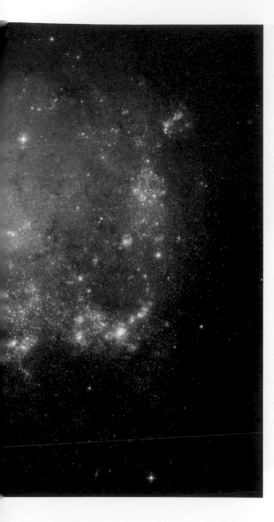

2022 四 ◑ 初七　泛星彗星（PANSTARRS）C/2017 K2 達最大亮度
2023 五 ○ 十八
2024 日 ● 初一

1967 NASA 宣布第六組太空人名單
1984 亞利安 3 號（Ariane 3）火箭第一次發射
2007 鳳凰號火星探測器（Phoenix Mars Lander）升空

傷痕歷歷

　　IRAS 20351+2521 是一個星系，它的結構有些變形，這可以從氣體、塵埃和藍色恆星的分佈看出端倪。這個星系位在狐狸座，距離我們約 4 億 5000 萬光年。這是 2008 年 4 月 24 日公布的 59 幅影像之一，慶祝哈伯 24 週年紀念，這些影像是哈伯太空望遠鏡拍攝的合併星系。

NASA, ESA, the Hubble Heritage Team (STScI/AURA)-ESA/
Hubble Collaboration and A. Evans (University of Virginia,
Charlottesville/NRAO/Stony Brook University)

名稱：IRAS 20351+2521、LEDA 90367
距離：4 億 5000 萬光年
星座：狐狸座
分類：星系

2022 五 ◗ 初八
2023 六 ◖ 十九
2024 一 ● 初二

1930 尼爾・阿姆斯壯（Neil Armstrong）出生
1966 M2-F 升力體飛行器最後一次滑翔測試
1969 水手 7 號（Mariner 7）飛掠火星
2011 朱諾號（Juno）太空船升空前往木星

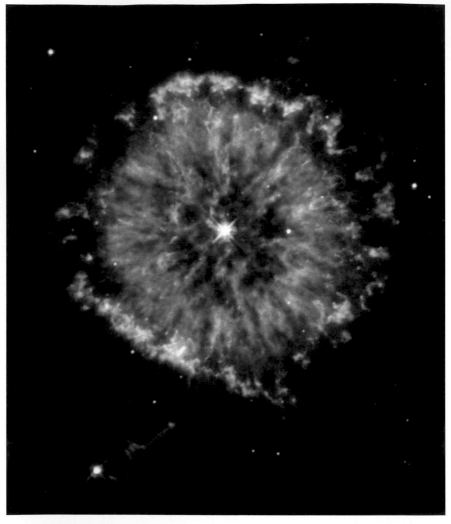

天鷹之眼

　　哈伯望遠鏡盯著天空中的巨眼看，這個行星狀星雲稱為 NGC
6751。哈伯精選計畫公布這幅影像是為了慶祝哈伯望遠鏡十週年
紀念。這個星雲位在天鷹座，數千年前雲氣從星雲中央的炙熱恆
星氣往外噴出。

NASA/ESA, The Hubble Heritage Team STScI/AURA

名稱：NGC 6751
距離：6500 光年
星座：天鷹座
分類：行星狀星雲

2022 六 ◗ 初九
2023 日 ◖ 二十
2024 二 ● 初三　金星合月
　　　　　　　　　水星合月
　　　　　　　　　水星合金星
　　　　　　　　　月球抵達近日點

───────

1961 東方 2 號（Vostok 2）任務升空，完成人類首度全天太空任務，
　　蓋爾曼‧季托夫（Gherman Titov）是第一位在太空中睡覺的人。
2012 好奇號（Curiosity）火星探測車在火星著陸

鑲鑽手環

　　這幅哈伯太空望遠鏡拍的影像中，藍色的環由星團組成，就像鑲鑽的手環一樣，它環繞著黃色的核心，這個系統原本是個正常的螺旋星系。藍色閃閃發亮的環直徑約 15 萬光年，這比我們的銀河系還大。這個星系登錄為為 AM 0644-741，是「環狀星系」的一員。它位在南半球的飛魚座，距離我們約 3 億光年遠。

NASA, ESA, and The Hubble Heritage Team (AURA/STScI)

名稱：AM 0644-741
距離：3 億光年
星座：飛魚座
分類：星系

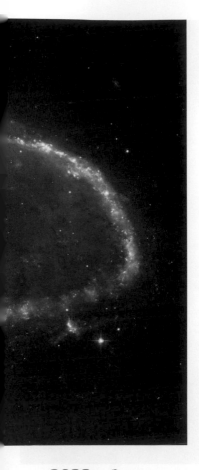

2022 日 ◖ 立秋
2023 一 ○ 廿一
2024 三 ● 立秋　　靈神星（Psyche，16 號小行星）衝
　　　　　　　　　　　　虹神星（Iris，7 號小行星）衝

1779 德國地理學家卡爾・李特爾（Carl Ritter）出生
1959 探索者 6 號（Explorer 6）衛星升空
1969 蘇聯探月太空船探測器 7 號（Zond 7）升空
1971 阿波羅 15 號太空人返回地球，帶回古老月岩樣本「起源石」（Genesis Rock）
1976 維京 2 號（Viking 2）探測器抵達環繞火星的軌道
1980 維京 1 號（Viking 1）火星繞軌探測器停止運作
1997 發現號（Discovery）太空梭任務 STS-85 升空

木星色盤

　　2019 年 6 月 27 日，哈伯太空望遠鏡的第三代廣域相機拍攝木星複雜多變的雲，當時木星距離我們約 6 億 4400 萬公里，這是該年最近的距離。影像中可以看見木星的最大特徵大紅斑，還有調色盤一般的雲在木星大氣滾動，這些擾動的雲比前幾年還多。

NASA, ESA, A. Simon (Goddard Space Flight Center), and M.H. Wong (University of California, Berkeley)

名稱：大紅斑、木星
距離：N/A
星座：N/A
分類：太陽系

08
08

2022 一 ◖ 十一
2023 二 ◖ 立秋　金星抵達遠日點
　　　　　　　　木星合月
2024 四 ◖ 初五

1978 先鋒一金星 2 號（Pioneer-Venus 2）探測器升空
1989 歐洲太空總署依巴羅斯（Hipparcos）天文觀測衛星升空
1989 哥倫比亞號（Columbia）太空梭 STS-28 任務升空
2001 創始號（Genesis）太空船升空
2007 奮進號（Endeavour）太空梭 STS-118 任務升空

混沌未分

　　這幅是第三代廣域相機與先進巡天相機拍攝的影像，這兩部相機都安裝在哈伯太空望遠鏡上，影像顯示 NGC 3256 奇特的外形。這個星系距離我們約 1 億光年，星系合併造成它扭曲的外觀。NGC 3256 提供一個研究恆星遽增的理想樣本，以了解星系碰撞合併造成新誕生的恆星突然增加的現象。

ESA/Hubble, NASA

名稱：NGC 3256
距離：1 億光年
星座：船帆座
分類：星系

2022 二 ◐ 十二
2023 三 ◑ 廿三　水星半相
　　　　　　　昴宿星團（M45）與月球大接近
2024 五 ◐ 初六　月球抵達遠地點

1965 SIV-B 火箭進行首次靜力試驗
1975 美國太空總署和歐洲太空總署成功發射 COS-B 伽碼射線太空天文臺
1976 蘇聯月球 24 號（Luna 24）探測器升空

融合前夕

　　這是兩幅拼接成的哈伯影像，左邊是 NGC 1512 螺旋星系，
左邊是 NGC 1510 矮星系，它們距離地球差不多都是 3000
萬光年，兩個星系正要合併在一起。當這一切結束後，NGC
1512 會吞食較小的 NGC 1510 矮星系。

ESA/Hubble, NASA

名稱：NGC 1510、NGC 1512
距離：3800 萬光年
星座：時鐘座
分類：星系

2022 三 ◐ 十三
2023 四 ◐ 廿四　水星東大距
2024 六 ◑ 初七　月掩角宿一

1966 月球軌道器 1 號（Lunar Orbiter I）升空
1990 麥哲倫號（Magellan）進入繞行金星軌道
2001 發現號（Discovery）太空梭 STS-105 任務 升空

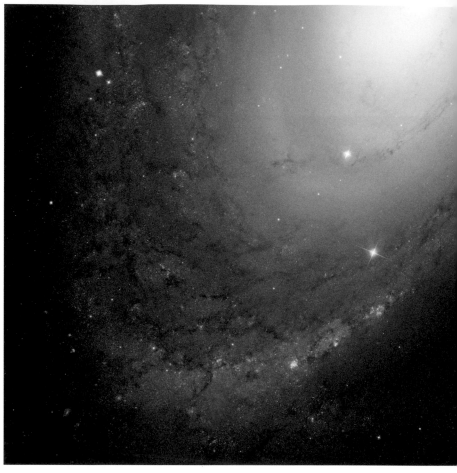

天網恢恢

哈伯太空望遠鏡的影像展示雄偉的 M81 螺旋星系，在這幅 M81 的影像中有一顆超新星 1993J。天文學家用 20 年時間耐心地監測這顆逐漸黯淡的超新星，為的是尋找一顆伴星，他們懷疑這顆伴星是將爆炸恆星的氫幾乎完全拉走的元兇。終於，哈伯望遠鏡的紫外線相機在星系明亮星光掩蓋下分辨出這顆伴星的藍色光芒。這個觀測驗證了關於這顆超新星爆炸的假說：這顆超新星起源於雙星系統，伴星助長了衰老的主星的質量流失。

NASA, ESA, A. Zezas (CfA), and A. Filippenko (UC Berkeley); Acknowledgment: Hubble Heritage Team (STScI/AURA) & O. Fox (University of California, Berkeley)

名稱：M81
距離：1200 萬光年
星座：大熊座
分類：星系

2022 四 十四　月球抵達近地點
　　　　　　　　　　　月球抵達遠日點
2023 五 ◗ 廿五　水星抵達遠日點
　　　　　　　　　　　健神星（Hygiea，10 號小行星）衝
2024 日 ◗ 初八

1960 發現者 13 號（Discoverer 13）偵察衛星的密封艙，成為人類首次從太空中回收的人造物品
1962 東方 3 號（Vostok 3）任務升空
2008 哈伯太空望遠鏡繞行地球滿 10 萬次

飛流直下三千尺

　　藍色的 UGCA 193 星系顯示它的恆星溫度很高，其中有些恆星溫度是太陽的六倍。我們知道溫度低的恆星看起來比較紅，溫度高的恆星比較藍。恆星的質量和表面溫度（也就是顏色）是相關的，較重的恆星能夠產生較高的溫度，讓它的表面發出藍光。

ESA/Hubble & NASA, R. Tully; Acknowledgement: Gagandeep Anand

名稱：UGCA 193
距離：4800 萬光年
星座：六分儀座
分類：星系

2022 五 ◯ 中元節　土星合月
2023 六 ◑ 廿六
2024 一 ◐ 初九　英仙座流星雨（Perseids）

1877 美國天文學家阿薩夫・霍爾（Asaph Hall）發現火衛二
1887 奧地利理論物理學家薛丁格（Erwin Schödinger）出生
1919 美國天文學家瑪格麗特・伯比奇（Margaret Burbidge）出生
1960 三角洲（Delta）運載火箭首度成功發射，搭載通信衛星 Echo 1 升空
1962 東方 4 號（Vostok 4）任務升空
1977 高能觀測天文臺 1 號（HEAO-1）升空
2005 火星偵察號軌道環繞器（Mars Reconnaissance Orbiter）升空
2018 帕克太陽探測器（Parker Solar Probe）升空

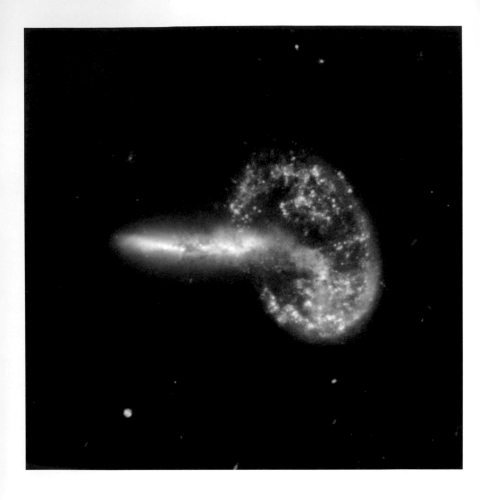

你儂我儂

　　Arp 148 是兩個星系撞擊後的結果，這對星系一個是環狀，另一個是長尾狀。這兩個星系碰撞後產生震波，一開始是物質往中心收縮，然後形成一個環往外傳播。長尾狀星系與環狀星系垂直，Arp 148 是一對碰撞中的星系。紅外線的觀測可以看透可見光影像中原本被黑色塵埃帶遮掩的中心區域。

NASA, ESA, the Hubble Heritage Team (STScI/AURA)-ESA/Hubble Collaboration and A. Evans (University of Virginia, Charlottesville/NRAO/Stony Brook University), K. Noll (STScI), and J. Westphal (Caltech)

名稱：Arp 148,
　　　　Mayall's object
距離：4 億 5000 萬光
星座：大熊座
分類：星系

2022 六 ◯ 十六　英仙座流星雨（Perseids）
2023 日 ◑ 廿七　英仙座流星雨
　　　　　　　　金星下合日
2024 二 ◐ 初十　球狀星團 M15 達最佳觀測位置

共存共榮

　　這是哈伯太空望遠鏡在 2006 年布拉格的國際天文聯合會大會中展示的影像，影像中是大麥哲倫星雲裡的恆星形成區。這幅高解析的影像顯示許多小質量年輕恆星，它們與年輕大質量恆星一起存在。

NASA, ESA

名稱：LH 95
距離：15 萬光年
星座：劍魚座
分類：星雲

重金屬風

　　M69 是金屬風度最高的球狀星團之一，天文上「金屬」有特別的意義，金屬是指宇宙中所有比氫和氦還重的元素。提供恆星能量的核反應製造出其他自然界中的金屬元素，例如我們骨頭中的鈣和鑽石裡的碳。後代的恆星接續製造現有的元素豐度。

ESA/Hubble & NASA

名稱：M69
距離：3 萬光年
星座：人馬座
分類：球狀星團

08
15

2022 一 ◯ 十八　土星衝
　　　　　　　　木星合月
　　　　　　　　球狀星團 M2 達最佳觀測位置
2023 二 ● 廿九　球狀星團 M2 達最佳觀測位置
2024 四 ◑ 十二　木星合火星

萬眾一心

　　這幅哈伯影像中的是明亮、中心密集的 M70 球狀星團。球狀星團裡每個地方都擠滿恆星，靠彼此的重力讓數十萬顆恆星聚集在一個小區域。從我們的角度看，閃亮的恆星一顆疊著一顆，這讓球狀星團成為業餘觀星人與科學家喜愛的對象。M70 還有一項特點，它經歷核心坍縮的過程，這類的星團比一般星團的核心擠進更多恆星，使得愈接近核心，星團亮度也逐漸穩定增加。

ESA/Hubble & NASA

名稱：M70
距離：3 萬光年
星座：人馬座
分類：球狀星團

2022 二 ◯ 十九
2023 三 ● 初一　月球抵達遠地點
2024 五 ◖ 十三

1963 M2-F1 升力體飛行器由 C-47 運輸機載運升空，完成首次滑翔飛行

吸星大法

　　這個星系曾經發現命名為 SN2015F 的超新星，這是白矮星造成的超新星。這顆白矮星位在一個雙星系統，它吸取伴星的質量，最後吃得太多讓自己無法承受。這顆星無法達到平衡，造成失控的核融合反應，導致劇烈的超新星爆炸。SN2015F 是 2015 年 3 月在 NGC 2442 星系發現的超新星，這個星系的暱稱是肉鉤星系，因為它非常不對稱和不規則的形狀。這顆超新星發亮一段時間，直到那年的夏末，即使用小望遠鏡都可以輕易看見。

ESA/Hubble & NASA, S. Smartt et al.

名稱：NGC 2442、
　　　SN2015F
距離：5500 萬光年
星座：飛魚座
分類：星系

2022 三 ◐ 二十
2023 四 ● 初二
2024 六 ○ 十四　天鵝座 κ 流星雨（kappa Cygnids）

1601 法國數學家費馬（Pierre de Fermat）出生
1966 先鋒 7 號（Pioneer 7）升空，探測太陽風與星際磁場
1970 蘇聯金星 7 號（Venera 7）探測器升空
2006 航海家 1 號（Voyager 1）到了離地球 100 天文單位的地方

萬家燈火

　　就像許多著名的天體一樣，球狀星團 M10 的發現者查爾斯・梅西耶對它並不感興趣，梅西耶是 18 世紀的法國天文學家，他最有興趣的是彗星。使用當時的望遠鏡觀測，彗星、星雲、球狀星團和星系看起來都像一團暗淡、模糊的光點，不容易辨識出彼此的差異。如今哈伯望遠鏡可以清楚的觀測這個暗淡天體，這是它中心最亮的部分，影像寬度大約 13 光年。

ESA/Hubble & NASA

名稱：M10
距離：1 萬 5000 光年
星座：蛇夫座
分類：球狀星團

2022 四 ◐ 廿一　天鵝座 κ 流星雨（kappa Cygnids）

2023 五 ● 初三　月球抵達近日點
水星合月
天鵝座 κ 流星雨

2024 日 ○ 中元節　月球抵達遠日點

1868 法國天文學家讓森（Pierre Jules César Janssen）透過日全食的觀測而發現氦元素
1877 美國天文學家阿薩夫・霍爾（Asaph Hall）發現火衛一
1960 美國第一顆成功完成任務的照相偵察衛星發現者 14 號（Discoverer XIV）升空
1993 垂直起降火箭 DC-X 首度飛行
1999 卡西尼號（Cassini）無人探測器飛掠地球

雲氣瀰漫

　　影像中的是 NGC 604，它位在三角座星系裡。它是本
星系群內最大與最亮的氫離子區，也是一個巨大的恆星
形成區。NGC 604 裡的氣體十分之九是氫，氣體受重力
慢慢坍縮形成恆星。一旦恆星誕生，它們發出的紫外線
會讓剩下的氣體發光。

NASA, ESA, and M. Durbin, J. Dalcanton, and B. F. Williams (University
of Washington)

名稱：M33、NGC 604
距離：300 萬光年
星座：三角座
分類：星系

08
19

2022 五 ◐ 廿二　火星合月
2023 六 ● 初四　火星合月
2024 一 ○ 十六　水星下合日

1646 英國首任皇家天文學家約翰・佛蘭斯蒂德（John Flamsteed）出生
1871 美國航空先驅奧維爾・萊特（Orville Wright）出生
1960 蘇聯史波尼克計畫首次讓兩隻狗、40 隻老鼠、兩隻兔子
　　　和一批植物搭乘史波尼克 5 號（Sputnik 5）進行繞行地球飛行實驗
1982 聯合號 T-7 升空
2010 天文學家宣布使用哈伯太空望遠鏡研究暗能量的新方法

遠山芙蓉

　　M96 又稱為 NGC 3368，是一個距離我們約 3500 萬光年的螺旋星系。它的質量和大小都跟銀河系相當。最早由天文學家皮埃爾·梅尚在 1781 年發現，四天後它就被收錄在著名的梅西耶目錄中。恆星形成的浪潮沿著黑色弧線發生，這組成星系的旋臂。剛誕生的恆星激發附近的氫氣形成粉紅色的星雲。恆星在旋臂中誕生，然後往外移動。乳白色的區域是星系的核心，那裡由無數的恆星構成。

NASA, ESA, and the LEGUS team

名稱：M96
距離：3500 萬光年
星座：獅子座
分類：星系

08
20

2022 六 ◐ 廿三
2023 日 ● 初五
2024 二 ○ 十七

1953 紅石火箭（Redstone）首次升空
1975 美國火星探測船維京 1 號（Viking 1）升空
1977 美國火星探測船維京 2 號（Viking 2）升空

天女散花

　　這幅 M83 影像是結合哈伯與地面上巨型麥哲倫望遠鏡的資料，巨型麥哲倫望遠鏡提供廣視野的影像，呈獻出整個星系。M83 是一個棒旋星系，這個星系曾經發現許多超新星，星系中心有兩個核心。

NASA, ESA, and the Hubble Heritage Team (STScI/AURA)
Acknowledgment: W. Blair (STScI/JHU), Carnegie Institution of
Washington (Las Campanas Observatory), and NOAO

名稱：M83
距離：1500 萬光年
星座：長蛇座
分類：星系

2022 日 ◗ 廿四
2023 一 ◑ 初六
2024 三 ○ 十八　土星合月
　　　　　　　　月球抵達近地點

1609 伽利略展示史上首架依科學原理製造出來的折射式望遠鏡
1965 載人太空船雙子星 5 號（Gemini V）升空
1972 軌道天文臺 3 號（OAO-3）升空
2002 擎天神 5 號（Atlas V）運載火箭升空
2006 NASA 公布由哈伯太空望遠鏡、錢卓 X 射線天文臺與地面望遠鏡共同在
　　　子彈星團（Bullet Cluster，1E 0657-56）中觀測到 的暗物質直接證據

霓虹草帽

　　哈伯太空望遠鏡與史匹哲太空望遠鏡的合作創造出這宇宙最迷人的景象。M104 又稱為草帽星系，因為它的可見光照片像一頂墨西哥寬邊帽。不過史匹哲的紅外影像讓這個星系看起來更像靶心。史匹哲的影像顯示星系的盤面出現扭曲變形，這通常是跟其他星系重力交互作用的結果，盤面後方有些較密集的區塊，那是恆星正在形成的區域。

NASA/JPL-Caltech and The Hubble Heritage Team
(STScI/AURA)

名稱：M104、NGC 4594、草帽星系
距離：3500 萬光年
星座：室女座
分類：星系

08
22

2022 一 ◑ 廿五
2023 二 ◑ 初七
2024 四 ◯ 處暑

1963 X-15 試驗機創下有翼飛機最高海拔飛行紀錄 10 萬 8000 公尺
1976 月球 24 號（Luna 24）送回月球土壤樣本
1989 發現第一個海王星環

驗明正身

　　M71 雖然是個許多人熟悉的天體，但直到最近它真實本質還讓學者爭論不休。過去的主流意見是它是個疏散星團，也就是一群恆星鬆散的聚集在一起。不過 1970 年代，天文學家開始認為它是一個稀疏的球狀星團，M71 裡的恆星都相當老，大約 90 億到 100 億年，而且氫和氦以外的元素含量相當低，這些都是球狀星團的特徵。

ESA/Hubble and NASA

名稱：M71
距離：1 萬 3000 光年
星座：天箭座
分類：球狀星團

2022 二 ● 處暑　　月球抵達遠地點
灶神星（Vesta，4 號小行星）衝
2023 三 ◐ 處暑
2024 五 ◖ 二十

1966 月球軌道器 1 號（Lunar Orbiter I）首次傳回從月球拍攝的地球 照片

彩筆畫眉

　　哈伯太空望遠鏡拍攝銀河系裡一顆邁向死亡的恆星，這顆大質量恆星接近生命的終點，強烈的恆星風正撕裂 25 萬年前拋出的物質。這外層物質就是眉月星雲（Crescent Nebula, NGC 6888），星雲的中心是「強壯」的年老恆星 WR 136，它是一顆極為罕見、生命短暫且炙熱的沃夫－瑞葉星（Wolf-Rayet）。哈伯的彩色影像顯示雲氣殼層的細節，外面被一層薄薄的氣體包圍（藍色），整個結構看起來就像氣球包裹著一顆燕麥，發光的薄層是受 WR 136 發出紫外線激發的結果。

NASA/ESA, Brian D. Moore, Jeff Hester, Paul Scowen (Arizona State University), Reginald Dufour (Rice University)

名稱：眉月星雲、
　　　NGC 6888、
　　　WR 136
距離：4500 光年
星座：天鵝座
分類：星雲

08
24

2022 三 ● 廿七　水星抵達遠日點
施瓦斯曼－瓦赫曼 3 號彗星（73P/Schwassmann-Wachmann）
抵達近日點
天王星開始逆行

2023 四 ◐ 初九

2024 六 ◐ 廿一

1966 蘇聯月球 11 號（Luna 11）升空
2006 第 26 屆國際天文聯合會決議將冥王星位階從行星改為矮行星
2016 天文學家發現第一顆繞行半人馬座比鄰星（Proxima Centauri）的行星：Proxima Centauri b

木星與木衛二

　　2020 年 8 月 25 日哈伯太空望遠鏡拍攝木星的影像，當時木星距離地球 65300 萬公里。哈伯的銳利影像讓科學家了解木星狂暴大氣中最新的氣象報導，包括一個正在醞釀中的新風暴，另一個大紅斑類似的風暴再次改變顏色。這幅新影像也拍到木星的冰衛星，木衛二（歐羅巴）。

NASA, ESA, A. Simon (Goddard Space Flight Center), and M. H. Wong (University of California, Berkeley) and the OPAL team.

名稱：歐羅巴、木星
距離：N/A
星座：N/A
分類：太陽系

2022 四 ● 廿八　穀神星合金星
2023 五 ◐ 初十
2024 日 ◑ 廿二

———

1965 美國總統詹森批准全面發展載人軌道實驗室（Manned Orbital Laboratory）
1966 阿波羅－農神 202（Apollo-Saturn 202）載人任務升空
1981 航海家 2 號（Voyager 2）以最近距離飛掠土星
1989 航海家 2 號（Voyager 2）以最近距離飛掠海王星
2003 史匹哲太空望遠鏡（Spitzer Space Telescope）升空
2012 阿波羅 11 號太空人阿姆斯壯逝世

紅外線下的馬頭星雲

　　這是為了慶祝哈伯望遠鏡在軌道上運作 23 週年拍攝的影像，位在天空中的獵戶座裡。馬頭星雲就像一隻巨大的海馬從塵埃與氣體的波浪中升起，它也稱為 Barnard 33。這幅是紅外線影像，紅外線的波長比可見光長，它可以穿透塵埃雲氣，看見星雲的內部。影像顯示細緻結構，還可以看見氣體密度起伏，這些都跟可見光影像相當不同。

NASA, ESA, and the Hubble Heritage Team (AURA/STScI)

名稱：Barnard 33、馬頭星雲
距離：1500 光年
星座：獵戶座
分類：星雲

2022 五 ● 廿九　金星合月

2023 六 ◑ 十一

2024 一 ◐ 廿三　昴宿星團（M45）與月球大接近

1743 被後世尊稱為化學之父的法國化學家拉瓦節（Antoine-Laurent de Lavoisier）出生

1882 德國物理學家詹姆斯・法蘭克（James Franck）出生

破繭而出

    這個迷人的恆星形成區稱為 N90，藍色、明亮的新誕生恆星把這個區域的中央吹開形成一個空洞。N90 中的炙熱年輕恆星發出高能輻射，由內往外侵蝕，星雲外面的瀰散區域則免於受到星團的直接輻射。因為 N90 的位置離小麥哲倫星雲的中心很遠，所以可以看見許多遙遠的星系，這些背景星系陪襯著新誕生的恆星。這個區域中的塵埃，讓遙遠星系看起來比較紅。

NASA, ESA and the Hubble Heritage Team (STScI/AURA)-ESA/
Hubble Collaboration

名稱：N90、NGC 602
距離：20 萬光年
星座：水蛇座
分類：星雲

08
27

2022 六 ● 初一　水星東大距
2023 日 ◑ 十二　土星衝
2024 二 ◐ 廿四　木星合月

1962 水手 2 號（Mariner 2）升空，探索金星
1984 NASA 公布「教師上太空」（Teacher In Space）計畫
1985 發現號太空梭 STS-51I 任務升空
2003 火星到達 6 萬年來距離地球最近的位置，約 5575 萬 8000 公里

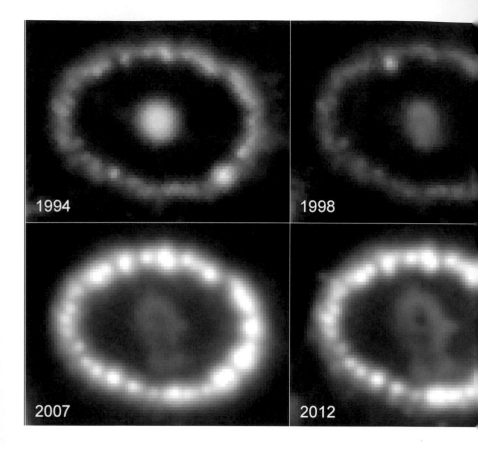

1994

1998

2007

2012

超新星的歷年變化

　　這組影像由哈伯太空望遠鏡拍攝，顯示超新星 1987A 從 1994 年到 2016 年的變化。這顆超新星最早在 1987 年發現，是過去 400 年最亮的超新星。哈伯於 1990 年發射不久後就開始觀測它。環上的亮點是爆炸的物質撞擊後的結果，亮點的數量隨時間增加。震波撞擊環的內側，讓它們增溫發光。這個環大約 1 光年寬，可能是中心恆星大約 2 萬年前噴發出來的。

NASA, ESA, and R. Kirshner (Harvard-Smithsonian Center for Astrophysics and Gordon and Betty Moore Foundation) and P. Challis (Harvard-Smithsonian Center for Astrophysics)

名稱：SN 1987A
距離：17 萬光年
星座：劍魚座
分類：超新星

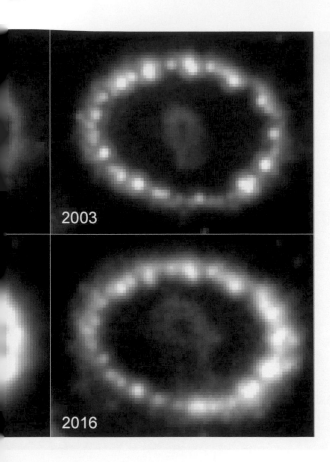

2003

2016

08
28

2022 日 ● 初二
2023 一 ◑ 十三　花神星（Flora，8 號小行星）衝
2024 三 ◐ 廿五　火星合月

1789 威廉・赫歇爾（William Herschel）發現土衛二（Enceladus）
1993 伽利略號（Galileo）太空船飛掠 243 號小行星艾女星（Ida）
2009 發現號太空梭 STS-128 任務 升空

餘威猶在

　　哈伯太空望遠鏡提供超新星爆炸後四分五裂殘骸的影像，這個天體稱為仙后座 A。它是銀河系裡最年輕的超新星殘骸。這幅哈伯影像顯現恆星爆炸後複雜的碎片結構。

NASA, ESA, and the Hubble Heritage (STScI/AURA)-ESA/Hubble Collaboration. Acknowledgement: Robert A. Fesen (Dartmouth College, USA) and James Long (ESA/Hubble)

名稱：仙后座 A、SN 1680
距離：1 萬 1000 光年
星座：仙后座
分類：超新星殘骸

08
29

2022 － ● 初三　月球抵達近日點
　　　　　　　　　水星合月
2023 二 ○ 十四　天王星開始逆行
　　　　　　　　　月球抵達遠日點
2024 四 ◗ 廿六

1831 英國物理學家法拉第（Michael Faraday）發現電磁感應定律
1965 NASA 第三次載人飛行任務雙子星 5 號（Gemini 5）
　　　太空船環繞地球 120 圈後安全返回地面
1977 航海家 2 號（Voyager 2）太空船升空
1990 哈伯太空望遠鏡完成最早的觀測成果之一：
　　　以前所未現的解析度拍下超新星 1987A 周圍的殘骸

土星現極光

　　這幅哈伯影像是兩幅不同波段影像組成的，可見光是 2018 年初拍攝，另外土星的極光紫外線影像是 2017 年拍攝。跟地球的極光相比，土星極光主要發出紫外線，紫外線是電磁波的一種，它會被地球大氣阻隔，天文學家必需要用大氣層外的哈伯太空遠鏡才能研究它們。

ESA/Hubble, NASA, A. Simon (GSFC) and the OPAL Team, J. DePasquale (STScI), L. Lamy (Observatoire de Paris)

名稱：土星
距離：N/A
星座：N/A
分類：太陽系

2022 二 ● 初四　水星半相
2023 三 ○ 中元節　月球抵達近地點
2024 五 ◐ 廿七

1871 近代原子核物理學之父拉塞福（Ernest Rutherford）出生
1963 NASA 通過月球軌道器（Lunar Orbiter）計畫
1983 挑戰者號太空梭 STS-8 任務升空，是太空梭首度在夜間發射
1984 發現號太空梭首度升空，執行 STS-41D 任務

遠古回放

　　位在北半球天空的 Abell 1703 星系團，由數百個不同
星系組成，它就像強大的宇宙望遠鏡或重力透鏡。位在
前景的大質量星系團（大部分由黃色的橢圓星系組成）
形成重力透鏡讓光線彎折，造成更遙遠星系的影像拉長
和變亮。這讓遙遠星系的外形扭曲成圓弧狀。

NASA, ESA, and Johan Richard (Caltech, USA); Acknowledgement:
Davide de Martin & James Long (ESA/Hubble)

名稱：Abell 1703
距離：30 億光年
星座：獵犬座
分類：星系

2022 三 ● 初五
2023 四 ○ 十六　土星合月
　　　　　　　　藍月
2024 六 ● 廿八　御夫座流星雨（Aurigids）

2005 操作團隊關閉哈伯太空望遠鏡的一對陀螺儀，僅由餘下兩對繼續運作，
　　以延長哈伯的使用壽命

哈伯任務 SM3A

　　兩位太空人漂浮在發現號的貨艙上，他們一起為哈伯太空望遠鏡進行維修。這幅是電子靜態相機拍攝的影像。哈伯第三次維修任務原訂於 2000 年 6 月，但是突如其來的第三個陀螺儀失效，使得 NASA 決定提前執行任務，於是有了 1999 年 12 月的哈伯維修任務 3A。在任務開展前的幾週，哈伯的第四個陀螺儀也故障了。哈伯的六個陀螺儀必須至少有三個正常運作才能執行任務，因此迫使哈伯進入安全狀態，休息了數週，直到太空人抵達更換了所有陀螺儀後才恢復工作。

NASA/ESA

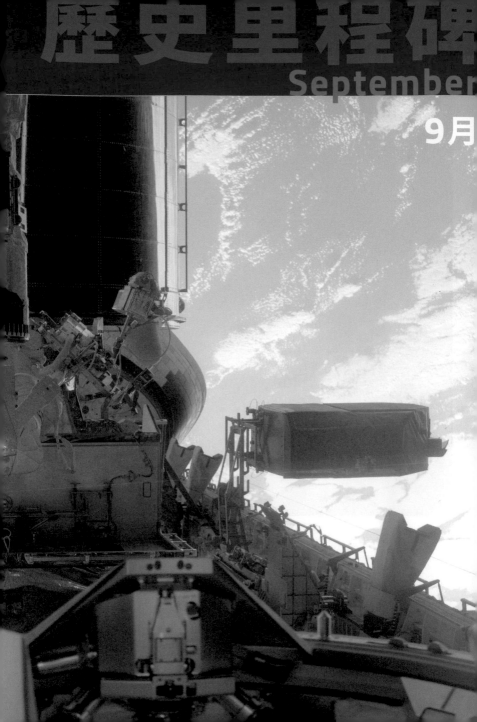

星流雲轉

　　NGC 1672 棒旋星系的旋臂上有許多炙熱的年輕藍色恆星聚集，上面還有氫氣雲發出的紅光。被塵埃覆蓋的恆星顏色偏紅。NGC 1672 的對稱外形，因為四條主旋臂更加明顯，它們邊緣的塵埃帶從星系中心往外延伸。

NASA, ESA

名稱：NGC 1672
距離：6000 萬光年
星座：劍魚座
分類：星系

2022 四 ◗ 初六　御夫座流星雨（Aurigids）

2023 五 ○ 十七　御夫座流星雨

2024 日 ● 廿九　水星合月
天王星開始逆行

1964 泰坦 3A（Titan IIIA）運載火箭首次 升空
1979 先鋒 11 號（Pioneer 11）成為史上第一艘飛掠土星的太空船

宇宙漩渦

　　M61 星系的明亮中心在影像中非常明顯，螺旋狀的旋臂
有黑色的塵埃帶。另外還有不尋常恆星組成的亮帶及旋臂上
散布紅色區塊。這些都顯示 M61 有恆星正在形成，這些發
亮的區域讓這個星系被分類為星劇增星系。

ESA/Hubble & NASA, ESO, J. Lee and the PHANGS-HST Team

名稱：M61
距離：5500 萬光年
星座：室女座
分類：星系

2022 五 ◗ 初七
2023 六 ◯ 十八
2024 一 ● 三十

1970 NASA cancels last two planned lunar landings
2015 聯合號（Soyuz）TMA-18M 搭載國際太空站 45/46 遠征隊升空

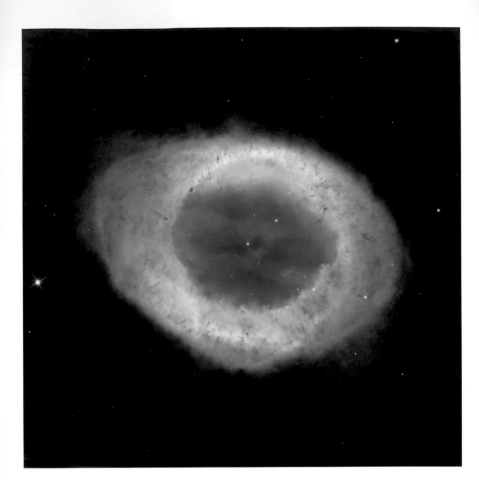

火眼金睛

　　從地球的角度看，環狀星雲有個橢圓外形和毛茸茸的外緣。不過結合地面上望遠鏡和哈伯太空望遠鏡的資料顯示這個星雲像個變形的甜甜圈。這個甜甜圈有一個橄欖球外型的區域，這個低密度區位在甜甜圈的中央，橄欖球的長軸朝向我們。

NASA, ESA, and C. Robert O'Dell (Vanderbilt University)

名稱：M57、NGC 6720、環狀星雲
距離：2500 光年
星座：天琴座
分類：行星狀星雲

2022 六 ◑ 初八
2023 日 ◔ 十九
2024 二 ● 初一

1976 維京 2 號（Viking 2）登陸火星
2006 歐洲太空總署 SMART-1 成功撞擊月球表面結束任務

疑是銀河落九天

　　大麥哲倫星雲的大部分影像都跟這張不一樣，因為這幅影像使用不同的濾鏡。一般常用的紅光濾鏡被紅外濾鏡取代。傳統的影像中，氫氣顯現出粉紅色，因為它發出的光主要在紅色波段。這幅影像中則主要呈現出藍色與綠色，這些顏色來自其他比較不顯著的發射線。

ESA/Hubble & NASA, Acknowledgements: Josh Barrington

名稱：大麥哲倫星雲
距離：16 萬光年
星座：劍魚座
分類：星系

2022 日 ◐ 初九

2023 一 ◑ 二十　木星開始逆行

2024 三 ● 初二　燕女星（Prokne，194 號小行星）衝
　　　　　　　　　　水星抵達清晨天空最高點

1784 法國天文學家卡西尼三世（Cassini de Thury）逝世

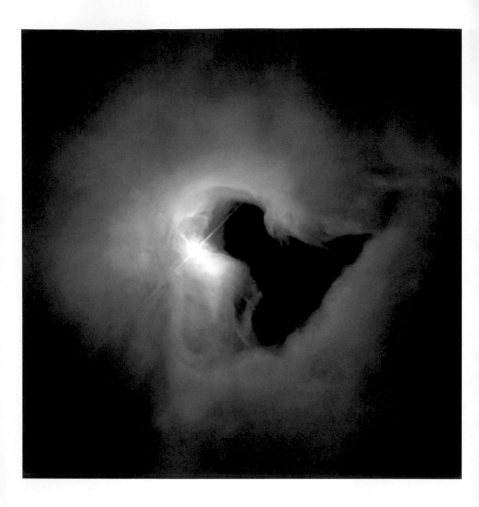

反射星雲

　　美國航太總署的太空人在 1999 年 12 月修復哈伯太空望遠鏡的短短幾週後，哈伯精選計畫選擇獵戶座裡的 NGC 1999 星雲為拍攝對象。精選計畫的天文學家與德州和愛爾蘭的科學家合作，使用哈伯的第二代廣域相機拍攝這幅彩色影像。

NASA/ESA and the Hubble Heritage Team (STScI)

名稱：NGC 1999
距離：1500 光年
星座：獵戶座
分類：星雲

09
05

2022 一 ◗ 初十　金星抵達近日點
2023 二 ◖ 廿一
2024 四 ● 初三　水星西大距
　　　　　　　　金星合月
　　　　　　　　月球抵達遠地點

─────────
1964 軌道地球物理天文臺 1 號（OGO-1）升空
1977 航海家 1 號（Voyager 1）升空

快道生活

　　M94 星系有一個明亮的環，這個環上的恆星形成速率高，可以看見許多年輕的亮星分佈在環上，因為這個原因，這個結構稱為星劇增環。這個特殊的恆星形成區可能是星系核心由內往外的壓力造成的，壓力壓縮外圍的氣體和塵埃，形成密度高的雲，這些高密度雲引發恆星形成。

ESA/Hubble & NASA

名稱：M94
距離：1500 萬光年
星座：獵犬座
分類：星系

2022 二 ◐ 十一
2023 三 ◖ 廿二
2024 五 ● 初四 月球抵達近日點
水星半相

1766 近代原子論創建者約翰・道耳吞（John Dalton）出生
1947 首次由航母上成功發射火箭（V-2）
1983 挑戰者號太空梭在 STS-8 任務中首度完成夜間降落

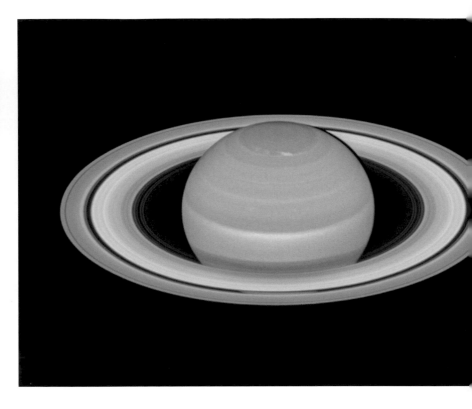

窺探行星

　　哈伯拍攝太陽系裡的行星與衛星高解析影像,只有實際探訪的太空船能勝過。但比起這些探測器,哈伯仍有一項優勢,哈伯可以定期和長期的觀測,這是飛越星球的探測器做不到的。這兩顆行星的觀測時間是 2018 年 6 月和 7 月,那是它們接近衝的時間。

Saturn: NASA, ESA, A. Simon (GSFC) and the OPAL Team, and J. DePasquale (STScI); Mars: NASA, ESA, and STScI

名稱：Mars, Saturn
距離：N/A
星座：N/A
分類：太陽系

2022 三 ◑ 十二
2023 四 ◐ 廿三
2024 六 ◕ 白露

1914 美國太空科學家詹姆斯・范・艾倫（James Alfred Van Allen）出生
1995 奮進號太空梭 STS-69 任務升空
2013 月球大氣與粉塵環境探測器（LADEE）升空

長青俱樂部

　　這個年齡 117 億年的星團是 1780 年法國天文學家皮埃爾・梅尚（Pierre Méchain）首先發現的，梅尚把他的發現告訴他的同事查爾斯・梅西耶（Charles Messier），梅西耶把這個星團放在他非彗星目錄中。這幅星光閃閃的哈伯影像，太陽般的恆星看起來是黃白色，紅色恆星是明亮的巨星，它們處於生命最後的階段。星團中的藍色恆星是年老燃燒氦的恆星，它們已經把氫燒光，現在正用核心的氦進行核融合反應。

NASA and ESA; Acknowledgement: S. Djorgovski (Caltech) and F. Ferraro (University of Bologna)

名稱：M79
距離：4 萬光年
星座：天兔座
分類：星團

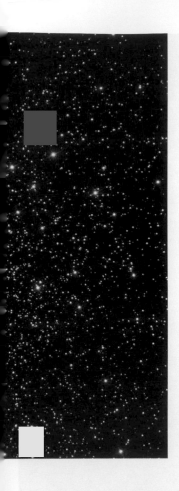

2022 四 ◯ 白露　婚神星（Juno，第 3 號小行星）衝
　　　　　　　 土星合月
　　　　　　　 月球抵達近地點

2023 五 ◑ 白露

2024 日 ◑ 初六　土星衝

1966 《星際爭霸戰》（Star Trek）影集開播
1967 測量員 5 號（Surveyor 5）月面探測器升空
2000 亞特蘭提斯號太空梭 STS-106 任務升空
2004 創世紀號（Genesis）太空船返回地球大氣層燒毀
2016 歐西里斯號（OSIRIS-REx）小行星探測器升空

信手拈來盡可驚

棒旋星系 NGC 6217 影像是 2009 年 6 月 13 日和 7 月 8 日拍攝，
這是為了測試和校正哈伯的先進巡天相機。這個星系位在天北極附近
的小熊座，距離我們大約 9000 萬光年。在哈伯的維修任務四（Service
Mission 4，又稱 STS-125）修復了先進巡天相機之後，這是它拍下的
第一張照片。

NASA, ESA and the Hubble SM4 ERO Team

名稱：NGC 6217
距離：9000 萬光年
星座：小熊座
分類：星系

2022 五 ○ 十四 九月英仙座 ε 流星雨（September epsilon-Perseids）

2023 六 ◐ 廿五 九月英仙座 ε 流星雨

2024 一 ◐ 初七 九月英仙座 ε 流星雨
水星抵達近日點

1789 美國天文學家威廉・邦德（William Bond）出生
1892 美國天文學家巴納德（E. E. Barnard）發現木衛五（Amalthea）
1975 維京 2 號（Viking 2）升空，前往火星探測
1982 民間出資的康尼斯多加 1 號（Conestoga 1）火箭升空
1994 發現號太空梭 STS-64 任務升空
2006 亞特蘭提斯號太空梭 STS-115 任務升空
2009 哈伯太空望遠鏡完成最後維護任務（Servicing Mission 4）後首批觀測影像公布

濫竽充數

　　史蒂芬五重星系（Stephan's Quintet）也稱為希克斯緻密星系團 92（Hickson Compact Group 92），這是哈伯太空望遠鏡上第三代廣域相機拍攝的影像。史蒂芬五重星系就如它的名稱一樣，有五個星系聚集在一起，不過它的名字卻容易引起誤解。研究發現左上方的 NGC 7320 其實是前景星系，它與地球的距離只有其它四個星系的七分之一。

NASA, ESA and the Hubble SM4 ERO Team

名稱：希克斯緻密星系團 92、
　　　史蒂芬五重星系
距離：3 億光年
星座：飛馬座
分類：星系

2022 六 ◯ 十五
2023 日 ◐ 廿六
2024 二 ◑ 初八

1857 美國天文學家詹姆斯・基勒（James Keeler） 出生
1967 測量員 5 號（Surveyor 5）月面探測器登陸月球
1978 蘇聯金星探測器金星 11 號（Venera 11）升空
2011 NASA 繞月觀測衛星 GRAIL（重力回朔及內部結構實驗室）升空

仙女綾綢

　　這幅是哈伯太空望遠鏡拍攝過最大、解析度最高的仙女座星系影像,它也稱為 M31。它也是哈伯拍過最大的影像,影像中有超過 1 億顆恆星和數千個埋藏在裡面的星團,這個區域橫跨超過 4 萬光年。這張照片是仙女座星系全景圖的部分,原圖有 15 億個像素。完整的全景圖則有 29 億像素。仙女座星系包含一兆個恆星。

NASA, ESA, J. Dalcanton (University of Washington, USA), B. F. Williams (University of Washington, USA), L. C. Johnson (University of Washington, USA), the PHAT team, and R. Gendler.

名稱:仙女座星系、M31
距離:250 萬光年
星座:仙女座
分類:星系

2022 日 ○ 十六　木星合月

2023 一 ● 廿七

2024 三 ◑ 初九

1877 英國天體物理學家詹姆斯‧金斯（James Jeans）出生
1985 國際彗星探索者號（International Cometary Explorer，簡稱 ICE）
　　　衛星抵達 賈科比尼－金諾（Giacobini-Zinner）彗星，是史上首度飛掠彗星
1997 火星全球探勘者號（Mars Global Surveyor）進入環繞火星的軌道

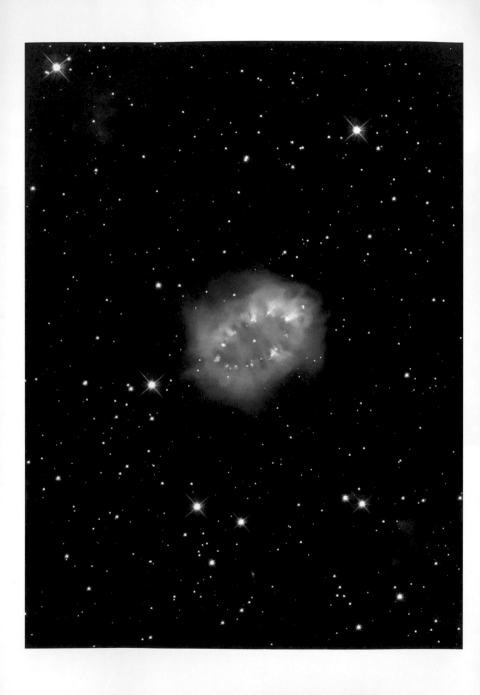

綴滿鑽石的天空

　　項鍊星雲有個平凡的名字 PN G054.2-03.4，它是由一對類似太陽、相互靠近的恆星組成。大約 1 萬年前，其中一顆星老化膨脹、吞沒另一顆較小的恆星，形成所謂的「共同殼層」。較小的恆星持續在較大恆星內側運行，加快腫脹巨星的轉速，直到它把大部分的物質拋到太空中。這拋出的碎片形成環狀的項鍊星雲，一些密度高的氣體團塊看來就像項鍊上的閃亮「鑽石」。

ESA/Hubble & NASA, K. Noll

名稱：PN G054.2-03.4、項鍊星雲
距離：1 萬 5000 光年
星座：天箭座
分類：行星狀星雲

09
12

2022 一 ○ 十七
2023 二 ● 廿八　月球抵達遠地點
2024 四 ◑ 初十

1959 蘇聯月球 2 號（Luna 2）升空
1966 NASA 雙子星 11 號（Gemini XI）升空
1970 蘇聯月球 16 號（Luna 16）升空
1991 發現號太空梭 STS-48 任務升空
1992 奮進號太空梭 STS-47 任務升空
1993 發現號太空梭 STS-51 任務升空
2005 日本太空總署隼鳥號（Hayabusa）進入環繞糸川星（Itokawa，25143 小行星）的軌道
2017 聯合號 MS-06 搭載國際太空站 53/54 遠征隊升空

宇宙葵花

　　這幅哈伯太空望遠鏡的影像，M63 星系旋臂的樣子好像向日葵，所以這個星系暱稱為向日葵星系並不是巧合。M63 距離我們約 2900 萬光年，屬於 M51 星系群，這個星系群以最亮成員 M51 為名，M51 的別稱是渦狀星系。

ESA/Hubble & NASA

名稱：M63、向日葵星系
距離：2900 萬光年
星座：獵犬座
分類：星系

2022 二 ○ 十八
2023 三 ● 廿九
2024 五 ◑ 十一

1977 企業號（Enterprise）太空梭第二次滑翔測試
1978 金星 12 號（Venera 12）升空
1994 NASA 與 ESA 合作的無人太陽探測船尤里西斯號（Ulysses）
　　 完成史上首度飛掠太陽南極區上空
2019 哈伯太空望遠鏡偵測到 110 光年外一顆系外行星大氣層中的水蒸氣

錯把馮京當馬涼

　　當天文學家查爾斯・梅西耶在 1764 年首次把 M28 放到他的
目錄中，他做了錯誤的分類，認為它是個「沒有恆星的星雲」。
我們現在知道星雲非常巨大，通常是發亮的星際塵埃和游離的氣
體，但是直到二十世紀初，星雲還被認為是小範圍與孤立的天體，
任何未辨識的模糊天體都可以稱為星雲。實際上梅西耶的 110 個
天體被他稱為「星雲星團目錄」，他還把不同的星團和超新星殘
骸都分類為星雲，這包括 M28，不過從哈伯的影像中可以看出，
它是個不折不扣的星團。

ESA/Hubble & NASA, J. E. Grindlay et al.

名稱：M28
距離：1 萬 8000 光年
星座：人馬座
分類：球狀星團

09
14

2022 三 ○ 十九
2023 四 ● 三十
2024 六 ◑ 十二

1959 蘇聯月球 2 號登陸月球，成為史上第一艘在月球著陸的無人探測器
2007 日本太空總署無人月球探測器輝夜姬號（Selene）升空

胚胎星雲

NGC 1333 位在英仙座，有時也被稱為胚胎星雲，距離我們約 1000 光年。低溫的氣體和塵埃聚集在這裡形成新恆星，這些恆星的光在附近反射，照亮這個區域，讓我們看見它的存在。根據這個現象 NGC 1333 分類為反射星雲。

ESA/Hubble & NASA, K. Stapelfeldt

名稱：NGC 1333
距離：1000 光年
星座：英仙座
分類：星雲

09
15

2022 四 ◐ 二十　土星合月
2023 五 ● 初一
2024 日 ◐ 十三

1965 《太空歷險記》（Lost in Space）影集開播
1968 蘇聯探測器 5 號（Zond 5）升空，是史上首度搭載活體生物（烏龜）進行繞月飛行
2016 中國天宮 2 號太空站升空
2017 卡西尼號（Cassini）按照計畫進入土星大氣層，結束任務
2021 SpaceX 的 Inspiration 4 計畫成功升空，搭載史上第一個上太空過夜的平民旅遊團

長尾巨獸

　　這是哈伯太空望遠鏡的第二代廣域相機拍攝的影像，
影像中的是位在孔雀座的 NGC 6872 星系。它不尋常的
外形是跟較小星系交互作用的結果，這個名為 IC 4970
的較小星系位在 NGC 6872 的上方，它們距離地球大約
3 億光年。NGC 6872 從一端到另一端長達 50 萬光年，
是已知第二大的螺旋星系，僅次於 NGC 262。NGC 262
的直徑有 130 萬光年。

Image credit: ESA/Hubble & NASA; Acknowledgement: Judy Schmidt

名稱：IC 4970、NGC 6872
距離：3 億光年
星座：孔雀座
分類：星系

2022 五 ◐ 廿一
2023 六 ● 初二
2024 一 ◑ 十四　月球抵達遠日點

1848 人類首度觀測到土衛七（Hyperion）
1978 臺灣中秋節當晚發生月全食
1996 亞特蘭提斯號太空梭 STS-79 任務升空

形單影隻

哈伯太空望遠鏡拍攝這幅 Herbig-Haro 110（HH 110）的影像，
這個天體就像從新生恆星噴出的間歇泉熱氣。它不同於大部分的
赫比格—哈羅天體，這類天體大都是成對出現，HH 110 只有一
側的噴流。天文學家認為它是另一個天體 HH 270 的延伸，可能
是 HH 270 撞擊到緻密的雲氣，形成轉向的 HH 110。

NASA, ESA and the Hubble Heritage team (STScI/AURA)

名稱：HH 110
距離：1500 光年
星座：獵戶座
分類：恆星

09
17

2022 六 ◑ 廿二　海王星衝
火星合月

2023 日 ● 初三

2024 二 ○ 中秋節　土星合月

1789 英國天文學家威廉・赫歇爾（William Herschel） 發現土衛一
1857 俄國火箭專家齊奧爾科夫斯基（Konstantin Tsiolkovsky） 出生
1930 阿波羅 14 號登月太空人埃德加・米切爾（Ed Mitchell） 出生
1959 X-15 火箭動力試驗機首次試飛
1976 企業號太空梭首次亮相

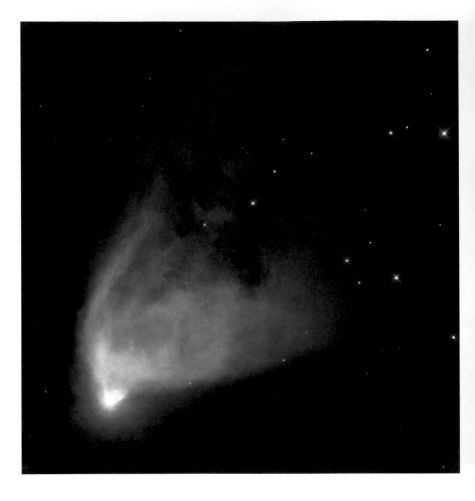

變光星雲

　　哈伯變光星雲就跟哈伯太空遠鏡一樣，都是以美國
天文學家愛德溫‧哈伯的名字命名，哈伯是最早研究
這個天體的天文學家之一。它扇形的雲氣由氣體和塵埃
組成，由星雲最下方的亮星麒麟座 R 星照亮。恆星附近
的緻密塵埃在星雲形成影子，當它們移動位置時造成光
源變化，讓星雲亮度跟著改變，哈伯是第一個發現這個
現象的科學家。

NASA/ESA and The Hubble Heritage Team (AURA/STScI).

名稱：NGC 2261、R Mon、
　　　哈伯變光星雲
距離：2500 光年
星座：麒麟座
分類：星雲

2022 日 ◑ 廿三
2023 一 ● 初四　月球抵達近日點
　　　　　　　2P/Encke 彗星抵達近地點
　　　　　　　金星達最大亮度
2024 三 ○ 十六　月球抵達近地點
　　　　　　　超級滿月

1959 先鋒 3 號（Vanguard 3）地球科學研究衛星升空進入環繞地球的軌道
1964 農神 1 號火箭 SA-7 任務發射
1977 航海家 1 號（Voyager 1）首次拍下地球和月球的合照
2006 阿努什・安薩里（Anousheh Ansari）成為第一位女性太空觀光客
2013 天鵝座 1 號（Cygnus 1）補給船升空前往國際太空站

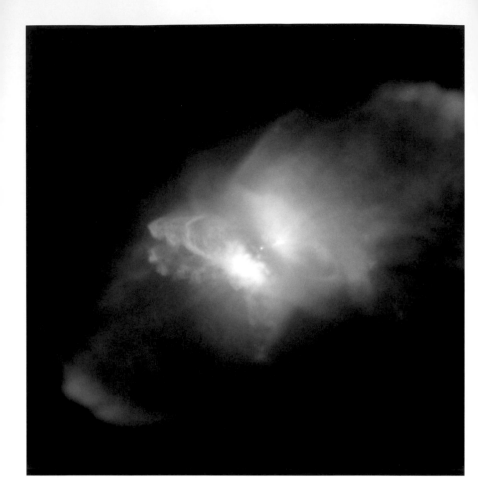

冰清玉潔

　　霜獅星雲（Frosty Leo Nebula）的有趣名字來自它富含水冰微粒，而且它位在獅子座。這個星雲特別值得注意，因為它遠離銀河盤面，不受星際雲氣的影響。它複雜的形狀包含球狀的暈、中央恆星周圍的圓盤、葉狀裂片和巨大的環。這複雜的結構強烈暗示這個星雲的形成過程相當複雜，有人認為它的中央恆星是雙星系統。儘管第二顆恆星目前尚未發現，但可能因為它的存在才造就了星雲現在的形狀。

ESA/Hubble & NASA

名稱：霜獅星雲、
　　　IRAS 09371+1212
距離：1萬光年
星座：獅子座
分類：前行星狀星雲

2022 一 ◗ 廿四　月球抵達遠地點
2023 二 ◖ 初五　海王星衝
2024 四 ○ 十七

1676 英國格林威治皇家天文臺開始進行觀測
2002 NASA 公布哈伯太空望遠鏡與錢卓 X 射線天文臺拍攝的
　　 蟹狀星雲脈衝星（Crab pulsar）的劇烈活動

七彩回力棒

　　哈伯太空望遠鏡上的先進巡天相機在 2005 年初拍攝的回力棒星雲影像。兩片接近對稱的扇狀雲由塵埃與氣體組成，它們是中央恆星拋出的物質。每個扇狀雲的長度都接近一光年，整個星雲的總長度跟我們到最近恆星系統的一半距離相當。

NASA, ESA and The Hubble Heritage Team STScl/AURA

名稱：LEDA 3074547、回力棒星雲
距離：2500 光年
星座：半人馬座
分類：星雲

2022 二 ◑ 廿五
2023 三 ◐ 初六
2024 五 ○ 十八

1945 德國火箭專家華納・馮・布朗（Wernher von Braun） 抵達美國
1966 測量員 2 號（Surveyor 2） 無人月面探測器升空
1970 蘇聯月球 16 號（Luna 16）登陸月球
1979 高能天文臺 3 號（HEAO-3）升空
1988 以色列發射第一枚人造衛星

刀鋒邊緣

　　這個星系稱為 NGC 5907，它橫跨這幅影像。影像中
顯示帶狀的恆星與塵埃帶，這個星系分類為螺旋星系，
就像我們的銀河系一樣。這幅哈伯太空望遠鏡影像中，
沒有美麗的旋臂，因為我們從側面看這個星系，就像看
盤子的邊緣。所以 NGC 5907 也稱為刀刃星系。

ESA/Hubble & NASA, R. de Jong, Acknowledgement: Judy Schmidt

名稱：NGC 5907
距離：5000 萬光年
星座：天龍座
分類：星系

2022 三 ◐ 廿六
2023 四 ◑ 初七　月掩心宿二
2024 六 ◯ 十九　海王星衝

1866 英國科幻小說家赫伯特・喬治・威爾斯（H. G. Wells）出生
1874 英國作曲家古斯塔夫・霍爾斯特（Gustav Holst）出生
2003 伽利略號按照計畫撞向木星墜毀，結束任務
2018 日本機器人 HIBOU & OWL 投放到小行星龍宮（Ryugu）表面

細看仙女

　　這幅是哈伯太空望遠鏡拍攝一小部份仙女座星系盤面的影像，仙女座星系是離銀河系最近的螺旋星系。哈伯位在地球大氣層上方，不受大氣擾動影響，而且仙女座星系相當近，表示哈伯可以解析星系裡的恆星，而不像一般星系，只能看到一團白色模糊的樣子。

NASA, ESA and T.M. Brown (STScI)

名稱：仙女座星系、M31
距離：250 萬光年
星座：仙女座星系
分類：星系、恆星

2022 四 ● 廿七
2023 五 ◑ 初八　水星西大距
2024 日 ◐ 秋分　昴宿星團接近月球

1791 英國物理學家、化學家麥可‧法拉第（Michael Faraday）出生
1990 先鋒 10 號（Pioneer 10）到達距離太陽 50 AU 的位置
2006 日本太空總署與 NASA、英國合作的太陽探測衛星日出號（Hinode）升空
2014 NASA 的「火星大氣與揮發物演化任務」（MAVEN）探測器 進入環繞火星軌道

各顯神通

　　這個多波段、深入的研究揭露了 NGC 1512 的複雜面貌。這幅多波段拍攝組成的影像，是哈伯望遠鏡用不同儀器拍攝的結果，它們包括暗天體相機（Faint Object Camera）、第二代廣域和行星相機（Wide Field and Planetary Camera 2）和近紅外線相機和多目標分光儀（Near Infrared Camera and Multi-Object Spectrometer）。

NASA, ESA, Dan Maoz (Tel-Aviv University, Israel, and Columbia University, USA)

名稱：IRAS 04022-4329、
　　　NGC 1512
距離：3800 萬光年
星座：時鐘座
分類：星系

09
23

2022 五 ● 秋分　水星下合日
2023 六 ◐ 秋分　水星半相
2024 一 ◑ 廿一

1783 英國天文學家卡洛琳・赫歇爾（Caroline Herschel）發現 NGC 253 星系
1846 德國天文學家伽勒（J. G. Galle）發現海王星
1977 企業號太空梭第三次滑翔測試

織錦

　為了慶祝 2009 國際天文年，哈伯太空望遠鏡、史匹哲太空望遠鏡和錢卓 X 光望遠鏡一起觀測銀河系的中心。這史無前例的壯麗影像中，紅外與 X 射線穿透層層的塵埃，觀測到銀河中心附近的劇烈活動。

NASA, ESA, SSC, CXC and STScI

名稱：人馬座
距離：2 萬 5000 光年
星座：人馬座
分類：星系

2022 六 ● 廿九

2023 日 ◗ 初十　水星抵達近日點

2024 二 ◖ 廿二　木星合月
不規則星系 NGC 55 達最佳觀測位置

1930 美國太空人約翰・楊（John Young）出生，他是唯一駕駛過四種太空飛行器的太空人：
　　雙子星飛船、阿波羅指揮艙、阿波羅登月小艇、太空梭
1970 蘇聯月球 16 號（Luna 16）帶著月球土壤樣本安全返回地球
1999 全球第一顆高解析度商業資源衛星 IKONOS-1 升空
2014 印度火星軌道探測器（Mars Orbiter Mission）成功進入環繞火星軌道

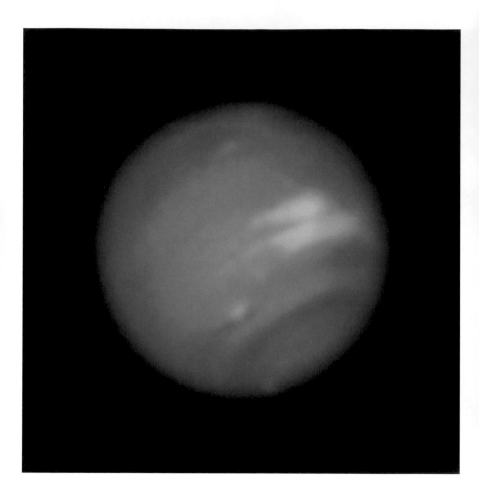

海王星風暴

　　這幅哈伯太空望遠鏡的可見光影像顯示海王星的大氣有黑色氣旋存在，它位在海王星南半球亮雲下方的黑色區域，這個黑色區域寬度大約 4800 公里。其他的高空雲出現在海王星的赤道與極區。

NASA, ESA, and M.H. Wong and J. Tollefson (UC Berkeley)

名稱：海王星
距離：N/A
星座：N/A
分類：太陽系

09
25

2022 日 ● 三十　不規則星系 NGC 55 達最佳觀測位置
2023 一 ◑ 十一　不規則星系 NGC 55 達最佳觀測位置
2024 三 ◐ 廿三　火星合月

1973 天空實驗室 3 號（Skylab 3）59 天任務結束，安全返回地面
1992 火星觀察者號（Mars Observer）升空
1997 亞特蘭提斯號太空梭 STS-86 任務升空
2008 中國太空船神州 7 號升空
2012 哈伯極深空（eXtreme Deep Field）影像公布，是目前可見光影像所見的宇宙最深之處
2013 聯合號（Soyuz）TMA-10M 搭載 國際太空站 37/38 遠征隊升空
2014 聯合號（Soyuz）TMA-14M 搭載國際太空站 41/42 遠征隊升空

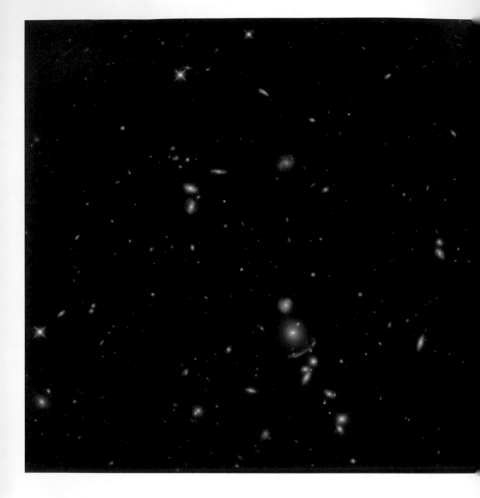

重力之弧

　　哈伯太空望遠鏡的影像顯示一個距離我們 75 億光年的星系團，這個星系團裡有數百個星系。SDSS J1156+1911 是星系團中最亮的星系，稱為星系團最亮星系（Brightest Cluster Galaxy），它位在影像的中下方。這是由史隆巨弧巡天（Sloan Giant Arcs Survey）發現，這個計畫使用史隆數位巡天（Sloan Digital Sky Survey）的資料，這個巡天資料涵蓋很大一部分的天空，他們發現 70 多個受重力透鏡影響的星系。

ESA/Hubble & NASA; Acknowledgement: Judy Schmidt

名稱：SDSS J1156+1911
距離：80 億光年
星座：獅子座
分類：星系

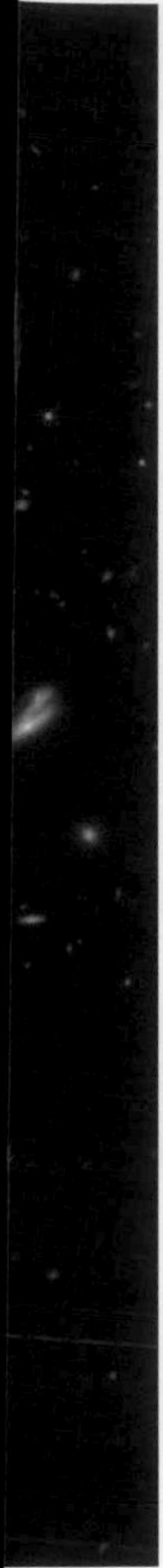

09
26

2022 一 ● 初一
2023 二 ◑ 十二
2024 四 ◐ 廿四

1991 NASA 啟用生物圈 2 號實驗室

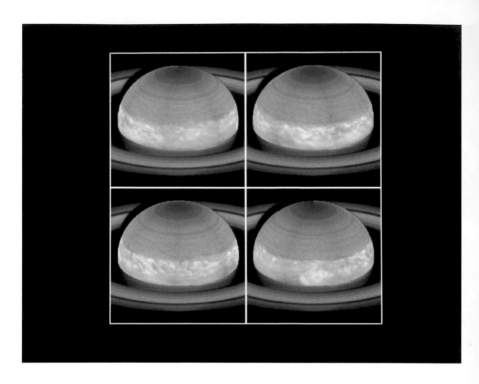

土星大風暴

　　土星上白斑的影像和影片顯示一巨大的風暴出現在土星赤道附近，這是哈伯太空望遠鏡的廣域和行星相機在 1990 年 11 月拍攝的影像。這個白斑是由業餘天文學家在 1990 年 9 月發現。這樣的風暴相當罕見，前一個赤道上的風暴出現在 1933 年。影片包含完整的土星自轉週期，這個風暴延展至整個赤道區域，一些區域呈現巨大的雲，其他的區域呈紊流的狀態。

NASA/ESA

名稱：土星
距離：N/A
星座：N/A
分類：太陽系

2022 二 ● 初二　木星衝
六分儀座日間流星雨（Daytime Sextantids）
球狀星團杜鵑座 47 達最佳觀測位置

2023 三 ◗ 十三　土星合月
球狀星團杜鵑座 47 達最佳觀測位置

2024 五 ◖ 廿五　六分儀座日間流星雨
球狀星團杜鵑座 47 達最佳觀測位置

1814 美國天文學家丹尼爾・科克伍德（Daniel Kirkwood）出生
1905 愛因斯坦的狹義相對論與質能互換式問世
2007 曙光號（Dawn）無人太空探測器升空，前往小行星帶
2008 哈伯太空望遠鏡因資料格式器發生錯誤而進入安全模式

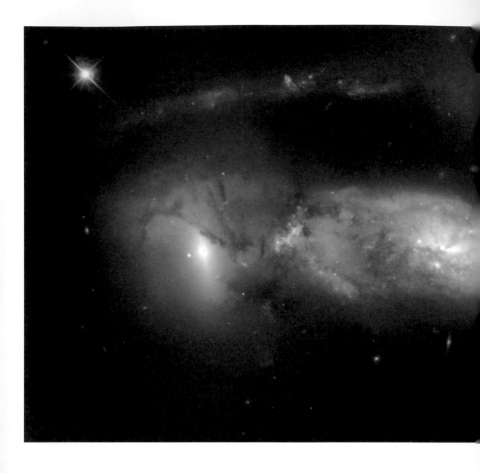

星系之吻

　　Arp 81 是一對強烈互動中的星系，我們看到的是雙方最接近之後 1 億年的景象。這個系統包含 NGC 6621（右）及 NGC 6622（左）。NGC 6621 是兩個星系中較大的一個，是個嚴重變形的螺旋星系。撞擊造成 NGC 6621 形成一條長長的尾巴，環繞在它的外圍。這次的碰撞在兩星系間引發劇烈恆星形成。跟著名的觸鬚星系比起來，科學家相信 Arp 81 有更多的年輕大質量星團。

NASA, ESA, the Hubble Heritage Team (STScI/AURA)-ESA/Hubble Collaboration and W. Keel (University of Alabama, Tuscaloosa)

名稱：Arp 81、NGC 6621、
　　　NGC 6622
距離：3 億光年
星座：天龍座
分類：星系

2022 三 ● 初三　月球抵達遠日點
2023 四 ○ 十四　六分儀座日間流星雨（Daytime Sextantids）
　　　　　　　　月球抵達遠地點
2024 六 ◗ 廿六

1953 美國天文學家艾德溫・哈伯（Edwin Powell Hubble）逝世
2008 SpaceX 成功發射獵鷹 1 號（Falcon 1）運載火箭升空

新恆星的反噬

　　哈伯拍攝劇烈的恆星形成區：NGC 2174，裡面的恆星一旦形成就先來先贏，狂暴地把剩下的都吹散。恆星形成是一個非常沒有效率的過程，大多數用來形成恆星的物質都變成氣體和塵埃或星雲散失在太空中。NGC 2174 受到年輕炙熱恆星的高速恆星風衝擊，讓星雲的散失速度更高。

ESA/Hubble & NASA

名稱：NGC 2174
距離：6500 光年
星座：獵戶座
分類：星雲

2022 四 ● 初四
2023 五 ○ 中秋節
2024 日 ◑ 廿七

1901 義大利物理學家費米（Enrico Fermi）出生
1907 物理學家吳大猷出生
1977 蘇聯禮炮 6 號（Salyut 6）太空站升空
1988 發現號太空梭 STS-26 任務升空，是挑戰者號失事之後的第一次太空梭任務
2009 信使號（MESSENGER）第三度、也是最後一次飛掠水星

矮行星典型

　　NGC 5477 是 M101 星系群裡的一個矮星系，是這幅哈伯太空望遠鏡影像裡的主角。這個星系沒有明顯的結構，不過可以看見恆星形成的跡象。NGC 5477 是矮不規則星系的樣版。延伸過大部分星系的明亮星雲是氫發出的光，星雲裡面有新恆星誕生。這些雲氣實際上應該發出紅光，不過這幅影像使用綠色和紅外濾鏡拍攝，所以讓這些雲氣看起來接近白色。

ESA/Hubble & NASA

名稱：NGC 5477
距離：2000 萬光年
星座：大熊座
分類：星系

09
30

2022 五 ● 初五
2023 六 ○ 十六
2024 一 ● 廿八　王后星（Massalia，20 號小行星）衝

1550 克卜勒的數學老師、德國天文學家梅斯特林（Michael Maestlin）出生
1880 美國天體攝影先驅亨利・德雷伯（Henry Draper）拍下第一張獵戶座星雲照片
1882 德國物理學家蓋革（Johannes Wilhelm Geiger）出生
1994 奮進號太空梭 STS-68 任務升空
2005 聯合號（Soyuz）TMA-7 搭載國際太空站 12 遠征隊升空
2009 聯合號（Soyuz）TMA-16 搭載國際太空站 21/22 遠征隊升空
2016 羅塞塔號（Rosetta）依歐洲太空總署指令撞向 67P 彗星，結束任務

系外行星

　　2004 年，天文學家利用哈伯太空望遠鏡第一次以可見光拍攝到太陽系以外的行星。這張影像上，這顆名為北落師門 b（Fomalhaut b）的行星只是一個微小光點，正圍繞著南方的亮星北落師門（Fomalhaut）運行。2006 年哈伯再度拍攝到北落師門 b，這讓天文學家足以計算它繞行北落師門一週的時間需要 872 年。這張照片以日冕儀遮擋了亮星周圍（畫面中央的黑色區域），以便讓亮度僅有北落師門 1 億分之一的行星能被看見，圖中放射狀的線條是恆星散射的光線。北落師門位於南魚座，距離我們 25 光年。

NASA, ESA and P. Kalas (University of California, Berkeley, USA)

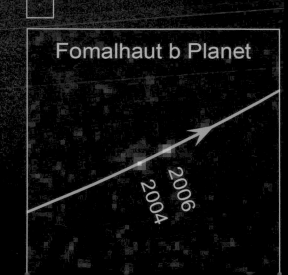

Fomalhaut b Planet

2006
2004

透鏡總動員

　　Abell 2218 是個由數千個星系組成的星系團，它位在北半球的天龍座，距離我們約 21 億光年（紅移 0.17）。天文學家用這個星系團為重力透鏡來放大更遠的星系，讓他們的看見更遙遠的宇宙。不過重力透鏡不只是放大，還把星系變成細長的弧狀。

NASA, ESA, and Johan Richard (Caltech, USA), Acknowledgement: Davide de Martin & James Long (ESA/Hubble)

名稱：Abell 2218
距離：21 億光年
星座：天龍座
分類：星系

2022 六 ● 初六　仙女座星系的衛星星系 M110 達最佳觀測位置

2023 日 ○ 十七　仙女座星系的衛星星系 M110 達最佳觀測位置

2024 二 ● 廿九　仙女座星系的衛星星系 M110 達最佳觀測位置
　　　　　　　　　仙女座星系（M31）及其伴星系 M32 達最佳觀測位置
　　　　　　　　　水星上合日

1897 芝加哥大學葉凱士天文臺（Yerkes Observatory）40 吋折射式望遠鏡啟用
1922 美籍華裔物理學家楊振寧出生
1958 美國航空太空總署（NASA）正式運作
1962 全球最大 300 呎電波望遠鏡在綠堤（Green Bank）開始運轉
1977 美國建造哈伯太空望遠鏡的「大太空望遠鏡」（Large Space Telescope）計畫正式展開
1990 由哈伯太空望遠鏡觀測結果產生的第一篇科學論文誕生
2010 中國第二顆繞月人造衛星嫦娥 2 號升空

世代同堂

　　NGC 1866 不是一般的星團，它是一個年輕的球狀星團，這個星團距離我們不遠，我們可以研究星團裡的個別恆星。我們還不清楚球狀星團是怎麼形成的，一般來說球狀星團的恆星都比較老，而且金屬含量較低。天文上的「金屬」是指比氫和氦還重的元素，因為恆星的一生中會在它們的核心持續進行核融合反應製造出較重的元素，金屬含量低代表恆星的年齡老，因為當它們形成時，宇宙中的金屬含量還非常低。NGC 1866 的情況比較特殊，不是所有的恆星都一樣，不同的世代的恆星都一起出現在這個星團裡面。

ESA/Hubble & NASA

名稱：NGC 1866
距離：15 萬光年
星座：劍魚座
分類：球狀星團

2022 日 ◑ 初七　鳥神星（136472 Makemake）衝
仙女座星系（M31）及其伴星系 M32 達最佳觀測位置

2023 一 ○ 十八　木星合月
海后星（Amphitrite，第 29 號小行星）衝
仙女座星系（M31）及其伴星系 M32 達最佳觀測位置

2024 三 ● 三十

螺旋大觀

    M100（也稱為 NGC 4321）是個宏觀螺旋星系，位在后髮座的南方。它是室女座星系團中最亮、最大的星系之一，距離我們銀河系約 5500 萬光年，它的直徑約 10 萬 7000 光年，比銀河系大 60% 左右。最早由皮埃爾梅尚（Pierre Méchain）於 1781 年發現，29 天後查爾斯‧梅西耶（Charles Messier）再次看到它，而且把它放到星雲與星團目錄中。它是最早被發現的螺旋星系之一，1850 年羅斯伯爵威廉‧帕森思（Lord William Parsons of Rosse）把它列入 14 個螺旋星雲之一。

NASA, ESA

名稱：M100, NGC 4321
距離：5500 萬光年
星座：后髮座
分類：星系

2022 一 ◗ 初八　玉夫座星系（NGC 253）達最佳觀測位置
2023 二 ◖ 十九　鳥神星（136472 Makemake）衝
　　　　　　　　玉夫座星系（NGC 253）達最佳觀測位置
　　　　　　　　昴宿星團（M45）接近月球
2024 四 ● 初一　鳥神星（136472 Makemake）衝
　　　　　　　　月球抵達遠地點
　　　　　　　　玉夫座星系（NGC 253）達最佳觀測位置

1935 美國太空人查爾斯・杜克（Charlie Duke）出生，他是至今最年輕的月球漫步者
1942 第一部 V2 火箭升空
1962 水星計畫 Sigma 7 載人太空船升空
1967 X-15A-2 試驗機創下 6.7 馬赫飛行速度紀錄
1985 亞特蘭提斯號太空梭 STS-51J 任務升空
2018 天文學家宣布藉由克卜勒和哈伯太空望遠鏡蒐集的資料，可能發現了一顆繞行
　　　系外行星 Kepler-1625b 的系外衛星
2018 MASCOT 著陸器成功在小行星龍宮（162173 Ryugu）表面降落

魅影謎團

　　這個巨大、模糊的星系相當瀰漫，天文學家可以清楚看到它背後的星系。這個星系的外形不明確，它看起來不像典型的螺旋星系，也不像橢圓星系。從球狀星團的顏色估算，這個星系的年齡大約 100 億年。即使是球狀星團也跟別人不一樣，它們是一般的兩倍大。不過這些都還不是最奇怪的，這個名為 NGC 1052-DF2 的星系，最奇特的地方是它完全沒有或僅有非常少暗物質。天文學家預期這樣大小的星系應該有一些暗物質存在。至於它如何形成仍然是個未解之謎。

NASA, ESA, and P. van Dokkum (Yale University)

名稱：NGC 1052-DF2
距離：6500 萬光年
星座：鯨魚座
分類：星團

2022 二 初九　小麥哲倫星雲（SMC）達最佳觀測位置
2023 三 ◑ 二十
2024 五 ● 初二　小麥哲倫星雲（SMC）達最佳觀測位置
　　　　　　　　玉夫座的螺旋星系 NGC 300 達最佳觀測位置

1947 人類完成首次超音速飛行
1947 量子力學創始人、德國物理學家普朗克（Max Planck）逝世
1957 史波尼克 1 號（Sputnik 1）升空，成為史上第一顆人造衛星
1959 蘇聯無人太空探測器月球 3 號（Luna 3）升空
1965 蘇聯無人太空探測器月球 7 號（Luna 7）升空
2004 太空飛機太空船 1 號（SpaceShipOne）贏得 X 獎（X Prize）
2011 哈伯太空望遠鏡團隊的亞當‧里斯（Adam Riess）等天文學家利用哈伯
　　　和幾座地面望遠鏡的資料，發現宇宙正在加速擴張，而獲得諾貝爾物理獎

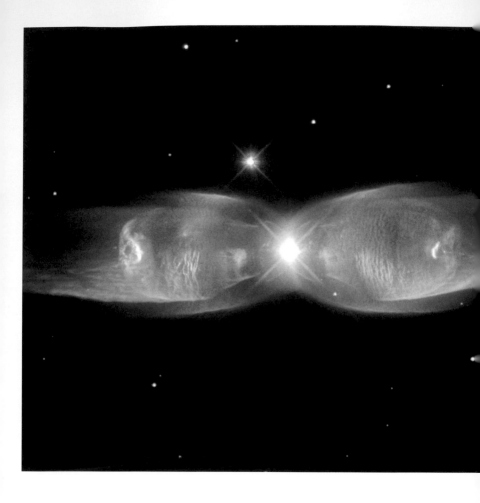

雙噴流星

雙噴流星雲或 PN M2-9 是一個引人注目的雙噴流行星狀星雲。雙星系統造成雙極行星狀星雲的外形，研究顯示星雲的大小隨時間變大，從它的變大的速率，科學家推測這顆恆星是 1200 年前開始噴發的。

ESA/Hubble & NASA; Acknowledgement: Judy Schmidt

名稱：M2-9、雙噴流星雲
距離：4000 光年
星座：蛇夫座
分類：行星狀星雲

2022 三 ◑ 初十　土星合月
月球抵達近地點
玉夫座的螺旋星系 NGC 300 達最佳觀測位置
2023 四 ◔ 廿一　小麥哲倫星雲（SMC）達最佳觀測位置
玉夫座的螺旋星系 NGC 300 達最佳觀測位置
2024 六 ● 初三　十月鹿豹座流星雨（October Camelopardalids

1882 發明液態火箭的美國工程師戈達德（Robert Goddard）出生
1923 美國天文學家艾德溫・哈伯（Edwin Hubble）發現 M31 星系的造父變星
1962 歐洲南方天文臺（European Southern Observatory）成立
1984 挑戰者號太空梭 STS-41G 任務升空

變星現身

　　哈伯拍攝的船尾座 RS（RS Puppis）影像，船尾座 RS 是一顆造父變星。以變星來說，造父變星的週期相當長，船尾座 RS 的週期在 40 天左右，這其間它的亮度變化接近五倍。船尾座 RS 相當特別，這顆變星被厚厚的塵埃雲環繞，讓它發生明顯的光回波現象。

NASA, ESA, and the Hubble Heritage Team (STScI/AURA)-Hubble/Europe Collaboration; Acknowledgment: H. Bond (STScI and Penn State University)

名稱：RS Puppis
距離：6500 光年
星座：船尾座
分類：恆星

2022 四 ◗ 十一　十月鹿豹座流星雨（October Camelopardalids）
2023 五 ◖ 廿二　十月鹿豹座流星雨（October Camelopardalids）
2024 日 ● 初四　月球抵達近日點
　　　　　　　　　金星合月

1990 發現號太空梭 STS-41 任務升空
1992 美國 NASA 與俄羅斯 RASA 簽署《人類太空飛行協議》
　　　（Human Spaceflight Agreement），讓雙方太空人共同參與任務
1995 瑞士天文學家在《自然》期刊發表飛馬座行星 51 Pegasi b 的研究成果，
　　　這是人類發現的第一顆系外行星
2008 信使號（MESSENGER）再度飛掠水星

橫看成嶺側成峰

　　這幅哈伯的影像是一個螺旋星系的側面，提供螺旋星系立體形狀的訊息。整體來說螺旋星系的外形像個扁平的煎餅，不過它們明亮、球狀、充滿恆星的核球比盤面還突出，從側面看螺旋星系，它們的外形就像飛碟。

ESA/Hubble & NASA, D. Rosario

名稱：NGC 3717
距離：6000 萬光年
星座：長蛇座
分類：星系

2022 五 ◑ 十二　月球抵達遠日點
2023 六 ◐ 廿三
2024 一 ● 初五

1885 丹麥物理學家尼爾斯・玻爾（Niels Bohr）出生
1906 NASA 第二任署長詹姆斯・韋伯（James Edwin Webb）出生
1959 蘇聯月球 3 號（Luna 3）傳回人類第一次見到的月球背面影像
2002 亞特蘭提斯號太空梭 STS-112 任務升空
2010 聯合號（Soyuz）TMA-01M 搭載 國際太空站 25/26 遠征隊升空

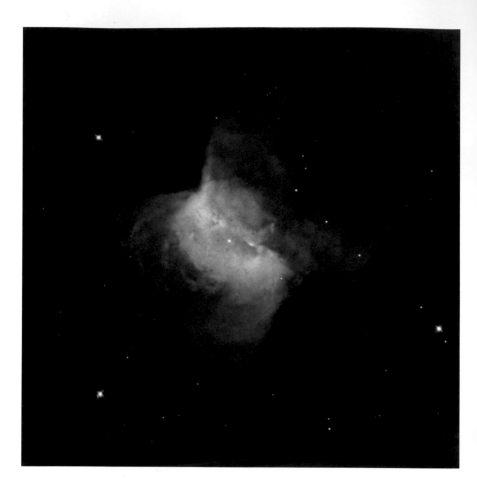

吞噬伴侶的紅巨星

　　NGC 2346 是所謂的行星狀星雲，行星狀星雲是太陽般恆星在死亡前拋出的物質形成的。NGC 2346 外形如此特別，是因為中央的恆星是個雙星系統，兩顆星以 16 天的週期互繞。這兩顆恆星一開始分離較遠，當其中一顆恆星老化，膨脹成紅巨星，膨脹的紅巨星把伴星吞沒。伴星漸漸以螺旋軌跡靠近紅巨星，這個過程中往外噴出物質在這雙星系統外圍形成一個環。當紅巨星的炙熱核心顯露出來，它發展出更高速的恆星風，方向與外圍的環垂直，吹出兩個巨大的泡泡。

NASA/ESA and The Hubble Heritage Team (AURA/STScI).

名稱：NGC 2346、
　　　V651 Mon
距離：2300 光年
星座：麒麟座
分類：行星狀星雲

2022 六 ◗ 寒露　水星半相

2023 日 ◖ 寒露

2024 二 ◖ 寒露　喜神星（Laetitia，39 號小行星）衝
天龍座流星雨（Draconid)

1873 發展出赫羅圖的丹麥天文學家赫茲普龍（Ejnar Hertzsprung）出生
1992 先鋒─金星軌道器 1 號（Pioneer Venus Orbiter 1）進入金星大氣層
1998 哈伯太空望遠鏡發現位於遙遠深空的星系群

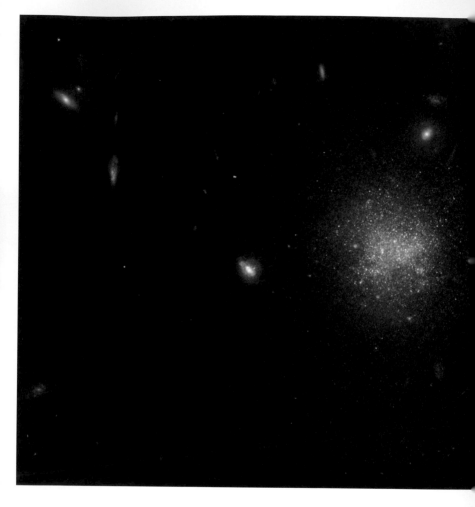

晦暗不明

　　UGC 695 位在鯨魚座，距離我們約 3000 萬光年，
也稱為鯨魚星系。UGC 695 是個低表面亮度星系，
這類星系相當暗，它們的亮度比地球大氣背景亮度
還低，這讓它們很難觀測。低亮度是因為星系裡恆
星數量較少，大部分的一般物質以氣體和塵埃雲存
在，而且恆星分佈在較廣的區域。

ESA/Hubble & NASA, D. Calzetti

名稱：UGC 695
距離：3000 萬光年
星座：鯨魚座
分類：星系

10
09

2022 日 ◐ 十四　木星合月
天龍座流星雨（Draconid）

2023 一 ◑ 廿五　天龍座流星雨（Draconid）

2024 三 ◑ 初七　木星開始逆行

1604 克卜勒和世界各地許多人觀測到已知距離我們最近的超新星爆發，後來稱為克卜勒超新星
2000 NASA 高能瞬間探索者 2 號（HETE-2）衛星升空，進行伽瑪射線爆、X 光等多重波長研究
2009 NASA 撞擊式月球探測器「月球觀測和傳感衛星」（LCROSS）偵測到月球上有水

神仙打架

NGC 6052 是一對碰撞星系，位在武仙座，距離我們約 2 億 3000 萬光年。1784 年威廉赫歇爾首先發現它們，因為奇怪形狀，最早被分類為一個不規則星系。不過現在我們知道 NGC 6052 實際上是兩個正在碰撞的星系。這幅 NGC 6052 的影像是由哈伯太空望遠鏡上的第三代廣域相機拍攝的。

ESA/Hubble & NASA, A. Adamo et al.

名稱：NGC 6052
距離：2 億 3000 萬光年
星座：武仙座
分類：星系

2022 一 ◯ 十五　金牛座南支流星雨（Southern Taurid）

2023 二 ◑ 廿六　月球抵達遠地點
　　　　　　　　金星合月
　　　　　　　　金牛座南支流星雨（Southern Taurid）

2024 四 ◑ 初八　金牛座南支流星雨（Southern Taurid）

1846 英國天文學家威廉‧拉塞爾（William Lassell）發現海衛一（Triton）
1980 超大天線陣列（Very Large Array）無線電望遠鏡落成
1966 首位在太空漫步的中國太空人翟志剛出生
1983 蘇聯金星探測器金星 15 號（Venera 15）進入繞行金星軌道
2007 國際太空站第 16 遠征隊升空

明心見性

　　這是哈伯太空望遠鏡拍攝的影像，顯示鄰近的螺旋星系 NGC 1433。這個星系距離地球約 3200 萬光年，是一種非常活躍的星系，稱為西佛星系（Seyfert galaxy），這類星系占所有星系的 10%。跟我們的銀河系相比，它們有非常明亮的核心。

ESA/Hubble & NASA, Acknowledgements: D. Calzetti (UMass) and the LEGUS Team

名稱：NGC 1433
距離：3000 萬光年
星座：時鐘座
分類：星系

2022 二 ○ 十六 御夫座 δ 流星雨（Delta Aurigids）
2023 三 ● 廿七 御夫座 δ 流星雨（Delta Aurigids）
2024 五 ◐ 初九 御夫座 δ 流星雨（Delta Aurigids）

1968 阿波羅 7 號任務升空，這是美國的首度三人太空任務
1969 蘇聯聯合 6 號、聯合 7 號、聯合 8 號同時在太空軌道上運行
1984 挑戰者號太空梭太空人凱瑟琳・蘇利文（Katheryn D. Sullivan）
　　 成為首位執行太空漫步的美國女性太空人
1994 麥哲倫號金星探測任務結束
2000 發現號太空梭 STS-92 任務升空

楊枝玉露

　　形狀奇特的塵埃雲，明亮背景上的剪影就像四濺的水滴。NGC 2467 跟熟悉的獵戶座星雲相似，是個大部分由氫組成的巨大雲氣，那裡是新誕生恆星的育嬰室。

NASA, ESA and Orsola De Marco (Macquarie University)

名稱：NGC 2467
距離：1 萬 3000 光年
星座：船尾座
分類：星雲

2022 三 ◯ 十七　天王星接近月球
2023 四 ● 廿八
2024 六 ◑ 初十

1492 哥倫布登陸巴哈馬群島，以為抵達了印度
1964 蘇聯日出 1 號（Voskhod 1）升空，是史上首度三人太空任務
1977 企業號太空梭首次不安裝尾錐體進行滑翔測試
2005 中國神舟 6 號載人太空船升空
2008 國際太空站第 18 遠征隊升空

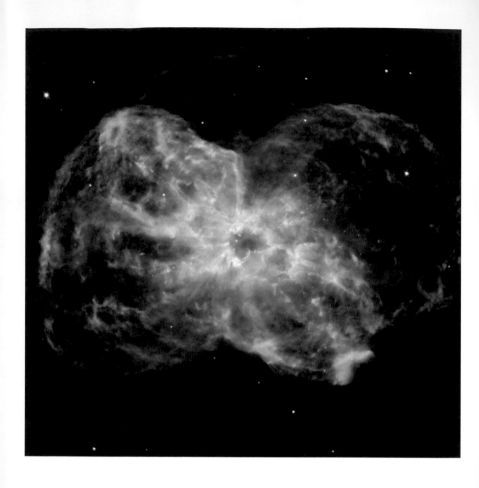

最後的喝采

　　這幅是 NGC 2440 的影像，就像太陽般恆星最後的喝采。
這顆恆星結束生命前拋出外層的氣體，在恆星僅剩的核心外
形成一個繭。死亡恆星發出的紫外線讓雲氣發光。這顆熄滅
的恆星稱為白矮星，它位在星雲中央的白點。

NASA, ESA, and K. Noll (STScI)

名稱：NGC 2440
距離：4000 光年
星座：船尾座
分類：行星狀星雲

2022 四 ○ 十八
2023 五 ● 廿九
2024 日 ◐ 十一

1773 法國天文學家梅西耶（Charles Messier）發現螺旋星系 M51
1933 英國行星際學會（British Interplanetary Society）成立
1959 美國環繞地球軌道的探索者 7 號（Explorer 7）衛星升空
2004 國際太空站第 10 遠征隊升空

謎樣星雲

不像許多哈伯觀測的對象，這個天體還沒被仔細研究，它的本質還不是很清楚。第一眼的印象是它是一個小、獨立的恆星形成區，年輕亮星的強烈紫外輻射可能塑造它特別的外形。不過它回力棒的形狀可能有更戲劇性的故事。這邊緣明亮的弧狀雲氣可能是一顆高速的年輕恆星與塵埃氣體間的交互作用形成的。這顆魯莽的恆星可能被它誕生的年輕星團拋出，以超過每小時 20 萬公里的速度通過這個星雲。

ESA/Hubble, R. Sahai and NASA

名稱：IRAS 05437+2502
距離：N/A
星座：金牛座
分類：星雲

10
14

2022 五 ◐ 十九
2023 六 ● 三十　2P/Encke 彗星抵達近日點
2024 一 ◑ 十二　三角座星系 M33 達最佳觀測位置

1947 人類飛行器速度首度超越音速
1957 美國空軍宣布 X-20 Dyna-Soar（動力翱翔者）太空飛機計畫
1968 阿波羅 7 號進行史上第一次太空現場電視轉播
1983 蘇聯金星 16 號（Venera 16）抵達繞行金星軌道

紅色風暴

　　這幅哈伯影像是大麥哲倫星雲的一小部分，大麥哲倫星雲是距離我們最近的星系之一。這裡有許多年輕的恆星，它們形成一個年輕星團，這些恆星的質量大都比太陽小。這個星團半掩在它誕生的雲氣中，這個明亮的恆星形成區稱為 LHA 120-N 51 或 N51 發射星雲，這只是大麥哲倫星雲裡數百個恆星形成區中的一個。

NASA, ESA, and D. Gouliermis (University of Heidelberg);
Acknowledgement: Luca Limatola

名稱：大麥哲倫星雲、LH63、
　　　LHA 120-N 51
距離：16 萬光年
星座：劍魚座
分類：星系、恆星

10
15

2022 六 ◗ 二十　火星合月
　　　　　　　　　三角座星系 M33 達最佳觀測位置
2023 日 ● 初一　三角座星系 M33 達最佳觀測位置
2024 二 ◗ 十三　土星合月
　　　　　　　　　月球抵達遠日點

1829 發現火衛一的美國天文學家阿薩夫・霍爾（Asaph Hall）出生
1997 NASA 探索土星系統的卡西尼－惠更斯號（Cassini-Huygens）升空
2003 中國第一艘載人太空船神舟 5 號升空，楊利偉成為中國第一位上太空的太空人
2014 天文學家宣布哈伯太空望遠鏡發現古柏帶上有三個適合新視野號
　　　（New Horizons）研究的天體

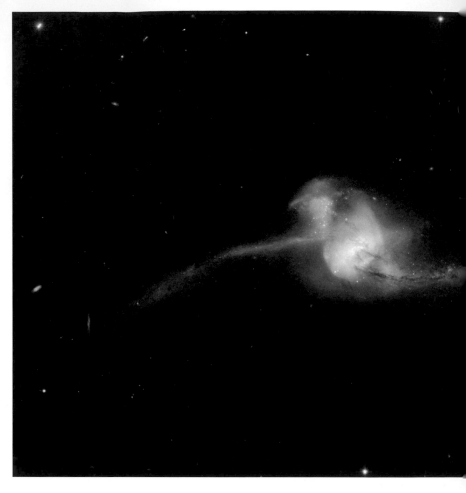

氣沖牛斗

　　研究顯示，當兩星系互相靠近，大量地氣體會從一個星系流向另一星系核心，直到兩星系合併成一個大星系。NGC 2623 已經到合併的最終階段，原本這對星系的兩核心已經合而為一，不過還可看見從中心往外延伸的兩條潮汐尾，它們由年輕恆星組成，這是合併正在進行的證據。這樣的碰撞，讓質量與氣體劇烈交換，引發潮汐尾上的恆星形成。

NASA, ESA and A. Evans (Stony Brook University, New York, University of Virginia & National Radio Astronomy Observatory, Charlottesville, USA)

名稱：NGC 2623
距離：3 億光年
星座：巨蟹座
分類：星系

10
16

2022 日 🌓 廿一
2023 一 ● 初二
2024 三 🌓 十四

1982 美國帕洛馬天文臺首先以望遠鏡找到哈雷彗星
2017 科學家公布由哈伯太空望遠鏡影像指出的重力波來源

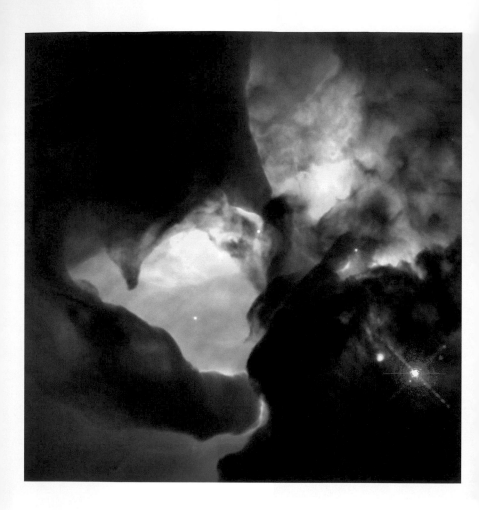

星際「龍捲風」

　　哈伯太空望遠鏡拍攝一對半光年長的星際「龍捲風」，它們有神秘的漏斗狀及扭繩般的結構，位在礁湖星雲（M8）的中心。M8 距離我們約 4500 光年，位在人馬座。

A. Caulet (ST-ECF, ESA) and NASA

名稱：礁湖星雲
距離：4500 光年
星座：人馬座
分類：星雲

2022 一 ◗ 廿二　月球抵達遠地點
2023 二 ● 初三　月球抵達近日點
2024 四 ○ 十五　月球抵達近地點
　　　　　　　　超級滿月

1956 美國首位非裔女太空人梅‧傑米森（Mae Jemison）出生
2002 歐美俄三個太空總署合作的國際伽瑪射線天體物理實驗室（INTEGRAL）升空
2016 中國太空船神舟 11 號升空

宏偉壯觀

NGC 5364 是個螺旋星系，有時也稱為宏觀螺旋星系，只有十分之一的螺旋星系得到這樣的封號。螺旋星系的結構都差不多，不過每個星系還是有些小差異，有些的旋臂不均勻，形狀特別，有些有橫過中心的棒狀結構，有些巨大、明亮，有些小而黯淡。NGC 5364 這類的宏觀螺旋星系是螺旋星系的代表，它們有明顯、清楚從核心往外的旋臂。

ESA/Hubble & NASA, L. Ho, P. Erwin et al.

名稱：NGC 5364
距離：5400 萬光年
星座：室女座
分類：星系

2022 二 ◑ 廿三 　闊神星（136199 Eris）衝
雙子座 ε 流星雨（epsilon-Geminids）

2023 三 ● 初四 　火星抵達遠地點
雙子座 ε 流星雨（epsilon-Geminids）

2024 五 ○ 十六 　闊神星（136199 Eris）衝
命神星（Fortuna，19 號小行星）衝
雙子座 ε 流星雨（epsilon-Geminids）

1962 NASA 遊騎兵 5 號（Ranger 5）無人月球探測器升空
1967 蘇聯無人太空探測器金星 4 號（Venera 4）抵達金星，成為第一顆
進行地外行星大器探測的太空船
1989 NASA 探測木星系統的伽利略號由亞特蘭提斯號太空梭 STS-34 任務載送升空
1993 哥倫比亞號太空梭 STS-58 任務升空
2003 國際太空站第 8 遠征隊升空

朗朗乾坤

　　這是一幅長時間曝光的哈伯太空望遠鏡影像，顯示螺旋星系 NGC 4921 及背景中更遙遠的星系。NGC 4921 不尋常的地方是，它是一個貧血螺旋星系，亮度低、恆星生成少。這張照片是由 80 幅不同的影像合成的，使用黃色到近紅外的濾鏡拍攝，兩個濾鏡分別曝光了 17 小時和 10 小時。這使得我們得以看見背景裡數以千計的其他星系。

NASA, ESA and K. Cook (Lawrence Livermore National Laboratory, USA)

名稱：NGC 4921
距離：2 億 5000 萬光年
星座：后髮座
分類：星系

2022 三 ◑ 廿四
2023 四 ◐ 初五　鬩神星（136199 Eris）衝
2024 六 ○ 十七

1910 印度裔美籍物理學家錢德拉塞卡（Subrahmanyan Chandrasekhar）出生
1967 水手 5 號（Mariner 5）飛掠金星
2005 美國空軍的泰坦 4 號（Titan IV）運載火箭最後一次升空
2008 NASA 星際邊界探測器（IBEX）升空，用於繪製太陽系和星際空間邊界地圖
2016 歐洲太空總署 ExoMars 探測車抵達火星
2016 聯合號（Soyuz）MS-02 搭載國際太空站 49/50 遠征隊升空
2018 歐洲與日本太空總署合作的水星探測器貝皮可倫坡號（BepiColombo）升空

超新星殘骸的新影像

　　自從 1990 年發射升空後，哈伯觀測 SN 1987A 的膨脹塵埃雲數次，這幫助天文學家更了解這類的爆炸過程。超新星 1987A 位在許多恆星背景的影像中央。爆炸恆星附近的亮環是恆星大約 2 萬年前拋出來的物質，形成於爆炸之前。這顆超新星附近有許多雲氣，紅色部分來自發光的氫原子。

NASA, ESA, and R. Kirshner (Harvard-Smithsonian Center for Astrophysics and Gordon and Betty Moore Foundation) and P. Challis (Harvard-Smithsonian Center for Astrophysics)

名稱：SN 1987A
距離：17 萬光年
星座：劍魚座
分類：超新星

2022 四 ◐ 廿五
2023 五 ◑ 初六　水星上合
2024 日 ○ 十八　昴宿星團（M45）接近月球

1891 發現中子的英國物理學家詹姆斯・查德威克（Sir James Chadwick）出生
1970 蘇聯繞月衛星探測器 8 號（Zond 8）升空
1995 哥倫比亞號太空梭 STS-73 任務升空

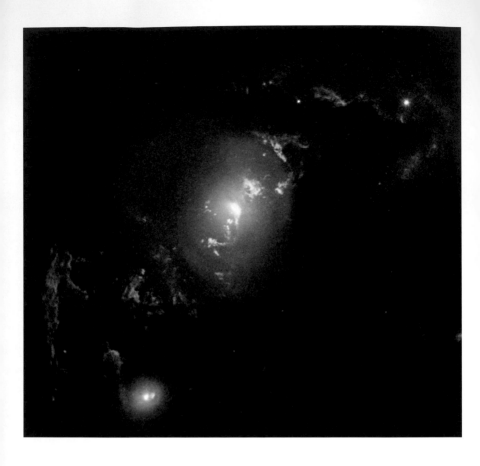

青龍偃月
　　這幅哈伯太空望遠鏡影像顯示綠色鬼魅般的絲狀結
構，它們位在 UGC 7342 星系。這些絲狀結構是由類星
體照亮，緻密、明亮的類星體中心有一個超大質量黑洞，
類星體寄宿在星系的核心。影像中的綠色來自游離的
氧，它們發出綠色的光。

NASA, ESA, W. Keel (University of Alabama, USA)

名稱：UGC 7342
距離：6 億 9000 萬光年
星座：后髮座
分類：星系、星雲

2022 五 ◗ 廿六　獵戶座流星雨（Orionid）
2023 六 ◗ 初七
2024 一 ○ 十九　獵戶座流星雨（Orionid）
　　　　　　　　木星合月

1833 瑞典發明家、諾貝爾獎創辦人阿爾弗雷德‧伯恩哈德‧諾貝爾（Alfred Bernhard Nobel）出生
1923 慕尼黑德意志博物館（Deutsches Museum）舉辦史上首次天文展
1959 馮‧布朗（Wernher von Braun）及其火箭科學家團隊從美國陸軍轉交給 NASA
1998 哈伯傳世計畫（Hubble Heritage Project）網站上線

火星衝

　　這幅影像中心附近是拓荒者號降落在火星的地點。環繞在極冠附近的黑色大片沙丘是阿西達利亞（Acidalia）。哈伯太空望遠鏡和其他太空船觀測的這個區域由細小的黑色火山岩石組成。阿西達利亞的左下方是巨大的火星峽谷：水手峽谷，這些直線狀的地形早期曾經被誤認為運河。火星左側邊緣可以看見清晨雲，極冠附近可以看見水冰形成的巨大的風暴。

Steve Lee (University of Colorado), Jim Bell (Cornell University), Mike Wolff (Space Science Institute), and NASA/ESA

名稱：阿西達利亞、火星
距離：N/A
星座：N/A
分類：太陽系

2022 六 ● 廿七
2023 日 ◗ 初八　獵戶座流星雨（Orionid）
2024 二 ◖ 二十

公元前 2136 發生人類文獻記載中最早的日食
1905 美國無線電天文學家卡爾・揚斯基（Karl Jansky）出生
1966 蘇聯月球 12 號（Luna 12）升空
1975 蘇聯金星 9 號（Venera 9）進入繞行金星的軌道
2008 印度月船 1 號（Chandrayaan-1）月球探測器升空

宇宙連連看

　　一個由天文學家西蒙娜‧馬爾奇（Simone Marchi）、亞贊
‧莫瑪尼（Yazan Momany）和路易吉‧貝丁（Luigi Bedin）
領導的國際團隊在分析人馬座矮不規則星系（Sagittarius
dwarf irregular galaxy）的資料時，驚訝地發現一顆黯淡的小
行星在觀測時飛過影像。圖中的 13 段紅色圓弧是它的軌跡，
這是 2003 年 8 月時先進巡天相機拍攝的影像。

NASA, ESA, and Y. Momany (University of Padua)

名稱：人馬座矮不規則星系
距離：340 萬光年
星座：人馬座
分類：星系

2022 日 ● 霜降　金星上合日
　　　　　　　　妊神星（136108 Haumea）衝
2023 一 ◑ 初九　金星半相
2024 三 ◑ 霜降　水星抵達遠日點

1968 升力體飛行器 HL-10 首次動力飛行
1992 哥倫比亞號太空梭 STS-52 任務升空，把雷射地球動力科學研究衛星（LAGEOS 2）
　　　送上太空，監測地球板塊移動
2007 發現號太空梭 STS-120 任務升空
2012 聯合號（Soyuz）TMA-06M 搭載國際太空站 33/34 遠征隊升空

木衛二噴氣

　　這幅合成的影像顯示一片煙雲從木星的冰衛星木衛二（歐羅巴）表面噴出。哈伯太空望遠鏡利用木衛二通過木星時，拍攝煙雲的紫外線影像。拍攝的時間是 2014 年 3 月 17 日，估計煙雲的高度是 40 公里。木衛二的影像是伽利略太空船拍攝的，再疊合哈伯的煙雲影像。

NASA, ESA, W. Sparks (STScI), and the USGS Astrogeology Science Center

名稱：木衛二、歐羅巴
距離：N/A
星座：N/A
分類：太陽系

10
24

2022 一 ● 廿九 　小獅座流星雨（Leonis Minorids）

2023 二 ◑ 初十 　金星西大距
　　　　　　　　　　土星合月
　　　　　　　　　　妊神星（136108 Haumea）衝

2024 四 ◐ 廿二 　火星合月
　　　　　　　　　　小獅座流星雨（Leonis Minorids）

1851 英國天文學家威廉・拉塞爾（William Lassell）發現天衛一和天衛二
1946 第一張從太空拍攝地球的照片誕生
1998 NASA 深空 1 號（Deep Space 1）升空
2001 火星奧德塞號（Mars Odyssey）探測器進入繞行火星的軌道
2007 中國無人太空探測器嫦娥 1 號（Chang'e-1）升空

擦身而過

　　這對美麗的交互作用星系由較大的螺旋星系 NGC 5754（上）與較小的夥伴 NGC 5752（左下）組成，NGC 5754 內側結構不受影響，外側的部分顯示潮汐作用，原本對稱的內側旋臂，延伸到外側變得扭曲。相對的 NGC 5752 有大量的大質量恆星和明亮的星團聚集在核心附近，以及糾纏複雜的塵埃帶，顯示它正進行一場恆星劇烈誕生的過程。

NASA, ESA, the Hubble Heritage Team (STScI/AURA)-ESA/Hubble
Collaboration and W. Keel (University of Alabama, Tuscaloosa)

名稱：NGC 5754、NGC 5752
距離：2 億光年
星座：牧夫座
分類：星系

2022 二 ● 初一
2023 三 ◗ 十一　小獅座流星雨（Leonis Minorids）
2024 五 ◖ 廿三　妊神星（136108 Haumea）衝

1671 法國天文學家喬凡尼・卡西尼（Giovanni Cassini）發現土衛八
1811 現代群論創始人之一的法國數學家伽羅瓦（Évariste Galois）出生
1877 發展出赫羅圖的美國天文學家亨利・羅素（Henry Norris Russell）出生
1975 蘇聯金星 10 號（Venera 10）登陸金星

最後的吻別

哈伯太空望遠鏡拍攝這幅恆星死亡前的影像。以宇宙的時間尺度來看，這個過程只持續很短的時間，不過對我們來說還是相當久遠，整個過程經歷數萬年的時間！恆星臨死前的痛苦讓它蛻變成美麗的行星狀星雲 NGC 6565，這些雲氣是的恆星風出吹恆星外層氣體形成的。

ESA/Hubble & NASA; Acknowledgement: M. Novak

名稱：NGC 6565
距離：15000 光年
星座：人馬座
分類：行星狀星雲

10
26

2022 三 ● 初二　疏散星團 NGC 869 達最佳觀測位置
2023 四 ◐ 十二　金星達清晨天空最高點
　　　　　　　　　疏散星團 NGC 869 達最佳觀測位置
　　　　　　　　　月球抵達近地點
2024 六 ◑ 廿四　疏散星團 NGC 869 達最佳觀測位置

1936 美國胡佛水壩開始運轉發電
2004 卡西尼號（Cassini）首度飛掠土星最大的衛星土衛六
2006 美國日地關係天文臺（STEREO）太陽探測衛星升空

時空錯位

　　這兩個位在半人馬座的星系，讓天文學家困惑許久。NGC 5011B（右）是個屬於半人馬星系團的螺旋星系，這個星系團距離地球約 1 億 5600 萬光年。長久以來，NGC 5011C（影像中央的藍色星系）被認為是這個星系團的一份子，它黯淡的外貌就像一個離我們不遠的矮星系，不過大小卻像螺旋星系。天文學家對 NGC 5011C 的外形感到好奇。如果這兩個星系跟地球的距離差不多，它們之間應該會顯現交互作用的現象，不過實際上卻沒有。為解決這個問題，天文學家量測星系遠離銀河系的速度，發現 NGC 5011C 的速度比 NGC 5011B 慢很多，它的移動速度比較接近距離我們只有 1300 萬光年的半人馬座 A 星系群。這樣推斷 NGC 5011C 上的恆星總質量大約是太陽的 1000 萬倍，它實際上是我們附近的矮星系，而不屬於遙遠的半人馬座星系團。

ESA/Hubble & NASA

名稱：NGC 5011B、
　　　NGC 5011C
距離：N/A
星座：半人馬座
分類：星系

2022 四 ● 初三　疏散星團 NGC 884 達最佳觀測位置
　　　　　　　月球抵達近日點
2023 五 ◐ 十三　月球抵達遠日點
　　　　　　　疏散星團 NGC 884 達最佳觀測位置
2024 日 ◑ 廿五　小行星 1036 Ganymed 衝
　　　　　　　疏散星團 NGC 884 達最佳觀測位置

1961 NASA 首次以農神火箭 SA-1 執行阿波羅任務

尋找超新星

　　哈伯太空望遠鏡拍攝位在室女座的螺旋星系 NGC 5806 影像。它距離我們約 8000 萬光年。影像中還可以看見超新星 SN 2004dg。超新星爆炸的影像是 2005 年初拍攝，這可以協助找到 2004 年爆發的超新星精確位置。這突然爆發現象是一顆巨星在生命結束時的強烈爆炸，它出現在星系下方的黃色暗點。

ESA/Hubble & NASA

名稱：NGC 5806、SN 2004dg
距離：8000 萬光年
星座：室女座
分類：星系

10
28

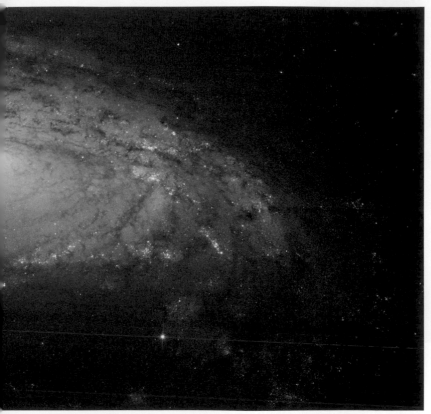

2022 五 ● 初四
2023 六 ◑ 十四
2024 一 ◐ 廿六

1955 微軟創辦人比爾・蓋茲（William Henry "Bill" Gates III）出生
1971 英國發射第一顆衛星
1974 蘇聯第三代無人月球探測器月球 23 號（Luna 23）升空
2009 NASA 戰神 1 號－X（Ares I-X）火箭試飛成功，預計取代退役的太空梭

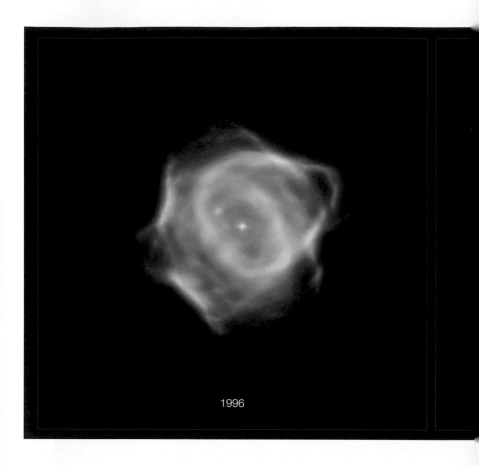

1996

捕捉變光刺魟

　　這是哈伯太空望遠鏡拍攝的 Hen 3-1357 影像，它的暱稱是刺魟星雲（Stingray nebula），比較這個星雲 20 年的前後影像，可以看見它出乎意料地變暗。研究人員表示，目睹行星狀星雲這樣快速變化非常罕見。左圖和右圖分別是哈伯 1996 年和 2016 年拍攝的影像，比較兩圖可以看見星雲的亮度和形狀都明顯改變。中央恆星外圍的藍色亮環完全消失，另外波浪般的邊緣也不見，讓這個以水中生物為名的星雲變得名不符實。

NASA, ESA, B. Balick (University of Washington), M. Guerrero (Instituto de Astrofísica de Andalucía), and G. Ramos-Larios (Universidad de Guadalajara)

名稱：刺魟星雲、Hen 3-1357
距離：1 萬 8000 光年
星座：天壇座
分類：行星狀星雲

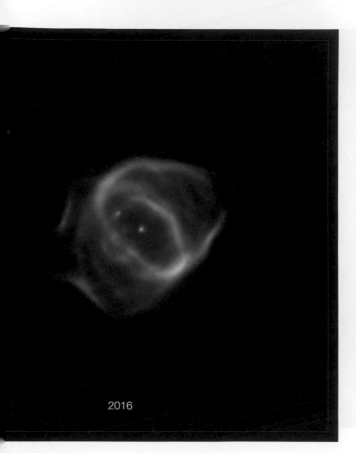

2016

2022 六 ● 初五 月球抵達近地點
2023 日 ○ 十五 月偏食
木星合月
2024 二 ● 廿七

1964 阿波羅登月訓練機「月球登陸研究車」（Lunar Landing Research Vehicle）第一次飛行
1991 伽利略號（Galileo）極接近 小行星加斯普拉（951 Gaspra），成為第一個造訪小星體的人造物
1998 發現號太空梭 STS-95 任務升空，攜帶了哈伯太空望遠鏡繞軌系統測試（HOST）設備，
以確保下一次維護任務安裝的新儀器能正常運作
2007 哈伯太空望遠鏡觀察到 17P/Holmes 彗星不明原因增亮了百萬倍

好戲開演

　　哈伯太空望遠鏡拍攝的 IRAS 13208-6020 影像，中央恆星散發出來的物質形成兩極對稱結構。這個相當短暫的現象讓天文學家有機會研究行星狀星雲最早的階段，這階段稱為原行星狀或前行星狀星雲。這個天體有非常清楚的兩極結構，一對方向相反的外流，以及環繞恆星的塵埃環。

ESA/Hubble & NASA

名稱：IRAS 13208-6020
距離：N/A
星座：半人馬座
分類：前行星狀星雲

10
30

2022 日 ◐ 初六　火星開始逆行
2023 一 ○ 十六　昴宿星團（M45）接近月球
2024 三 ● 廿八　月球抵達遠地點

1978 法國與蘇聯合作的預報 7 號（Prognoz 7）衛星升空，用於研究太陽輻射與地球磁層
1979 美國科學家利用高空氣球，首度測出星際間的反物質流
1981 蘇聯金星 13 號（Venera 13）升空
1985 挑戰者號太空梭 STS-61A 任務升空
1997 歐洲太空總署與法國合作的亞利安 5 號（Ariane 5）運載火箭首次發射升空

紅龍戲珠

　　NGC 4696 是半人馬星系團裡最大的星系，哈伯的影像展現前所未見的細節，顯示星系中心的塵埃呈絲狀。這些絲狀結構彎曲往內，呈現有趣的螺旋形狀。它們在超大質量黑洞附近打轉，因為距離太近，它們最終會被黑洞吞食。

NASA, ESA/Hubble, A. Fabian

名稱：NGC 4696
距離：1 億 5000 萬光年
星座：半人馬座
分類：星系

10
31

2022 一 ◐ 初七
2023 二 ○ 十七
2024 四 ● 廿九　天爐座矮星系 Fornax 達最佳觀測位置
　　　　　　　　金星抵達遠日點

1451 義大利海上探險家哥倫布（Christopher Columbus）出生
1930 阿波羅 11 號登月太空人麥可・科林斯（Michael Collins）出生
2005 哈伯太空望遠鏡發現冥王星的兩顆新衛星
2006 NASA 宣布為哈伯太空望遠鏡進行第五次、也是最後一次維修任務 （Servicing Mission 4）

重獲新生

2009 年 5 月 11 日到 24 日，哈伯太空望遠鏡進行第維修任務四（實際是第五次哈伯維修任務）。這次的任務安裝兩部新的科學儀器：宇宙起源頻譜儀（Cosmic Origins Spectrograph）和第三代廣域相機。兩部故障的儀器，太空望遠鏡影像攝譜儀（Space Telescope Imaging Spectrograph）與先進巡天相機（Advanced Camera for Surveys）也在任務中修復，這也是首次在太空修復儀器。透過這些努力，哈伯達到科學研究能力的巔峰。　　NASA

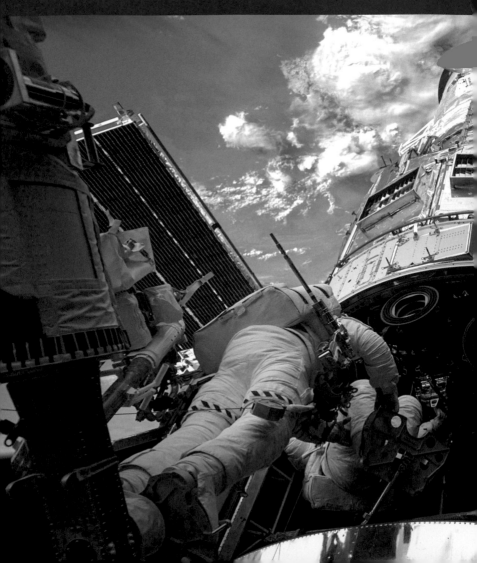

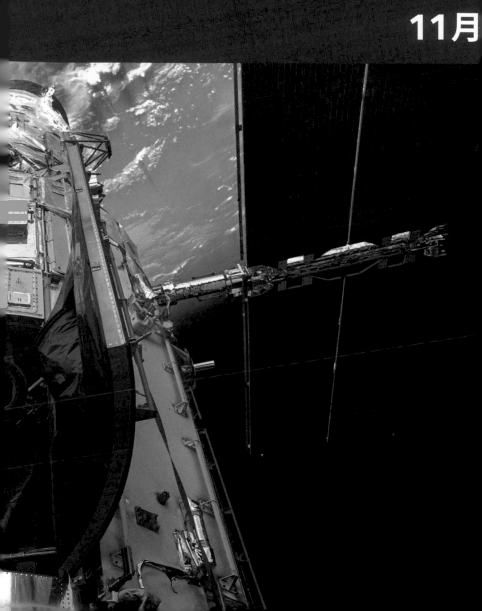

攤平木星

　　哈伯太空望遠鏡展示這複雜、清晰的木星大氣，這幅是 2019 年 6 月 27 日第三代廣域相機拍攝的影像，當時木星距離地球約 6 億 4400 萬公里。影像中可以看見木星具特色的一道道翻騰雲層，並將整個行星表面拉伸成平面。

NASA, ESA, A. Simon (Goddard Space Flight Center), and M.H. Wong (University of California, Berkeley)

名稱：大紅斑、木星
距離：N/A
星座：N/A
分類：太陽系

0.

2022 二 ◐ 初八　天爐座矮星系 Fornax 達最佳觀測位置
2023 三 ○ 十八　天爐座矮星系 Fornax 達最佳觀測位置
2024 五 ● 初一

1961 NASA 水星計畫成功發射水星－偵查兵 1 號（Mercury-Scout 1）無人太空船
1962 蘇聯火星 1 號（Mars 1）升空
1963 美國國家天文電離層研究中心的 Arecibo 無線電波天文臺開始運作

獵戶星升

　　這幅引人注目的影像是最著名的恆星製造廠。獵戶座星雲裡有數百顆恆星正在形成，或剛剛誕生沒多久。特別的是發現一些恆星具有行星系統。這幅獵戶座星雲的中央影像色彩豐富，是哈伯早年拍攝最大的影像之一，整幅影像是由 15 個不同區域拼接合成，涵蓋的區域是滿月的 5%。

NASA, ESA, C.R. O'Dell (Rice University), and S.K. Wong (Rice University)

名稱：M42、獵戶座星雲
距離：1400 光年
星座：獵戶座
分類：星雲

2022 三 ◐ 初九　土星合月
2023 四 ◯ 十九
2024 六 ● 初二

1815 愛爾蘭數學家喬治‧布爾（George Boole）出生
1885 美國天文學家哈羅‧沙普利（Harlow Shapley）出生
1917 威爾遜山天文臺的 100 吋胡克望遠鏡啟用
1974 蘇聯月球 23 號（Luna 23）進入環繞月球的軌道
1995 哈伯太空望遠鏡拍下老鷹星雲的經典畫面「創生之柱」（Pillars of Creation）
2000 國際太空站第一次遠征任務（Expedition 1），送上第一批常駐太空站的太空人

狂野蜘蛛

　　蜘蛛星雲距離我們約 17 萬光年，位在南半球的大麥哲倫星雲裡，肉眼就可以看見這巨大的乳白色塊。天文學家相信這個不規則小星系正經歷一生中激烈的階段。大麥哲倫星雲繞銀河系運行，已經靠近銀河系好幾次。一般相信，跟銀河系的交互作用造成劇烈的恆星形成，蜘蛛星雲是恆星形成最活躍的區域之一。

ESA/NASA, ESO and Danny LaCrue

名稱：Hodge 301、R136、
　　　蜘蛛星雲
距離：17 萬光年
星座：劍魚座
分類：星雲、星團

2022 四 ◖ 初十
2023 五 ◖ 二十　木星衝
2024 日 ● 初三　水星合月

1957 蘇聯太空犬萊卡（Laika）搭乘史波尼克 2 號（Sputnik 2）人造衛星進入太空，
　　　成為第一隻進入繞行地球軌道的動物
1966 載人軌道實驗室（Manned Orbital Laboratory）模擬艙試飛
1973 NASA 水手 10 號（Mariner 10）升空，成為人類探索水星的第一艘太空船
1994 亞特蘭提斯號太空梭 STS-66 任務升空

側目而視

　　哈伯太空望遠鏡拍攝這幅高解析影像，顯現出螺旋星系 NGC 4565 的一部分盤面。這個明亮星系是最有名的側向螺旋星系之一，它的自轉軸垂直我們的視線方向，所以我們看到它明亮的盤面。NGC 4565 有個暱稱：針狀星系，因為它完整出現時看來就像一道細細的光。

ESA/Hubble & NASA

名稱：NGC 4565、針狀星系
距離：4000 萬光年
星座：后髮座
分類：星系

11
04

2022 五 十一
2023 六 廿一 土星逆行結束
2024 一 初四 月球抵達近日點

1981 蘇聯金星 14 號（Venera 14）升空

恆河沙數

　　M98 裡恆星的數量大約有 1 兆顆，星系裡還有許多氫和塵埃，塵埃呈紅棕色散布在影像中。星系裡有豐富製造恆星的材料，表示 M98 形成恆星的效率相當高，星系裡恆星的高形成率可以從它明亮核心和旋臂上看出來。

ESA/Hubble & NASA, V. Rubin et al.

名稱：M98
距離：4500 萬光年
星座：后髮座
分類：星系

11
05

2022 六 ◑ 十二　木星合月
2023 日 ◐ 廿二
2024 二 ● 初五　金星合月

1906 美國天文學家、近代彗星研究先驅之一惠普爾 （Fred Lawrence Whipple）出生
2007 中國首顆繞月人造衛星嫦娥 1 號進入繞月軌道
2013 火星軌道器任務（Mars Orbiter Mission）升空，這是印度的第一項行星際任務
2018 航海家 2 號（Voyager 2）太空船進入星際空間

群星會

M92 是銀河系裡最亮的球狀星團之一,在觀測條件很好的情況下肉眼就可以看見它。恆星非常緻密的聚集在一起,全部的恆星大約 33 萬顆。跟其他球狀星團一樣,M92 的恆星主要由氫和氦組成,其他元素只佔很小一部分。M92 實際上是奧斯特霍夫 II 型的球狀星團,表示它屬於貧金屬的星團,對天文學家來說,所有比氫和氦重的元素都稱為金屬。

ESA/Hubble & NASA Acknowledgement: Gilles Chapdelaine

名稱:M92
距離:2 萬 5000 光年
星座:武仙座
分類:球狀星團

2022 日 ◑ 十三　月球抵達遠日點
2023 一 ◐ 廿三　司曲星（18 Melpomene）衝
2024 三 ● 初六

1952 美國試爆世界第一枚氫彈
1966 NASA 月球軌道器 2 號（Lunar Orbiter II）升空

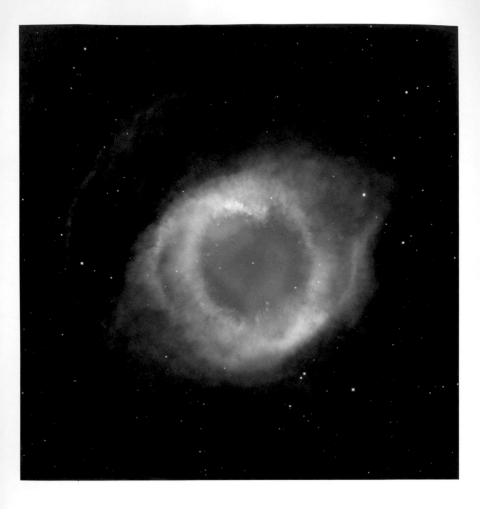

索倫之眼

　　這幅是螺旋星雲的合成影像，它是由哈伯太空望遠鏡上的先進巡天相機與智利托洛洛山美洲天文台上 4 米望遠鏡的第二代拼接相機拍攝合成，螺旋星雲相當大，需要這兩部相機合作才能看見全貌。從地球的角度看，螺旋星雲像個巨大的甜甜圈，不過不要被眼睛矇騙，最新證據顯示螺旋星雲是由兩個互相垂直的氣體盤組成。螺旋星雲又暱稱為「索倫之眼」或「上帝之眼」。

NASA, ESA, C.R. O'Dell (Vanda bilt University), and M. Meixner, P. McCullough, and G. Bacon (Space Telescope Science Institute)

名稱：螺旋星雲、
　　　NGC 7293
距離：700 光年
星座：寶瓶座
分類：行星狀星雲

11
07

2022 一 ○ 立冬
2023 二 ◐ 立冬　水星抵達近日點
　　　　　　　　月球抵達遠地點
2024 四 ◐ 立冬

1867 波蘭裔法籍物理學家瑪里・居禮（Maria Sklodowska-Curie）出生
1963 阿波羅發射逃生系統（Apollo Launch Escape System）首次試飛
1967 測量員 6 號（Surveyor 6）月球探測器升空
1996 火星全球探勘者號（Mars Global Surveyor）升空
2013 聯合號（Soyuz）TMA-11M 搭載國際太空站 38/39 遠征隊升空
2013 天文學家公布哈伯太空望遠鏡拍到的一顆奇特小行星，有六條類似彗尾的構造

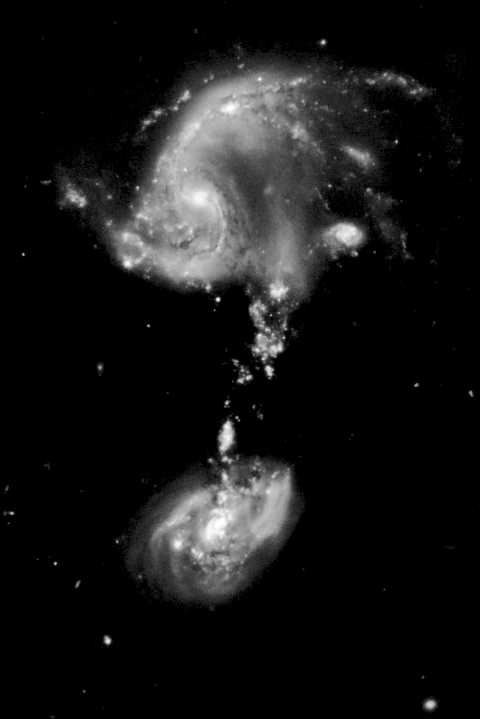

青春之泉

　　這個交互作用集團包含幾個星系，還有由恆星、氣體和塵埃組成的宇宙「噴泉」，整個噴泉長達 10 萬光年。左上的一對碰撞星系的核心正在融合，這對核心就像貓頭鷹的眼睛。奇特的藍色噴泉像一座橋連結上方的星系，就像是第三個參與碰撞的星系，不過實際上它是更遙遠的背景星系。藍色噴泉是這組星系最特別的一部分，包含複雜的超級星團，它們是由可能多達數十個的年輕的星團組成。

NASA, ESA and the Hubble Heritage Team (STScI/AURA)

名稱：Arp 194
距離：6 億光年
星座：大熊座
分類：星系

2022	二 ○ 十五	月全食
2023	三 ◑ 廿五	月掩天王星
2024	五 ◑ 初八	

1656 英國天文學家愛德蒙・哈雷（Edmund Halley）出生
1848 德國邏輯學家弗雷格（Friedrich Ludwig Gottlob Frege）出生
1895 德國物理學家倫琴（Wilhelm Conrad Röntgen）發現 X 光
1968 NASA 探測太陽風和宇宙射線的先鋒 9 號（Pioneer 9）探測器升空
1984 發現號太空梭 STS-51A 任務升空
1994 科學家公布哈伯太空望遠鏡拍攝的土衛六第一批表面特徵影像
1995 亞特蘭提斯號 STS-74 任務升空

三環五扣

　　Arp 274 是一個三個星系的系統，它們在影像中看來似乎有部分重疊，但實際上它們可能位在不同的距離。其中的兩個螺旋星系外形完整無缺，第三個星系（最左邊）比較密實，而且有明顯的恆星形成。三個星系中有兩個有高恆星形成率，一個是右邊的螺旋星系，這可以從旋臂上密集的藍色亮區看出，另一個則是左邊的小星系。

NASA & ESA

名稱：Arp 274、NGC 5679
距離：4 億光年
星座：室女座
分類：星系

2022 三 ○ 十六　水星上合日
　　　　　　　　　天王星衝
2023 四 ● 廿六　金星合月
2024 六 ◐ 初九

1934 美國天文學家、科普作家卡爾・薩根（Carl Sagan）出生
1967 農神 5 號（Saturn V）火箭第一次發射，搭載阿波羅 4 號任務 升空
2005 歐洲太空總署金星特快車號（Venus Express）升空

一正一斜

　　這幅影像中有兩個星系，NGC 4302 是從側邊看的星系，另一個是 NGC 4298，這兩個星系都距離我們大約 5500 萬光年。這幅是紀念哈伯在太空 27 週年而拍攝影像。NGC 4298 是正向對著我們的星系，讓我們看見它旋臂和藍色的恆星形成區。NGC 4302 的側面圓盤上，棕色區域富含塵埃，不過左側的藍色區域顯示那裡有大量的恆星正在形成。

NASA, ESA, and M. Mutchler (STScI)

名　稱：NGC 4298、NGC 4302
距離：5500 萬光年
星座：后髮座
分類：星系

11
10

2022 四 ◯ 十七
2023 五 ◗ 廿七
2024 日 ◗ 初十

1967 NASA 測量員 6 號（Surveyor 6）無人探測器登陸月球
1970 蘇聯月球 17 號（Luna 17）升空
1990 哈伯太空望遠鏡首次觀察類星體

鄰家豪宅

　　UGC 2885 可能是我們附近最巨大的星系，它是我們
銀河系的 2.5 倍寬，10 倍的恆星數量。這個星系位在英
仙座，距離我們約 2 億 3000 萬光年。

NASA, ESA, and B. Holwerda (University of Louisville).

名稱：UGC 2885
距離：2 億 3000 萬光年
星座：英仙座
分類：星系

2022 五 ◯ 十八　火星合月
2023 六 ● 廿八
2024 一 ◑ 十一　土星合月

1572 丹麥天文學家第谷・布拉赫（Tycho Brahe）在仙后座發現了明亮的超新星 SN 1572，
　　　後來稱為第谷超新星
1875 美國天文學家斯萊弗（Vesto Melvin Slipher）出生
1930 美國量子物理學家艾弗雷特三世（Hugh Everett III）出生
1966 NASA 雙子星 12 號（Gemini XII）任務升空
1982 哥倫比亞號太空梭 STS-5 任務升空

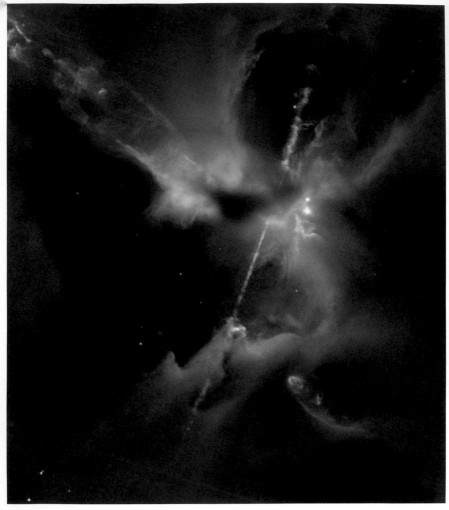

一劍穿雲

　　兩束像光劍般的高能氣體流從年輕星球的兩極噴出，噴流衝擊附近氣體和塵埃後，鑿出巨大空洞，另外影像中排成長列的節點及噴流形成衝擊波，這類天體稱為赫比格一哈羅天體（Herbig-Haro object）。

ESA/Hubble & NASA, D. Padgett (GSFC), T. Megeath (University of Toledo), and B. Reipurth (University of Hawaii)

名稱：HH 24
距離：1500 光年
星座：獵戶座
分類：恆星

11
12

2022 六 ◐ 十九　金牛座北支流星雨（Northern Taurid）
2023 日 ● 廿九　金牛座北支流星雨（Northern Taurid）
2024 二 ◑ 十二　金牛座北支流星雨（Northern Taurid）

1833 獅子座大流星雨，從此天文學家把流星雨列入研究項目
1980 航海家 1 號飛掠土星，傳回第一張土星環照片
1981 哥倫比亞號太空梭 STS-2 任務升空
2014 歐洲太空總署菲萊號（Philae）探測器 成為第一架登陸彗星的太空載具

萬頭鑽動

　　M75 位在人馬座，距離地球約 6 萬 7000 光年。整個星團大約有 40 萬顆恆星，它們絕大多數聚集在核心，這是已知最密集的星團之一，它的亮度是太陽的 18 萬倍。難怪它拍起來如此美麗！M75 球狀星團 1780 年由皮埃爾·梅尚發現，查爾斯·梅西耶也觀測過它，梅西耶稍後把這個星團加到他的目錄裡。

ESA/Hubble & NASA, F. Ferraro et al.

名稱：M75
距離：6 萬 7000 光年
星座：人馬座
分類：球狀星團

2022 日 ◐ 二十　司簫星（27 Euterpe）衝
2023 一 ● 初一
2024 三 ◑ 十三

1978 NASA 的 X 光望遠鏡天文臺 2 號（HEAO-2），又名愛因斯坦衛星
　　（Einstein Observatory）升空
1989 歐洲核子研究中心的正子對撞器（LEP）落成
1999 哈伯太空望遠鏡第四具陀螺儀故障而進入安全模式
2008 哈伯太空望遠鏡公布可能是史上第一張系外行星的可見光影像，這顆行星繞行
　　距離地球 25 光年的恆星北落師門

無以名狀

IC 3583 似乎沒有明顯的結構，不過它有一個由恆星組成的棒穿過核心。這個棒狀結構在宇宙中相當常見，它出現在大部分的螺旋星系、許多不規則星系和部分的透鏡狀星系。距離我們最近的兩個鄰居，大、小麥哲倫星雲都有棒狀結構，這表示它們可能是曾經是棒旋星系，不過被我們銀河系的重力扯散。類似的狀況可能也發生在 IC 3583 星系上。

ESA/Hubble & NASA

名稱：IC 3583
距離：3000 萬光年
星座：室女座
分類：星系

11
14

2022 一 ◗ 廿一 月球抵達遠地點
2023 二 ● 初二 天王星衝
2024 四 ◖ 十四 月球抵達遠日點
月球抵達近地點
海妖星（11 Parthenope）衝

1969 NASA 第二次登月任務阿波羅 12 號升空
1971 NASA 水手 9 號（Mariner 9）成為第一架繞行火星軌道的太空飛行器
2008 奮進號太空梭 STS-126 任務升空
2011 聯合號（Soyuz）TMA-22 搭載國際太空站 29/30 遠征隊升空

細看三角座星系

　　這幅是三角座星系的巨大影像，它也稱為 M33，整幅影像是由 54 幅不同區域的影像組成，它是由哈伯的先進巡天相機拍攝。影像的畫素是 34372 乘 19345，是哈伯拍攝的第二大影像，只比 2015 年公佈的仙女座星系影像小。這幅拼接影像顯現三角座星系的中央位置和內側旋臂。影像中可以看見數百萬顆恆星、數百個星團和明亮的星雲。

NASA, ESA, and M. Durbin, J. Dalcanton, and B. F. Williams (University of Washington)

名稱：M33
距離：300 萬光年
星座：三角座
分類：星系

2022 二 ◐ 廿二
2023 三 ● 初三　月球抵達近日點
2024 五 ○ 十五　土星結束逆行

1630 德國天文學家克卜勒（Johannes Kepler）逝世
1738 英國天文學家威廉・赫歇爾（William Herschel）出生
1973 升力體飛行器 X-24B 進行首次動力飛行
1988 綠堤（Green Bank） 300 呎電波望遠鏡倒塌
1988 蘇聯第一架、也是唯一真正完成建造的太空梭暴風雪號（Buran） 升空
1990 亞特蘭提斯號太空梭 STS-38 任務升空

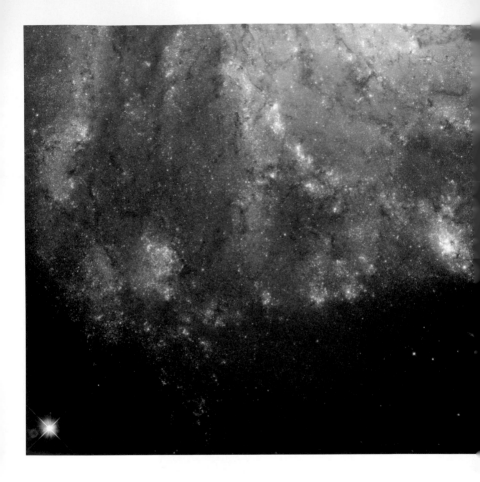

奇異火花

近年來天文學家在 M99 發現一些無法解釋的現象。其中的一個是一顆編號為 PTF 10fqs 的橘黃色亮星,它位在影像中左上方。它最早是由帕洛瑪光變設施(Palomar Transient Facility)發現,這個計畫在天空中尋找亮度快速變化的天體。PTF 10fqs 特別的地方是它無法被分類,它比新星亮(新星是恆星表面突然變亮的現象),不過比超新星暗(大質量恆星死亡前的爆炸)。科學家提出幾種可能的解釋,包括一顆巨行星撞上它的母恆星。

ESA/Hubble & NASA. Acknowledgement: Matej Novak

名稱:M99、PTF 10fqs
距離:5000 萬光年
星座:后髮座
分類:星系

2022 三 ◐ 廿三
2023 四 ● 初四
2024 六 ○ 十六　昂宿星團（M45）接近月球
　　　　　　　　　　　水星東大距

1962 NASA 農神 1 號火箭 SA-3 任務升空
1973 NASA 首座太空站計畫天空實驗室 4 號（Skylab 4）任務升空
1974 Arecibo 無線電波天文臺發布星際訊息廣播
2004 NASA 極音速飛行測試機 X-43A 創下 9.68 馬赫的大氣層內飛行速度紀錄
2009 亞特蘭提斯號太空梭 STS-129 任務升空

重見光明

　　M100 是宏觀螺旋星系的最佳範例，這類星系有明顯、清楚的旋臂。塵埃帶在星系中心旋繞，明亮藍色的大質量恆星顯示著 M100 活躍的恆星形成。這個星系在 1990 年代初十分出名，因為哈伯發布了望遠鏡修復前後的兩張照片，充分表現出改善後哈伯望遠鏡的巨大進步。這是修復後的照片。

ESA/Hubble & NASA

名稱：M100
距離：5000 萬光年
星座：后髮座
分類：星系

2022 四 ◗ 廿四
2023 五 ● 初五
2024 日 ○ 十七　天王星衝
　　　　　　　　　　獅子座流星雨（Leonid）
　　　　　　　　　　木星合月
　　　　　　　　　　昴宿星團（M45）達最佳觀測位置

1790 德國數學家莫比烏斯（August Ferdinand Möbius）出生
1970 蘇聯月球 17 號（Luna 17）飛行器成功釋出 自動探測車 Lunokhod 1 到月球表面，
　　　成為第一架登陸月球的有輪車輛
1996 NASA 火星全球探勘者號（Mars Global Surveyor）升空
2016 聯合號（Soyuz）MS-03 搭載國際太空站 50/51 遠征隊升空

天空之城

　　這張照片顯示 M72 裡有非常多恆星，它們分布的方式看來就像從飛機的窗口觀察城市，市中心燈火通明，而愈向郊區延伸，燈光愈少，只有零星的光點。M72 是個球狀星團，這個古老的系統由年老恆星組成，中心區域恆星緊密的聚集在一起，就像市中心的建築物比郊區多且密集。除了星團裡的恆星外，影像中還可以在恆星之間看見許多更遙遠星系。

ESA/Hubble & NASA

名稱：M72
距離：5 萬光年
星座：寶瓶座
分類：球狀星團

11
18

2022 五 ◐ 廿五　獅子座流星雨（Leonid）
　　　　　　　　昴宿星團（M45）達最佳觀測位置
2023 六 ◐ 初六　火星合日
　　　　　　　　獅子座流星雨（Leonid）
　　　　　　　　昴宿星團（M45）達最佳觀測位置
2024 一 ○ 十八

1789 發明攝影術的法國發明家達蓋爾（Louis Jacques Mand Daguerre）出生
1923 美國第一位上太空的太空人艾倫・薛帕德（Alan Shepard）出生
1989 NASA 宇宙背景探索者（Cosmic Background Explorer，COBE）衛星升空，這是第一顆用來
　　　調查宇宙微波背景輻射的衛星
2013 NASA 的「火星大氣與揮發物演化任務」（MAVEN）探測器 升空

眾星雲集

　　影像中的雲柱由氣體塵埃組成，位在狂暴的船底座星雲恆星形成區裡。可見光的影像顯示三光年長的雲柱頂端，它籠罩在影像上方外側大質量恆星發出的光。來自恆星的炙熱輻射和高速恆星風（帶電粒子）塑造雲柱外觀，更引發雲柱內的恆星形成。雲柱的頂端可以看見外流的氣體和塵埃。

NASA, ESA and the Hubble SM4 ERO Team

名稱：Carina Nebula
距離：7500 光年
星座：船底座
分類：星雲

2022 六 ● 廿六
2023 日 ◗ 初七
2024 二 ◖ 十九

1969 阿波羅 12 號任務成功降落月球，這是人類第二次登陸月球
1996 哥倫比亞號太空梭 STS-80 任務升空
1997 哥倫比亞號太空梭 STS-87 任務升空
2005 日本太空總署隼鳥號（Hayabusa）太空船實現人類首度從小行星表面升空

激情過後

　　NGC 7714 是個距離我們 1 億光年的螺旋星系，以宇宙的角度看它算是相當近的鄰居。這個星系不久前才經歷劇烈的事件。影像上可以看見 NGC 7714 怪異的旋臂和從星系核心往外噴發的煙霧，這些都是與較小星系 NGC 7715 劇烈撞擊的結果，NGC 7715 位在影像外側的地方。

ESA, NASA; Acknowledgement: A. Gal-Yam (Weizmann Institute of Science)

名稱：Arp 284、NGC 7714
距離：1 億光年
星座：雙魚座
分類：星系

2022 日 ● 廿七　賽拉星（115 Thyra）衝
水星抵達遠日點
2023 一 ◐ 初八　土星合月
2024 三 ◑ 二十

1889 美國天文學家艾德溫·哈伯（Edwin Powell Hubble）出生
1984 尋找地球外智慧文明（SETI）計畫開始運作
1998 國際太空站的第一個部件：曙光號功能貨艙（Zarya）升空
1999 中國神舟 1 號試驗載人太空船升空
2002 三角洲 4 號（Delta IV）運載火箭首度升空
2004 NASA、英國和義大利合作的雨燕（Swift）天文衛星升空，觀測伽瑪射線爆
2010 NASA 研究以太陽輻射壓作為太空船推進力的太陽帆 NanoSail-D2 升空

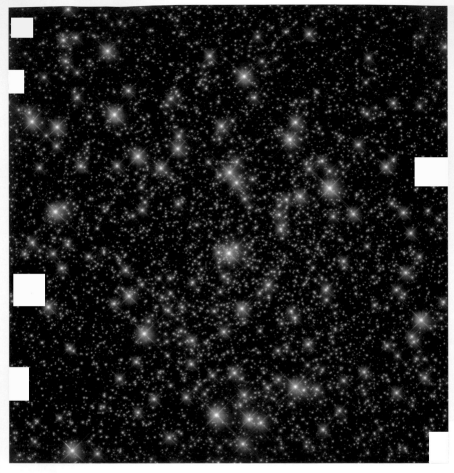

物以力聚

　　天文學家在 NGC 3201 的中心發現一個黑洞，從一顆恆星奇怪的運行方式，推論出這看不見的天體位置。跟銀河系中其他 150 多個球狀星團比起來，這個球狀星團還有些不一樣的地方。NGC 3201 相對太陽的移動速度非常快，而且它的運行軌道是逆行，這表示它以高速反轉的方式繞銀河中心。不尋常的 NGC 3201 暗示它可能來自銀河系外，某個時刻被銀河系的重力捕獲。不過 NGC 3201 的化學組成卻跟其他銀河系的球狀星團相像，這意味著 NGC 3201 形成的位置和時間與其他球狀星團類似。

ESA/Hubble & NASA

名稱：NGC 3201
距離：1 萬 6000 光年
星座：船帆座
分類：球狀星團

逆勢而生

　　現代的觀測顯示 M59 是個橢圓星系，橢圓星系是三類星系中的一種，另外兩類是螺旋星系和不規則星系。橢圓星系是三類星系中最後期的一種，絕大多數都是年老的紅色恆星，沒有或很少新恆星誕生。不過 M59 卻是例外，這個星系有新恆星誕生的跡象，它們位在核心附近的圓盤上。

ESA/Hubble & NASA, P. Cote

名稱：M59、NGC 4621
距離：5000 萬光年
星座：室女座
分類：星系

2022 二 ● 小雪　班貝格星（324 Bamberga）衝
2023 三 ◐ 小雪　麒麟座 α 流星雨（alpha-Monocerotid）
2024 五 ◑ 小雪

1928 中國天文學家張鈺哲發現 1125 號小行星「中華」
1989 發現號太空梭 STS-33 任務升空

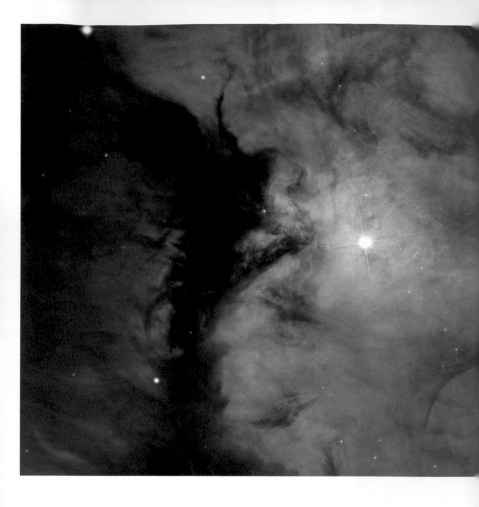

火鳥之喙

一顆大質量恆星照亮這個稱為 M43 的小區域，它把
塵埃與氣體雕塑成影像中的樣子。因為它較小的尺寸，
而且只有一顆恆星雕塑這個星雲，天文學家把它稱為迷
你獵戶座星雲。獵戶座星雲又暱稱為火鳥星雲，本身相
當巨大，裡面有四顆大質量恆星，它們雕塑星雲裡的氣
體與塵埃。

NASA, ESA, M. Robberto (Space Telescope Science Institute/ESA)
and the Hubble Space Telescope Orion Treasury Project Team

名稱：M42、M43、
　　　獵戶座星雲
距離：1400 光年
星座：獵戶座
分類：星雲

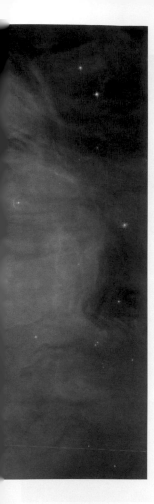

11
23

2022 三 ● 三十
2023 四 ◗ 十一
2024 六 ◖ 廿三

1874 美國物理學家來曼（Theodore Lyman）出生
1977 歐洲氣象衛星 Meteosat 1 升空
2002 奮進號太空梭 STS-113 任務升空
2014 聯合號（Soyuz）TMA-15M 搭載國際太空站 42/43 遠征隊升空
2015 亞馬遜創辦人貝佐斯的藍色起源（Blue Origin）公司開發的新雪帕德號（New Shepard）
　　 火箭 首度成功從太空中垂直降落

頭角崢嶸

　　NGC 2174 位在獵戶座，距離我們約 6500 光年。哈伯太空望遠鏡曾經在 2011 年觀測過這個區域，這個色彩豐富的區域有許多年輕星球藏在這氣體和塵埃裡。這幅猴頭星雲的局部影像是哈伯的第三代廣域相機拍攝的。

NASA, ESA, and the Hubble Heritage Team (STScI/AURA)

名稱：NGC 2174、猴頭星雲
距離：6500 光年
星座：獵戶座
分類：星雲

2022 四 ● 初一
2023 五 ◑ 十二
2024 日 ◐ 廿四

1926 華裔美籍物理學家李政道出生
1947 美國空蜂火箭（Aerobee）首次發射升空
1991 亞特蘭提斯號太空梭 STS-44 任務升空

明星誕生

　　大麥哲倫星雲位在劍魚座，是我們的鄰居星系，上面有一些區域恆星正在形成。哈伯的這幅影像是其中一個恆星形成區：N11B，它是較大恆星形成區 N11 的一部分。N11 是大麥哲倫星雲裡第二大的恆星形成區，它的大小和活躍程度僅次於劍魚座 30（30 Doradus），劍魚座 30 位在大麥哲倫星雲的另一側。

NASA/ESA and the Hubble Heritage Team (AURA/STScI/HEIC)

名稱：LHA 120-N 11B、N11B
距離：16 萬光年
星座：劍魚座
分類：星雲

2022 五 ● 初二　月球抵達近日點
　　　　　　　　　舒梅克－李維 9 號（Shoemaker-Levy 9）彗星抵達近日點
2023 六 ◐ 十三　木星合月
2024 一 ◑ 廿五

1926 美國元老級科幻作家波爾・安德森（Poul William Anderson）出生
1970 M2-F3 升力體飛行器首次動力飛行

玉潤珠圓

　　哈伯太空望遠鏡拍攝 ESO 381-12 星系的影像，影像中可以看見星系有一層一層鬼魅般的殼狀結構，背景則襯托著許多遙遠星系。影像中參差不齊的結構與繞星系運行的星團，暗示 ESO 381-12 星團不久前才遭受猛烈的撞擊。

NASA, ESA, P. Goudfrooij (STScI)

名稱：ESO 381-12、PGC 42871
距離：2 億 7000 萬光年
星座：半人馬座
分類：星系

2022 六 ● 初三　月球抵達近地點
2023 日 ◐ 十四　月球抵達遠日點
2024 二 ◑ 廿六　月球抵達遠地點

1965 法國衛星發射成功，成為第三個擁有人造衛星的國家
1975 X-24B 升力體飛行器最後一次飛行
1985 亞特蘭提斯號太空梭 STS-61B 任務升空
1989 蘇聯和平號太空站量子 2 號（Kvant 2）艙升空
2011 NASA 火星科學實驗室好奇號（Curiosity）探測車升空
2018 NASA 洞察號（InSight）火星探測器登陸火星

土星本色

　　哈伯太空遠鏡曾經發表過各種不同顏色的土星影像，包括黑白、橘色、藍色、綠色和紅色。不過在這幅影像中，影像處理專家刻意呈現清晰、極為準確的土星顏色，它表現出土星粉彩般的色調。黃、棕和灰等細緻的顏色展現土星表面不同的雲。

Hubble Heritage Team (AURA/STScI/NASA/ESA)

名稱：土星
距離：N/A
星座：N/A
分類：太陽系

11
27

2022 日 ● 初四
2023 一 ○ 十五　昴宿星團（M45）接近月球
2024 三 ● 廿七

1701 提出攝氏溫標的瑞典天文學家安德斯・攝爾修斯（Anders Celsius）出生
1885 奧匈帝國天文學家魏內克（Ladislaus Weinek）拍下史上第一張流星雨照片
1971 蘇聯無人探測器火星 2 號（Mars 2）墜毀在火星表面，成為第一部碰觸到火星的人造飛行物
1997 日本 JAXA 和美國 NASA 合作的熱帶降雨觀測衛星（Tropical Rainfall Measuring Mission）升空
2001 哈伯太空望遠鏡觀測到系外行星 HD 209458 b 含有鈉元素的大氣層，這是首次直接偵測到
　　　系外行星的大氣

神秘之山

　　崎嶇的山頂上繚繞著纖細的雲，這樣的景色就像托爾金《魔戒》中的場景。這幅哈伯太空望遠鏡的影像比小說更戲劇化，鄰近的亮星的強烈輻射正在吞噬這三光年高的雲柱，雲柱的頂端充滿生氣。雲柱的內部也有動靜，一顆剛誕生的恆星埋藏在雲柱頂端，它噴發的氣體就像嚎啕大哭的小嬰兒。這是慶祝哈伯升空 20 週年的影像。

NASA, ESA, M. Livio and the Hubble 20th Anniversary Team (STScI)

名稱：船底座星雲 HH 901、
　　　HH 902
距離：7500 光年
星座：船底座
分類：星雲

2022 一 ● 初五　十一月獵戶座流星雨（November Orionids）

2023 二 ○ 十六　金星抵達近日點
十一月獵戶座流星雨（November Orionids）

2024 四 ● 廿八　十一月獵戶座流星雨（November Orionids）
333P/LINEAR 彗星通過近日點

1964 NASA 水手 4 號（Mariner 4）升空，後來傳回第一張在地球以外拍攝
　　 的另一個行星照片：火星
1983 哥倫比亞號太空梭 STS-9 任務升空
1990 美國物質研究協會宣布物理學家霍夫曼的研究小組發現碳元素的
　　 第三種晶體形式：巴克球
2017 航海家 1 號（Voyager 1）升空 37 年後第一次開啟備用推進器

繁花似錦

　　這是哈伯拍攝的 M 74 星系影像，影像中可以看見旋臂上點綴一些粉紅色的區域。這些是巨大、壽命較短的氫氣雲，它們發光的能量來自於星雲中炙熱年輕恆星的強烈輻射，粉紅色光來自於游離的氫（沒有電子的氫原子）。這些恆星形成區有過多的紫外線，天文學家稱它們為氫離子區（HII region）。

NASA, ESA, and The Hubble Heritage (STScI/AURA)-ESA/Hubble Collaboration

名稱：M74、幻影星系
距離：2500 萬光年
星座：雙魚座
分類：星系

11
29

2022 二 ◗ 初六　土星合月
　　　　　　　　司天星（30 Urania）衝
2023 三 ○ 十七
2024 五 ● 廿九

1803 奧地利物理學家都卜勒（Christian Andreas Doppler）出生
1961 NASA 水星計畫的水星－擎天神 5 號任務升空，將黑猩猩 Enos 送上太空
1967 澳洲發射第一顆人造衛星

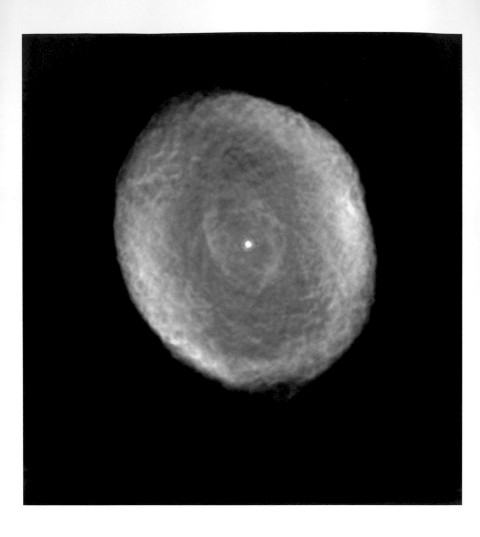

珠玉天成

　　行星狀星雲 IC 418 就像一顆多面寶石閃閃發光，它位在天兔座，距離我們約 2000 光年。這幅影像中，哈伯太空望遠鏡顯現星雲繁複的結構，這些結構的起源依然是個未解之謎。

NASA/ESA and The Hubble Heritage Team (STScI/AURA)

名稱：IC 418、IRAS 05251-1244、
　　　螺線圖星雲
距離：2000 光年
星座：天兔座
分類：行星狀星雲

11
30

2022 三 ◗ 初七
2023 四 ○ 十八
2024 六 ● 三十

1609 義大利天文學家伽利略開始用望遠鏡觀測月球
1924 人類首次透過無線電越洋傳送一張圖片
1954 一顆 4.5 公斤重的隕石墜落在美國阿拉巴馬州一間民宅，使伊莉莎白・霍奇斯
　　　（Elizabeth Hodges）成為史上被隕石砸中的第一人
2000 奮進號太空梭 STS-97 任務升空

繼往開來

　　哈伯望遠鏡退役後，探索太空的任務將由最新的詹姆斯·韋伯太空望遠鏡（James Webb Space Telescope）接手。JWST 是一個太空紅外天文台，它具有較長波長的觀測能力和更高感光度，將填補和擴展哈伯太空望遠鏡未完成的部分。韋伯能夠觀測更接近宇宙時間起點的環境，尋找還未發現的初生星系，以及埋藏在塵埃雲裡的恆星與行星系統。　　NASA

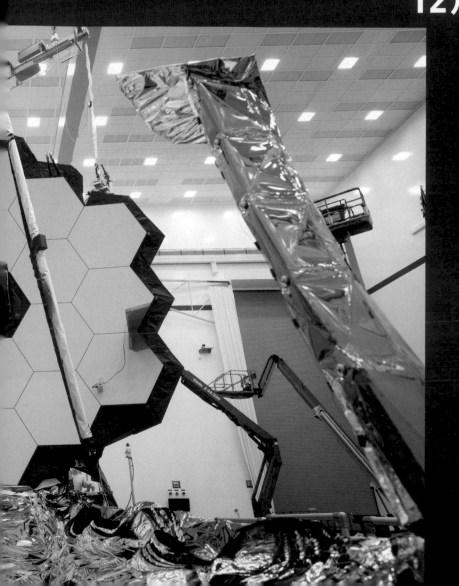

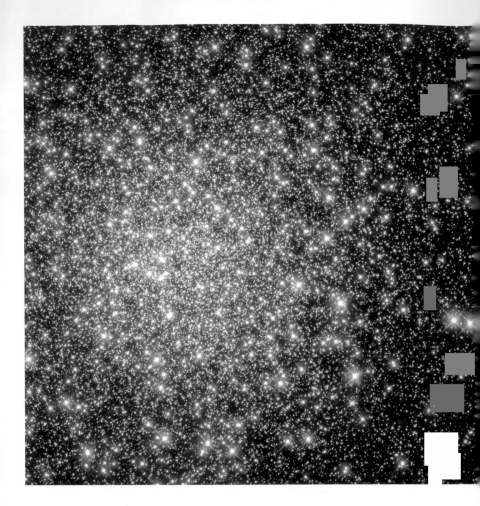

老幹新枝

　　M5 不是個正常的球狀星團。它的年齡大約 130 億年，這個年齡非常的老，宇宙的年齡大約是 138 億年，宇宙誕生沒多久後 M5 就形成。M5 也是已知最大的星團之一，距離我們約 2 萬 4500 光年，它是天文學家常常用來測試望遠鏡的目標。M5 中有未解之謎團。球狀星團裡的恆星都很老，不過 M5 裡卻有一些年輕的藍掉隊星（blue straggler），這些恆星能後恢復年輕，可能是跟其他恆星發生碰撞，或從其他恆星掠奪物質。

ESA/Hubble & NASA

名稱：M5
距離：2 萬 4500 光年
星座：巨蛇座頭
分類：星團

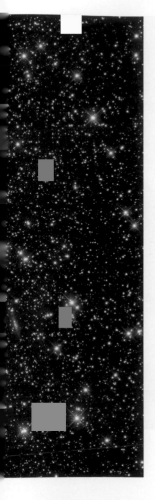

12
01

2022 四 ◗ 初八　火星來到近地點
2023 五 ◯ 十九
2024 日 ● 初一

1957 水星號太空船設計者麥克斯‧法傑（Max Faget）提出彈道艙的設計方案，
　　　奠定日後太空載具的形狀
1989 蘇聯格拉納特（Granat）太空天文臺升空
1997 太陽系八顆行星形成八星連珠的視覺天文奇觀

無狀之狀

　　不規則星系雖然沒有橢圓星系和螺旋星系著名，卻是宇宙中最常見的星系，正如這張哈伯太空遠鏡影像中的拍攝到的 UGC 4459。UGC 4459 的瀰漫與散亂外形是不規則矮星系的特徵。它們沒有一定的結構或形狀，外形不固定，沒有恆星組成的中心核球，也沒有從星系中心往外伸展的旋臂。

ESA/Hubble & NASA; Acknowledgement: Judy Schmidt (Geckzilla)

名稱：UGC 4459
距離：1100 萬光年
星座：大熊座
分類：星系

2022 五 ◗ 初九　小行星 349 Dembowska 衝
　　　　　　　　木星合月
　　　　　　　　鳳凰座流星雨（Phoenicids）

2023 六 ◖ 二十　鳳凰座流星雨（Phoenicids）

2024 一 ● 初二　月球抵達近日點
　　　　　　　　鳳凰座流星雨（Phoenicids）

1974 先鋒 11 號（Pioneer 11）飛掠木星
1988 亞特蘭提斯號太空梭 STS-27 任務升空
1990 哥倫比亞號太空梭 STS-35 任務搭載天文 1 號實驗室（Astro-1）升空
1992 發現號太空梭 STS-53 任務升空
1993 奮進號太空梭 STS-61 任務升空，對哈伯太空望遠鏡進行第一次維護
1995 NASA 和 ESA 合作的太陽和太陽風層探測器（SOHO）升空
2013 中國嫦娥 3 號月球探測器升空

冷暖自知

　　這是一幅哈伯太空望遠鏡拍攝 M9 球狀星團的影像。
哈伯的影像解析出星團中央的恆星，也顯示出它們不同
的顏色。紅色代表恆星表面溫度低，藍色則表示溫度非
常高。

NASA & ESA

名稱：M9
距離：2 萬 5000 光年
星座：蛇夫座
分類：球狀星團

2022 六 ◗ 初十
2023 日 ◖ 廿一
2024 二 ● 初三

1965 蘇聯月球 8 號（Luna-8）升空
2014 日本隼鳥 2 號（Hayabusa 2）升空，準備前往小行星龍宮（162173 Ryugu）
　　 採取樣本帶回地球
2018 聯合號（Soyuz）MS-11 搭載國際太空站 57/58 遠征隊升空
2018 NASA 歐西里斯號（OSIRIS-REx）太空船抵達小行星貝努（101955 Bennu）

鬍髯如戟

M66 是獅子座三重星系的其中一個，正在經歷劇烈的恆星與星團形成，因為這個星系距離我們相當近，哈伯可以解析出星系中的各個恆星。M66 的影像在 2010 年時已經公開，這個重新處理過的影像，還包括哈伯的紫外線資料。

NASA, ESA, and the LEGUS team

名稱：M66
距離：3500 萬光年
星座：獅子座
分類：星系

12
04

2022 日 ◗ 十一　海王星結束逆行
2023 一 ◖ 廿二
2024 三 ● 初四

1639 英國天文學家霍羅克斯（Jeremiah Horrocks）首次觀察到金星凌日
1965 NASA 載人太空任務雙子星計畫成功發射雙子星 7 號（Gemini VII）
1973 先鋒 10 號（Pioneer 10）以最近距離飛掠木星，傳回首批木星的近距離影像
1978 NASA 先鋒－金星 1 號（Pioneer-Venus 1） 軌道器抵達繞行金星軌道
1996 NASA 火星拓荒者號（Mars Pathfinder）升空
1998 奮進號太空梭 STS-88 任務升空

星際蠕蟲

　　這個星系外表扭曲像一隻蠕蟲一般，很可能是兩個星系碰撞合併的結果，這樣的交互作用在宇宙中很常見，從衛星星系被旋臂擄獲，到兩個星系迎頭撞上都屬於這類交互作用。撞擊中氣體和塵埃間的摩擦力是影響星系的最重要因子，這會改變原來星系的樣子，形成有趣的新外貌。

ESA/Hubble & NASA; Acknowledgement: Judy Schmidt

名稱：IRAS 23436+5257
距離：4 億 7000 萬光年
星座：仙后座
分類：星系

12
05

2022 一 ◗ 十二
2023 二 ◖ 廿三　月球抵達遠地點
2024 四 ◖ 初五　金星合月
　　　　　　穀神星合冥王星
　　　　　　十二月仙后座 φ 流星雨 （December phi Cassiopeiids）

1901 德國物理學家海森堡 （Werner Heisenberg） 出生
2001 奮進號太空梭 STS-108 任務升空
2014 NASA 無人駕駛太空船獵戶座號 （Orion） 首度試飛

昴宿魅影

影像顯示一星際暗雲被路過的昴宿五（Merope）摧毀，昴宿五是昴宿星團裡的亮星。這顆恆星的光被漆黑的雲氣反射，就像手電筒的光束被洞穴裡的牆反射一樣。當雲氣靠近昴宿五，強烈的星光讓塵埃粒子減速。這片雲以每秒 11 公里的相對速度靠近昴宿星團。

NASA/ESA and The Hubble Heritage Team (STScI/AURA), George Herbig and Theodore Simon (University of Hawaii).

名稱：昴宿五星雲、
　　　昴宿星團
距離：450 光年
星座：金牛座
分類：星雲

2022 二 🌘 十三　天王星接近月球
十二月仙后座 φ 流星雨（December phi Cassiopeiids）

2023 三 🌓 廿四　海王星結束逆行
十二月仙后座 φ 流星雨（December phi Cassiopeiids）

2024 五 🌔 大雪　水星下合日
船尾座－船帆座流星雨（Puppid-Velids）

1998 團結號（Unity）節點艙與曙光號（Zarya）功能貨艙結合完成，
構成國際太空站的核心區塊
2006 NASA 火星全球探勘者號（Mars Global Surveyor）發現火星表面曾經存在液態水
2011 引用哈伯太空望遠鏡資料的第 1 萬篇論文誕生
2015 日本破曉號（Akatsuki）探測器開始繞行金星

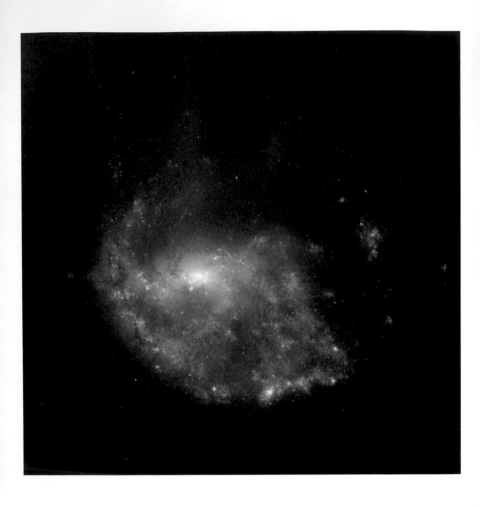

大珠小珠落玉盤

　　這是一幅哈伯太空望遠鏡拍攝的影像，明亮、粉紅的星雲在螺旋星系的邊緣幾乎形成一個圓。3 億 3000 萬年前一個小星系撞上 NGC 922 星系的中心，撞擊的結果形成圓形的結構和變形的懸臂。

NASA, ESA

名稱：NGC 922
距離：1 億 5000 萬光年
星座：天爐座
分類：星系

2022 三 ◐ 大雪　月球抵達遠日點
船尾座－船帆座流星雨（Puppid-Velids）
2023 四 ◑ 大雪　船尾座－船帆座流星雨（Puppid-Velids）
2024 六 ◑ 初七　火星結束逆行

1905 荷蘭裔美籍天文學家 傑拉德・古柏（Gerard Kuiper ）出生，
他是古柏小行星帶假說的提出者之一
1972 阿波羅 17 號任務升空，在飛往月球途中首次拍下藍色彈珠般的地球照片
1995 NASA 伽利略號（Galileo）探測器進入木星大氣層，軌道器展開主要任務
1997 伽利略號的木衛二任務開始
2018 嫦娥 4 號升空前往月球

浮光掠影

　　哈伯太空望遠鏡拍攝這特別的影像，其中包括金牛座 XZ 的多星系統、它的鄰居金牛座 HL 和許多附近的年輕星球。金牛座 XZ 吹出熱泡泡到周圍區域，那裡充滿明亮和美麗的氣團，發出強烈恆星風與噴流。這些天體照亮附近區域，形成引人注目的景象。

Image credit: ESA/Hubble and NASA; Acknowledgement: Judy Schmidt

名稱：LDN 1551、XZ Tauri
距離：450 光年
星座：金牛座
分類：星雲、恆星

2022 四 ○ 十五　火星合月
火星衝
2023 五 ● 廿六
2024 日 ◐ 初八　木星衝
海王星結束逆行
冥王星合金星
土星合月
麒麟座流星雨（Monocerotid）

1990 NASA 伽利略號（Galileo）前往木星途中第一次近距離飛越地球
2010 SpaceX 飛龍 1 號（Dragon 1）升空，成為第一架從運行軌道上回收的私人太空船
2010 日本的太空探測器：靠太陽輻射加速的星際風箏伊卡洛斯號（IKAROS）飛掠金星

蝴蝶效應

　　這幅是哈伯太空望遠鏡拍攝的 NGC 6302 影像，它有個較為人知的名字蝴蝶星雲。MGC 6302 位在天蠍座，是我們銀河系裡的天體，距離我們約 3800 光年。這些發亮的雲氣，原本是這顆恆星的外殼氣體，不過大約 2200 年前開始往外擴散。這個蝴蝶的外形長度超過 2 光年，這大約是太陽到最近恆星比鄰星距離的一半。

NASA, ESA, and J. Kastner (RIT)

名稱：蝴蝶星雲、NGC 6302
距離：3800 光年
星座：天蠍座
分類：行星狀星雲

2022 五 ○ 十六　麒麟座流星雨（Monocerotid）

2023 六 ● 廿七　麒麟座流星雨（Monocerotid）

2024 一 ◑ 初九　穀神星合金星
　　　　　　　　月掩海王星

1978 先鋒－金星 2 號探測器進入金星大氣層
2006 發現號太空梭 STS-116 任務升空

風韻猶存

　　NGC 524 是一個透鏡狀星系。透鏡狀星系是一個星系演化的中間階段，它們不是橢圓星系，也不是螺旋星系。螺旋星系屬於「中年」星系，有巨大、螺旋般的旋臂，旋臂上有數百萬顆星。旋臂上除了恆星，還有氣體和塵埃組成的雲氣，當氣體密度夠高，這些雲氣就會變成新恆星誕生的育嬰室。如果雲氣耗盡或消散，旋臂就會慢慢消退，星系的螺旋外觀會變得不明顯。當這個過程結束，留下的就是透鏡狀星系，一個明亮的星系盤，上面充滿年老、紅色的恆星，剩下少許的氣體與塵埃。

ESA/Hubble & NASA; Acknowledgement: Judy Schmidt

名稱：NGC 524
距離：9000 萬光年
星座：雙魚座
分類：星系

12
10

2022 六 ○ 十七
2023 日 ● 廿八　金星合月
2024 二 ◑ 初十

1963 動力翱翔者（Dyna-Soar）太空飛機計畫取消
1974 NASA 用於研究太陽活動的太陽神 1 號（Helios 1）太空船升空
1999 歐洲太空總署 X 射線多鏡面太空望遠鏡「XMM 牛頓衛星」
　　（Newton X-Ray Multi-Mirror Telescope）升空

冉冉星起

Pismis 24 星團位在巨大發射星雲 NGC 6357 的核心，這個星雲位在天蠍座，它在天空中的張角約 1 度。Pismis 24 星團中的年輕大質量（藍色）恆星將部分的星雲游離。炙熱恆星發出的強烈紫外線加熱星團周圍的氣體，在 NGC G357 裡形成一個巨大泡泡。四周環繞的雲氣增加研究這個區域的難度。畫面中最明亮的恆星 Pismis24-1 過去一直是「銀河系重量級冠軍」的最後候選人之一，但這次觀測發現它其實是一對雙星，因此質量也就減半了。

NASA, ESA and Jesús Maíz Apellániz (Instituto de Astrofísica de Andalucía, Spain). Acknowledgement: Davide De Martin (ESA/Hubble)

名稱：Pismis 24、Pismis 24-1
距離：8000 光年
星座：天蠍座
分類：星雲、星團

2022 日 ◯ 十八　穀神星（1 Ceres）來到近日點
2023 一 ● 廿九
2024 三 ◑ 十一　長蛇座 σ 流星雨（Sigma-Hydrids）

1863 美國天文學家安妮・坎農（Annie Jump Cannon）出生
1972 阿波羅 17 號太空船登陸月球
1993 蘇富比舉行第一場拍賣蘇聯太空裝備與文物的拍賣會
1998 NASA 火星氣候軌道探測船（Mars Climate Orbiter）升空

分身有術

　　太陽紋弧星系（Sunburst Arc galaxy）距離我們約 110 億光年，它發出的光受到 46 億光年的前景星系重力透鏡作用而形成弧形的多重影像。它是重力透鏡作用下最亮的星系之一，它的影像在四個圓弧上出現至少 12 次。

ESA/Hubble, NASA, Rivera-Thorsen et al.

名稱：PSZ1 G311.65-18.48
距離：110 億光年
星座：天燕座
分類：星系

2022 一 ◖ 十九　月球抵達遠地點
長蛇座 σ 流星雨（Sigma-Hydrids）
大麥哲倫星雲（LMC）達最佳觀測位置

2023 二 ● 三十　長蛇座 σ 流星雨（Sigma-Hydrids）
大麥哲倫星雲（LMC）達最佳觀測位置

2024 四 ◑ 十二　月球抵達近地點
大麥哲倫星雲（LMC）達最佳觀測位置

1961 史上第一顆業餘無線電衛星 OSCAR 1 升空
1970 NASA 探索者 42 號（Explorer 42）X 射線衛星由義大利地面團隊發射升空，
　　　是美國第一架由他國發射的太空載具
2012 北韓發射第一顆人造衛星 KMS 3-2
2013 天文學家公布哈伯太空望遠鏡拍下木衛二南極區朝太空噴發的水蒸氣

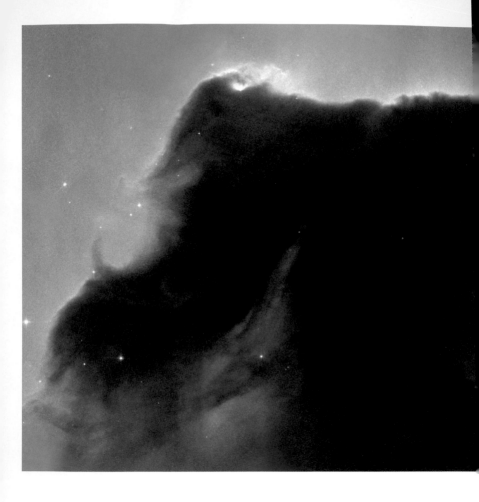

特寫馬頭

　　馬頭星雲就像是一匹巨大的海馬，從塵埃與氣體的大海中升起，它也是業餘天文攝影師最喜愛的目標天體之一。哈伯太空遠鏡拍攝的特寫顯現出這個星雲複雜精細的結構。這幅馬頭影像是為了慶祝哈伯望遠鏡 11 週年紀念而拍攝的，哈伯精選計畫製作這幅影像，也見證了馬頭星雲的高人氣。因為它是在網路投票中脫穎而出，成為哈伯拍攝的目標。

NASA, NOAO, ESA and The Hubble Heritage Team (STScI/AURA)

名稱：Barnard 33、馬頭星雲
距離：1500 光年
星座：獵戶座
分類：星雲

2022 二 ○ 二十
2023 三 ● 初一　串田彗星（144P/Kushida）來到近地點
　　　　　　　　　月球抵達近日點
2024 五 ◑ 十三

1967 NASA 先鋒 8 號（Pioneer 8）探測器升空
2001 NASA X-38 乘員返回載具（Crew Return Vehicle）原型機最後一次著陸測試
2018 維珍銀河團結號（Virgin Galactic VSS Unity）飛抵太空

天外飛碟

　　這個看似細緻的圓盤狀氣體其實是超新星爆炸後，膨脹震波與拋出的物質跟附近的星際物質作用的結果。這個超新星殘骸稱為 SNR B0509-67.5，氣泡狀的殘骸是恆星爆炸後留下的雲氣，它位在大麥哲倫星雲。外殼上的漣漪可能是因為星際氣體密度有些微不同，或最初爆炸時內部碎片不均勻造成的。這個氣泡狀的雲氣直徑約 23 光年，膨脹的速度超過每小時 1800 萬公里。

NASA, ESA, and the Hubble Heritage Team (STScI/AURA). Acknowledgement: J. Hughes (Rutgers University)

名稱：SNR B0509-67.5
距離：15 萬 光年
星座：劍魚座
分類：超新星殘骸

2022 三 ◑ 廿一　雙子座流星雨（Geminids）
2023 四 ● 初二　水星合月
　　　　　　　雙子座流星雨（Geminids）
2024 六 ○ 十四　雙子座流星雨（Geminids）
　　　　　　　昴宿星團（M45）接近月球
　　　　　　　獵戶座疏散星團 NGC 1981 達最佳觀測位置

1546 丹麥天文學家第谷・布拉赫（Tycho Brahe）出生
1962 NASA 水手 2 號（Mariner 2）首次飛掠金星
1972 阿波羅 17 號太空人尤金・瑟南（Eugene Cernan）成為 20 世紀進行月球漫步
　　　與艙外活動的最後一人
2009 NASA 廣域紅外線巡天探測衛星（WISE）升空
2013 中國嫦娥 3 號太空船登陸月球，放出月面探測車玉兔號

暗星雲入侵

　　這個發亮的反射星雲稱為 [B77] 63，是埋藏在星際雲裡的恆星，發出光在雲裡反射而造成的。[B77] 63 裡有好幾顆亮星，最明顯的是有發射線的 LkHA 326 星，還有它附近的另一顆星 LZK 18。這幾顆星照亮附近的雲氣，讓雲氣形成影像中絲線般的外觀。不過影像中最引人注目的是黑色的雲氣，這個暗星雲稱為 Dobashi 4173，暗星雲是密度較高的雲，漆黑的物質遮蔽背後的星空，看起來像夜空中詭異的裂口。

ESA/Hubble & NASA

名稱：[B77] 63、Dobashi 4173、
　　　SSTC2D J033038.2+303212
距離：1000 光年
星座：金牛座
分類：星雲、恆星

12
15

2022	四 ◐ 廿二	威德 2 號彗星（81P/Wild）來到近日點
		獵戶座疏散星團 NGC 1981 達最佳觀測位置
2023	五 ● 初三	獵戶座疏散星團 NGC 1981 達最佳觀測位置
2024	日 ○ 十五	月球抵達遠日點
		木星合月
		司法星（15 Eunomia）衝
		后髮座流星雨（Comae Berenicids）

1965 NASA 載人任務雙子星 6 號（Gemini VI）升空
1970 蘇聯金星 7 號（Venera 7）首度成功登陸金星
1984 蘇聯維加 1 號（Vega 1）升空，準備研究金星和哈雷彗星
2003 美國國家航空太空博物館烏德沃爾哈齊中心（Udvar-Hazy Center）開幕
2010 聯合號（Soyuz）TMA-20 搭載國際太空站 26/27 遠征隊升空
2015 聯合號（Soyuz）TMA-19M 搭載國際太空站 46/47 遠征隊升空
2017 SpaceX CRS-13 任務升空，這是第一次使用二手第一節推進火箭和天龍號太空船
　　前往國際太空站

超新星大爆發

　　影像中的螺旋星系稱為 NGC 4051，距離地球約 4500 萬光年，過去已經在星系上發現好幾顆超新星。第一顆是 1983 年發現的 SN 1983I，第二顆是 2003 年的 SN 2003ie，第三顆是 2010 年發現的 SN 2010br。這些爆炸的事件分佈在星系的核心與旋臂上。

ESA/Hubble & NASA, D. Crenshaw and O. Fox

名稱：NGC 4051
距離：4500 萬光年
星座：大熊座
分類：星系

12
16

2022 五 ◑ 廿三　后髮座流星雨（Comae Berenicids)
2023 六 ● 初四　后髮座流星雨（Comae Berenicids)
2024 一 ○ 十六

1857 美國天文學家巴納德（E. E. Barnard）出生
1965 NASA 先鋒 6 號（Pioneer 6）升空
1976 阿波羅登月計畫最後兩架農神 5 號（Saturn V）火箭 進入博物館
2015 哈伯太空望遠鏡拍下史上第一次如預測中發生的超新星爆發

紫外光下

　　這幅是 NGC 6744 星系的影像，它距離我們約 3000 萬光年。
它是哈伯太空望遠鏡精選河外 UV 巡天（Hubble Space Telescope's
Legacy ExtraGalactic UV Survey）拍攝的 50 個星系中的一個，這
是最詳盡的紫外線觀測鄰近恆星形成星系的計畫，將提供豐富的
資料幫助天文學家研究恆星形成與星系演化。

NASA, ESA, and the LEGUS team

名稱：NGC 6744
距離：3000 萬光年
星座：孔雀座
分類：星系

**12
17**

2022 六 ◑ 廿四
2023 日 ● 初五　月球抵達近地點
2024 二 ○ 十七

1903 美國航空先驅奧維爾‧萊特（Orville Wright）首次實現動力飛行
1979 三艘太空梭的主引擎首度全部測試成功
2012 NASA 重力回溯及內部結構實驗室的兩個探測器 GRAIL A 和 GRAIL B 先後撞擊月球
2017 聯合號（Soyuz）MS-07 搭載國際太空站 54/55 遠征隊升空

星際蟲跡

　　這長度約 1 光年的星際氣體和塵埃就像一隻趕赴宴會的毛毛蟲，不過這隻宇宙毛毛蟲的故事不僅僅包括它的大餐吃什麼，還包括它會怎麼被吃掉。從亮星吹來的強風和紫外線輻射把雲氣雕塑成長條狀，還把雲氣裡的新生恆星揭露出來。這隻毛毛蟲是一顆原恆星，它一方面正在從周圍的氣體中集結物質而逐漸成形，但這些氣體也同時被附近的其他亮星發出的輻射侵蝕當中。

NASA, ESA, the Hubble Heritage Team (STScI/AURA), and IPHAS

名稱：IRAS 20324+4057
距離：4500 光年
星座：天鵝座
分類：恆星

12
18

2022 日 ◗ 廿五
2023 一 ◗ 初六　土星合月
2024 三 ○ 十八　火星合月

1856 英國物理學家、電子的發現者湯姆生（Joseph John Thomson）出生
1973 蘇聯聯合 13 號（Soyuz 13）升空
1999 NASA 繞行地球軌道的太陽同步軌道衛 Terra (EOS AM-1) 升空

宇宙最冷的地方

　　回力棒星雲（Boomerang Nebula）是宇宙中相當特別的地方。1995 年天文學家薩哈伊（Sahai）和尼曼（Nyman）使用瑞典的 15 米 ESO 亞毫米波望遠鏡，發現它是已知宇宙中最冷的區域，溫度是攝氏零下 272 度，只比絕對零度（最低的溫度）高一度。甚至比大霹靂產生的背景輻射溫度還低。這也是唯一目前已知比背景輻射溫度還低的地方。

European Space Agency, NASA

名稱：回力棒星雲、
　　　 IRAS 12419-5414
距離：5000 光年
星座：半人馬座
分類：星雲

2022 一 ● 廿六　泛星彗星 C/2017 K2 來到近日點
2023 二 ◐ 初七　忠神星（37 Fides）衝
2024 四 ○ 十九　十二月小獅座流星雨（December Leonis Minorids）

1852 以測量光速聞名的波蘭裔美籍物理學家邁克生（Albert Abraham Michelson）出生
1960 NASA 水星計畫的 MR-1A 任務升空，這是水星太空船和紅石助推火箭的首航
1961 法國國家太空研究中心（CNES）成立
1966 聯合國通過《外太空條約》（Outer Space Treaty）
1972 阿波羅 17 號完成載人登月任務後安全返回地球，阿波羅計畫結束
1999 發現號太空梭 STS-103 任務升空，展開哈伯太空望遠鏡的第三次維護任務
　　　（Servicing Mission 3A）
2012 聯合號（Soyuz）TMA-07M 搭載國際太空站 34/35 遠征隊升空
2013 歐洲太空總署的蓋亞太空望遠鏡（Gaia）升空

計算暗物質

　　這是哈伯太空望遠鏡拍攝的 Abell S1063 影像，它是一個星系團。星系團有非常巨大的質量，它的質量包括重子物質與暗物質，質量巨大的星系團就像宇宙放大鏡讓背後的天體變形。以前的天文學家利用重力透鏡效應計算星系團內的暗物質的分佈。更快更準確的方式是研究星系團內的光（看起來藍色的部分），那跟暗物質的分佈息息相關。

NASA, ESA, and M. Montes (University of New South Wales, Sydney, Australia)

名稱：Abell S1063
距離：50 億光年
星座：天鶴座
分類：星系

2022 二 ● 廿七　十二月小獅座流星雨（December Leonis Minorids）
2023 三 ◑ 初八　十二月小獅座流星雨（December Leonis Minorids）
2024 五 ○ 二十　水星半相

1876 美國恆星光譜天文學家沃特‧亞當斯（Walter Sydney Adams）出生
1904 威爾遜山太陽天文臺（Mount Wilson Solar Observatory）成立
1951 全球第一座核電廠，位於美國愛達荷州的實驗滋生反應器
　　　（Experimental Breeder Reactor I，EBR-1）開始發電
1972 升力體飛行器 M2-F3 最後一次飛行
1978 蘇聯金星 12 號（Venera 12）登陸器降落金星
2009 聯合號（Soyuz）TMA-17 搭載國際太空站 22/23 遠征隊升空

瞠目咋舌

　　這個發光的星雲稱為 NGC 248，它位在小麥哲倫星雲裡，
小麥哲倫星雲是銀河系的衛星星系，距離地球約 20 萬光年。
這星雲是 2015 年 9 月哈伯先進巡天相機拍攝的影像，這是
小麥哲倫星雲塵埃與氣體研究計畫的一部分。

NASA, ESA, STScI, K. Sandstrom (University of California, San Diego),
and the SMIDGE team.

名稱：NGC 248
距離：20 萬光年
星座：杜鵑座
分類：星雲

**12
21**

2022 三 ● 廿八
2023 四 ◐ 初九
2024 六 ◑ 冬至

1966 蘇聯無人月球探測器月球 13 號（Luna-13）升空
1968 NASA 阿波羅 8 號任務升空，執行人類首次繞月飛行任務
1984 蘇聯探索金星和哈雷彗星的無人探測器維加 2 號（Vega 2）升空
2011 聯合號（Soyuz）TMA-03M 搭載國際太空站 30/31 遠征隊升空
2015 SpaceX 獵鷹 9 號（Falcon 9）可回收式火箭完成首次動力垂直降落

星起金環

　　NGC 3081 是一個幾乎正向的星系,跟其他螺旋星系比起來,NGC 3081 看起來有些不同。星系中央的棒旋環繞著一個明亮的環,這個環稱為共振環。這個環裡有許多明亮的星團和突發的恆星形成,它的中央影藏一顆超大質量黑洞,當它狼吞虎嚥吞下掉落的物質,就會變得特別亮。

ESA/Hubble & NASA, Acknowledgement: R. Buta (University of Alabama)

名稱:NGC 3081
距離:8500 萬光年
星座:長蛇座
分類:星系

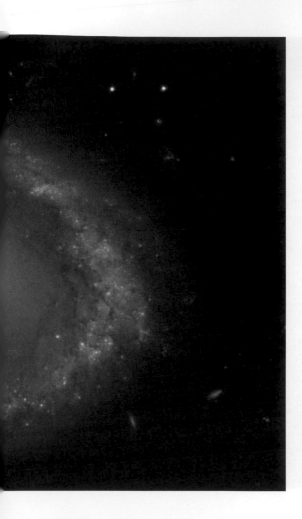

2022 四 ● 冬至 小熊座流星雨（Ursids）

2023 五 ◐ 冬至 灶神星（4 Vesta）衝
木星合月

2024 日 ◑ 廿二 小熊座流星雨（Ursids）
水星在清晨天空中達到最高點

1966 蘇聯無人探測器月球 13 號（Luna 13）升空
1966 升力體飛行器 HL-10 首次滑翔測試
2005 哈伯太空望遠鏡公布天王星兩個前所未見的星環以及兩顆新發現的衛星

返老還童

雖然球狀星團的恆星都相當老,不過密集的恆星讓一些
年老的恆星回春,這類恆星稱為藍掉隊星。研究人員用現在
已經退休的第二代廣域和行星相機的資料做研究,發現 M30
裡的藍掉隊星有兩種,一種是兩顆恆星對撞後合併成一顆
星,另一種是雙星系統。在雙星系統中質量小的恆星抽取質
量大恆星的「活力」氫,讓它重獲年輕。

NASA/ ESA

名稱:M30
距離:2 萬 8000 光年
星座:摩羯座
分類:球狀星團

12
23

2022 五 ● 初一
2023 六 ◑ 十一　水星下合日
穎神星（9 Metis）衝
小熊座流星雨（Ursids）
2024 一 ◐ 廿三

1672 法國天文學家喬凡尼・卡西尼（Giovanni Cassini）發現土星的第二大衛星土衛五
1932 英國物理學家湯姆・基博爾（Thomas Walter Bannerman Kibble）出生
1986 魯坦旅行者號（Rutan Model 76 Voyager）完成史上首次載人不著陸不加油環球飛行

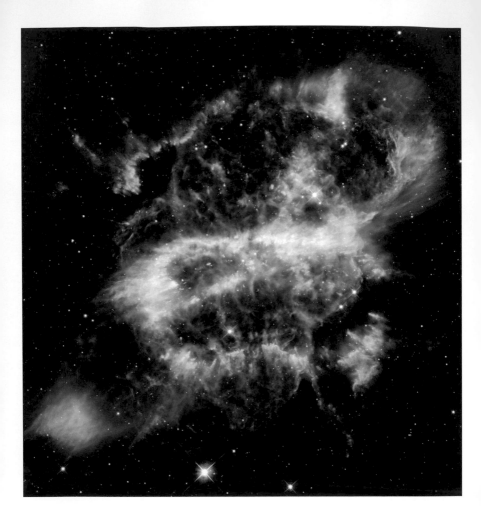

耶誕禮物

　　這是哈伯太空望遠鏡為了慶祝年終連假而拍的行星狀星雲 NGC 5189，恆星噴發形成這個複雜的結構，看起來像宇宙中巨大、明亮的彩帶，就像耶誕禮物上的蝴蝶結。

NASA, ESA and the Hubble Heritage Team (STScI/AURA)

名稱：NGC 5189
距離：1800 光年
星座：蒼蠅座
分類：行星狀星雲

2022 六 ● 初二　月球抵達近日點
　　　　　　　　　月球抵達近地點
2023 日 ◑ 十二　昴宿星團（M45）接近月球
　　　　　　　　　紫金山彗星 62P/Tsuchinshan 來到近日點
2024 二 ◐ 廿四　月球抵達遠地點

────────

1761 法國天文學家龐斯（Jean-Louis Pons）出生，他是史上以肉眼發現最多彗星的人
1818 英國物理學家焦耳（James Prescott Joule）出生
1968 阿波羅 8 號進入繞月軌道，展開人類首次繞月飛行任務
1978 蘇聯金星 11 號（Venera 11）登陸金星
1979 歐洲太空總署的亞利安（Ariane）運載火箭首度成功升空

暗潮洶湧

　　從我們的觀點看，這似乎是個平靜、美麗的星系，
不過它實際上卻是相當激烈、狂暴的地方。天文學家在
NGC 7793 發現一個微類星體（microquasar），微類星
體裡有個黑洞，黑洞正從伴星吸取物質。某些星系的核
心有著完整大小的類星體，而在星系的盤面而不是核心
發現類星體則相當不尋常。

ESA/Hubble & NASA; Acknowledgement: D. Calzetti
(University of Massachusetts) and the LEGUS Team

名稱：NGC 7793
距離：1400 萬光年
星座：玉夫座
分類：星系

12
25

2022 日 ● 初三　水星合月

2023 一 ◑ 十三

2024 三 ◐ 廿五　月掩角宿一（Spica）
　　　　　　　水星西大距

───────

1642 英國科學家牛頓（Isaac Newton）出生
2003 歐洲太空總署火星特快車號（Mars Express）和登陸器小獵犬 2 號（Beagle 2）抵達火星
2004 NASA 惠更斯號（Huygens）探測器與卡西尼號太空船分離，20 天後登陸土衛六

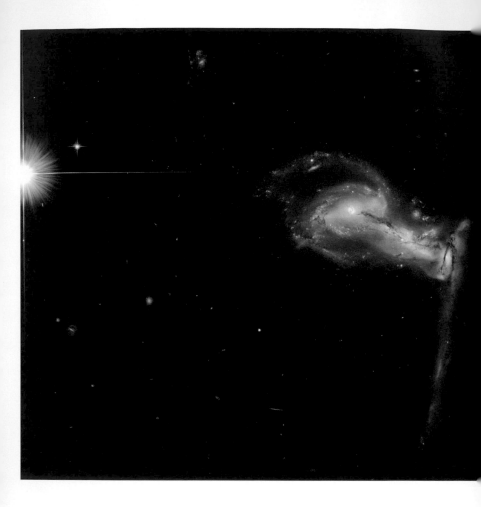

三足鼎立

　　哈伯太空望遠鏡拍攝這幅三方拔河的交互作用星系。這個系統稱為 Arp 195，是特殊星系圖集中的一組星系，圖集裡包括宇宙中一些奇形怪狀的奇妙星系。哈伯太空望遠鏡的觀測時間非常寶貴，所以天文學家希望一秒也不要浪費，哈伯的觀測是由電腦程式排定，允許望遠鏡在長期觀測間的空擋，額外拍攝一些影像。這幅 Arp 195 三胞胎的影像就是用這種方式獲得。

ESA/Hubble & NASA, J. Dalcanton

名稱：Arp 195
距離：8 億光年
星座：天貓座
分類：星系

12
26

2022 一 ● 初四
2023 二 ◗ 十四
2024 四 ● 廿六

1780 英國科學作家瑪麗・桑默維爾（Mary Somerville）出生
1898 波蘭裔法籍物理學家瑪里・居禮（Maria Sklodowska-Curie）和她丈夫皮耶・居禮
　　（Pierre Curie）公布發現了新元素，後來命名為鐳
1974 蘇聯禮炮 4 號（Salyut-4）太空站升空

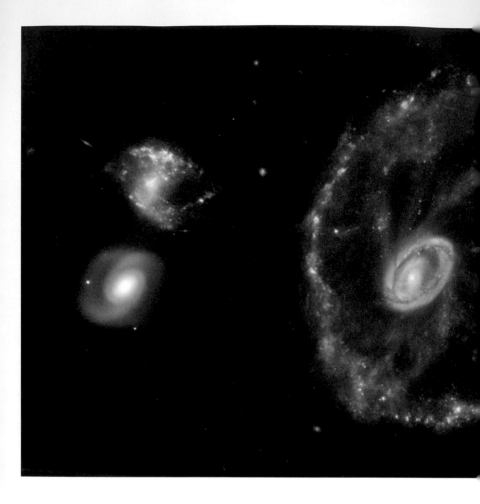

星空摩天輪

　　這個車輪形狀的星系是星系猛烈撞擊的結果，它位在玉夫座，距離我們約 5 億光年。一個較小的星系迎頭撞上另一個大螺旋星系，產生的震波讓氣體和塵埃聚集，就像石頭在水面上形成漣漪，圖中藍色閃亮的區域是恆星密集形成的區域。這個星系的最外環是震波的前緣，最外環是銀河系直徑的 1.5 倍。環狀星系數量不多，這個星系是其中最顯著的例子之一。

ESA/Hubble & NASA

名稱：PGC 2248、車輪星系
距離：5 億光年
星座：玉夫座
分類：星系

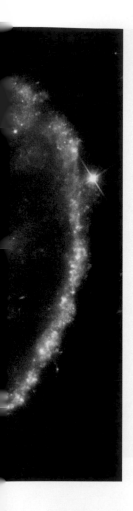

2022 二 ◑ 初五　土星合月
2023 三 ○ 十五　月球抵達遠日點
2024 五 ● 廿七

1571 德國天文學家克卜勒（Johannes Kepler）出生
1654 瑞士數學家雅各布・白努利（Jakob I. Bernoulli）出生，他是最早使用
　　　「積分」這個術語的人
1984 艾倫丘火星隕石（ALH 84001）在南極被人發現

細數恆星

　　宏偉的棒旋星系 NGC 1365 是哈伯太空望遠鏡拍攝的美麗影像。藍色是恆星剛誕生的區域，橘紅色則是塵埃聚集的地方，是未來恆星的育嬰室。影像的外緣可以看到 NGC 1365 裡龐大的恆星形成區。明亮的藍色區域有數百顆新誕生的恆星，它們形成於星系的外側充滿氣體和塵埃的旋臂上。

ESA/Hubble & NASA, J. Lee and the PHANGS-HST Team, Acknowledgement: Judy Schmidt

名稱：NGC 1365
距離：6000 萬光年
星座：天爐座
分類：星系

12
28

2022 三 ● 初六　麒麟座疏散星團 NGC 2232 達最佳觀測位置
2023 四 ○ 十六
2024 六 ● 廿八　麒麟座疏散星團 NGC 2232 達最佳觀測位置

1882 英國天文學家亞瑟・愛丁頓（Arthur Eddington）出生
1903 匈牙利裔美籍數學家馮・紐曼（John von Neumann）出生

脈動白矮星

　　哈伯太空望遠鏡拍攝行星狀星雲 NGC 2452 的影像，這個星雲位在南半球的船尾座。藍色霧狀雲氣是太陽般的恆星耗盡所有燃料的結果。事件發生時，恆星的核心變得不穩定，釋放出大量的高能粒子把恆星大氣吹向太空。藍色雲氣中心是形成星雲的恆星。這顆低溫、黯淡、密度極高的天體是一顆脈動白矮星，重力在這顆小恆星形成的脈動，讓它的亮度隨時間變化。

ESA/Hubble & NASA; Acknowledgements: Luca Limatola, Budeanu Cosmin Mirel

名稱：NGC 2452
距離：15000 光年
星座：船尾座
分類：行星狀星雲

2022 四 ◗ 初七　水星合金星
木星合月
薔薇星雲疏散星團 NGC 2244 達最佳觀測位置

2023 五 ○ 十七　義神星（5 Astraea）衝
紫金山彗星 62P/Tsuchinshan 達最大亮度
麒麟座疏散星團 NGC 2232 達最佳觀測位置

2024 日 ● 廿九　水星合月
薔薇星雲疏散星團 NGC 2244 達最佳觀測位置

1980 史上第一次太空梭任務（STS-1）離開載具組裝大樓（Vehicle Assembly Building）
送上發射平臺

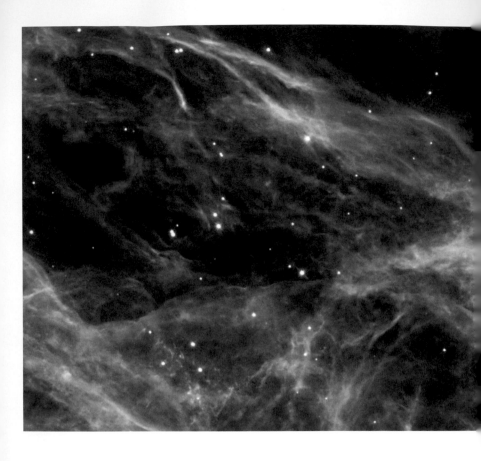

揭開面紗

　　影像顯示一小部分的面紗星雲（Veil Nebula），它是一顆 5000-1 萬年前爆炸的超新星遺留的殘骸。像纏繞繩線般的氣體來自巨大能量釋放，殘骸高速撞擊附近氣體形成震波。每小時 60 萬公里的震波讓氣體加熱到數百萬度。這些漸漸冷卻的氣體發出五顏六色的光。

NASA, ESA, and the Hubble Heritage (STScI/AURA)-ESA/Hubble Collaboration. Acknowledgment: J. Hester (Arizona State University)

名稱：天鵝座環、NGC 6960、
　　　面紗星雲
距離：2400 光年
星座：天鵝座
分類：行星狀星雲

12
30

2022 五 ◐ 臘八節
2023 六 ○ 十八　薔薇星雲疏散星團 NGC 2244 達最佳觀測位置
2024 一 ● 三十

1924 美國天文學家艾德溫・哈伯（Edwin Hubble）首次宣告銀河系外另有星系存在
1966 蘇聯無人探測器月球 13 號（Luna-13）成功登陸月球
1995 NASA 羅西 X 射線計時探測器（Rossi X-ray Timing Explorer，RXTE）升空

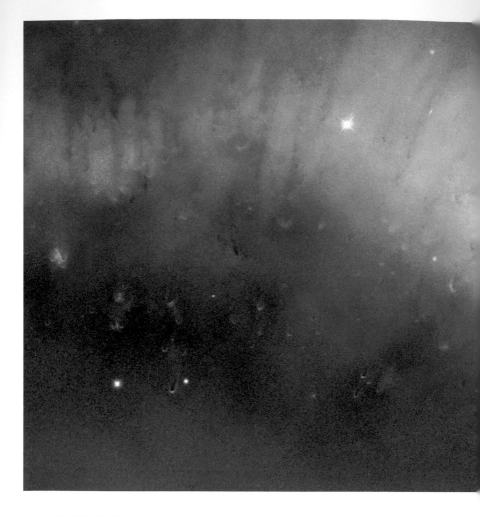

螺旋星雲局部

　　這幅影像展示局部的螺旋星雲，紅與藍色的雲氣內側有彗星般的結構。螺旋星雲離我們只有 650 光年，是距離地球最近的行星狀星雲之一。這幅接合完美的影像是哈伯太空望遠鏡上的先進巡天相機拍攝，再結合位在亞利桑那州土桑附近的基特峰美國國家天文台 0.9 米廣視野的相機影像。

NASA, NOAO, ESA, the Hubble Helix Nebula Team, M. Meixner (STScI), and T.A. Rector (NRAO).

名稱：螺旋星雲、NGC 7293
距離：650 光年
星座：寶瓶座
分類：行星狀星雲

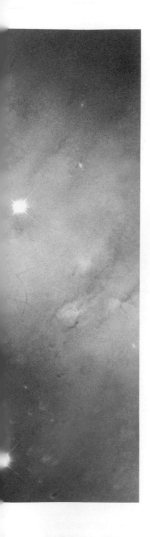

12
31

2022 六 ◐ 初九
2023 日 ◑ 十九　木星結束逆行
2024 二 ● 初一　月球抵達近日點

1864 美國天文學家羅伯特・艾特肯（Robert Aitken）出生
2004 卡西尼號（Cassini）首次飛掠土衛八

The Years of Hubble

哈 伯 歲 月

哈伯太空望遠鏡 365 影像精選日曆

編著：大石國際文化編輯群
翻譯：李昫岱
審定：劉志安

總編輯：李永適
主編：黃正綱
美術編輯：蔡佩欣
封面設計：吳立新
圖書版權：吳怡慧

發行人：熊曉鴿
執行長：李永適
印務經理：蔡佩欣
發行經理：吳坤霖
圖書企畫：陳俞初

出版者：大石國際文化有限公司
地址：221416 新北市汐止區新台五路一段 97 號 14 樓之 10
電話：（02）2697-1600
傳真：（02）8797-1736
印刷：博創印藝文化事業有限公司
2022 年（民 111）1 月初版
定價：新臺幣 1200 元

ISBN：978-986-06934-2-3（精裝）
總代理：大和書報圖書股份有限公司
地址：新北市新莊區五工五路 2 號
電話：（02）8990-2588
傳真：（02）2299-7900

國家圖書館出版品預行編目(CIP)資料

哈伯歲月：哈伯太空望遠鏡365影像精選日曆
= The years of Hubble/大石國際文化編輯群
編著；李昫岱翻譯.
-- 初版. -- 新北市：大石國際文化有限公司,
民111.1   768面；13x19公分
ISBN 978-986-06934-2-3(精裝)
1.天象 2.天文攝影 3.天文望遠鏡

323   110017813